KB052938

지금은 미워하고 나중에 고마워해

PERMISSION TO PARENT

지금은 미워하고 나중에 고마워해

내면이 강한 아이로 키우는
사랑과 책임의 육아

로빈 버먼 지음 | **하윤숙** 옮김

미지북스

이 책을 쓸 수 있게, 그리고 내가 살아갈 수 있게 이루 헤아릴 수 없을 정도로 큰 힘이 되어준 멋진 남편과 나를 키워준 사랑하는 내 아이들에게 이 책을 바칩니다.
내 마음속에는 당신들을 향한 사랑이 넘쳐흐릅니다.

차례

일러두기

1. 원서에서 이탤릭과 대문자로 강조한 부분은 고딕체로 처리했다.
2. 인명 등 고유명사의 원어는 찾아보기에서 확인할 수 있다.
3. 본문의 * 표시 각주는 옮긴이의 것이다.
4. 본문에 등장하는 책 제목 가운데 국내에 번역 출간된 책의 경우에는 따로 원제를 달지 않았다.

서론

따뜻한 사랑으로 보살펴주는 부모를 만나지 못해 평생 그런 부모를 갈망하며 살아가는 사람들이 많다. 정신과 의사인 나는 부모가 된 뒤에도 자신의 어린 시절 이야기를 꺼내며 무엇이 잘못되었는지, 그러한 일들이 지금까지 자신들의 삶에 얼마나 깊은 영향을 미치는지 눈물을 흘리며 이야기하는 어른들을 보면 슬퍼지곤 한다. 마법의 지팡이로 시간을 거꾸로 돌려 그 순간들을 바꿔놓을 수 있기를 바란 적이 셀 수 없이 많다. 그 순간에 받은 충격이 그들의 현재 모습과 그들이 자신을 바라보는 방식, 세계와 관계를 맺는 방식 속에 깊숙이 자리를 잡기 이전의 시간으로.

나는 이 책이 당신에게 마법의 지팡이가 되기를 바란다. 당신의 자녀들이 동경하는 엄마 아빠가 되기 위한 도구로 이용할 수 있는 그런 책이 되었으면 좋겠다.

나는 아이들을 사랑한다. 언제나 아이들을 사랑해왔다. 그 때문에 베이비시터, 캠프 상담사, 대리 교사 등의 일을 했으며, 소아과 의사나 아동정신과 의사가 되기 위해 의과대학에 들어갔다. 하지만 대개는 건강한 부모 밑에서 건강한 아이가 나온다는 사실을 깨닫고 그 순간 나의 사명이 무엇인지 알았다.

우리가 어떤 부모로서 아이를 기르고 있는지 보다 깊은 주의를 기울인다면 장차 아이들이 겪을 그 많은 고통으로부터 아이들을 구할 수 있다. 부모가 당신의 욕구를 보다 예민하게 알아차리고 세심하게 살폈다면 당신이 상처를 입지 않았을 것이라는 점을 생각해보라. 내가 이 책을 쓰고 부모들에게 스스로 최고가 되라고, 그리하여 가능한 한 최고의 부모가 되라고 격려하는 단 한 가지 의도가 바로 여기에 있다. 나는 예방의학을 신봉한다. 이 책은 예방 차원의 부모 되기에 관한 것이다. 이 책을 쓰면서 마음속 깊이 바란 게 있다면 그것은 당신이 자녀와 보다 의미 있고 다정한 관계를 맺도록 돕고 싶다는 것이었다.

나는 결코 전통적인 자녀 교육을 선호하지 않는다. 전통적인 방식에서는 자녀들을 보고도 그들의 말을 듣지 않으며 곧바로 체벌을 가하고 때리는 것이 일반적이고, 두려움과 수치심을 이용해 자녀의 행동을 통제했다. 내 말을 믿어라. 나는 부모를 두려워했던 어른들 또는 수치심을 밥 먹듯 느끼며 자란 어른들의 이야기를 매일 듣고 있다. 하지만 이는 결코 자존감을 높이는 방안이 아니다.

무시당한다고 느꼈던 그 세대의 아이들은 이후 어른이 되어 자기 부모가 그랬던 것과는 달리 보다 세심한 관심을 쏟는 부모가 되고 싶어했다. 이 새로운 세대의 부모는 책을 읽고, 강연을 들으러 가고, 새로운 철학을 받아들이기 시작했다. 많은 사람들이 자녀의 자존감을 어떻게 길러줄 것인지에 집중적인 관심을 보였다.

나는 이러한 본능이 정말 좋다. 하지만 말 전달 게임에서 그러듯 이런 본능을 실행에 옮기는 과정에서 부모들은 그만 길을 잃고 말았다.

눈앞에서 자녀를 보면서도 그들의 말을 듣지 않는 방식을 버리고 자녀가 우주의 중심이 되는 방식으로 어느 정도 옮겨오기는 했다. 하지만 그러는 가운데 가족의 위계 체계 전반이 무너졌고, 자녀가 모든 권한을 쥐고 부모를 흔든다. 자녀가 뽐내는 것에 트로피를 안겨주고, 자녀의 주변을 맴돌면서 일거수일투족을 지켜보고, 과도한 칭찬을 퍼붓고, 절대 안 된다는 말을 하지 않은 채 행여 감정을 다치게 하지 않을까 염려하는 것이 곧 자녀의 자존감을 키워주는 것으로 해석되었다.

늘 자녀의 기분을 맞춰주고 행복하게 해주려고 애쓰는 동안 우리는 의도치 않게 정반대의 일을 해왔다. 이처럼 추가 한쪽 극단으로 치우치면서 새로운 유형의 아이들이 탄생했다. 모든 권리를 지녔지만 부서지기 쉬운 아이들이 생겨난 것이다.

자존감 운동은 진정한 자존감이 어떻게 형성되는가에 대한 엄청난 오해로 인해 역효과를 낳았다. 부모들은 배움보다는 스펙에, 관계보다는 경쟁에 너무 많은 것을 쏟아부었다.

오늘날처럼 빠른 속도의 문화 속에 살면서 우리는 자신의 관점, 평정심, 내적 평화를 잃었다. 우리 자신이 갖지 못한 것을 자녀에게 제공하기는 힘들다. 추가 너무 한쪽으로 기운 것이다. 방치된 채로 지내던 아이들은 이제 과도한 관리의 대상이 되었지만 그럼에도 아이들의 마음 깊은 곳에 있는 진정한 욕구는 여전히 충족되지 못한 상태로 남아 있다. 의도는 매우 좋았지만 결과적으로 아이들은 스트레스에 취약한 존재가 되어버렸다. 아동의 불안증, 우울증, 약물 사용, 자살 등의 비율이 계속 늘고 있다. 도와달라고 나를 부르는 소리가 들리는 듯했다.

이 같은 양극단의 자녀 교육 사이에 적절한 지점은 없는 것일까? 우리 부모들의 방식에서 보존해야 할 것은 무엇인지, 최근의 자녀 교육 경향에서 배울 것은 무엇인지, 더는 우리에게 도움이 되지 않는 것은 무엇인지 신중하게 반성하는 혼합적 접근 방법은 정말 없는 것일까?

- 예를 들어 과거의 자녀 교육 방식이 모두 부모를 존경하는 문제였다면 오늘날은 모두 자녀를 존중하는 문제로 바뀌었다. 상호 존중을 시도해보는 것은 어떨까?
- 예전의 자녀들이 부모를 무서워했다면 지금은 부모들이 자녀에게 감정적으로 괴롭힘을 당하고 있다. 당신이 키를 똑바로 쥔 상태에서 애정 어린 한계선을 두는 것은 어떨까?
- 예전에는 "부끄러운 줄 알아야 해"라는 말이 상처를 입히는 일반적인 주문이었다면 지금은 아이들에게 "정말 잘했어"라는 말을 지겹도록 하고 있다. 정말로 칭찬해야 할 때 구체적으로 정확하게 칭찬해주고, 우리 사전에서 '부끄러움'이라는 단어를 없애자.

아이들을 여기저기 데리고 다니면서 갖가지 활동을 시키고, 아이와 우리 자신에 대해 여러 가지 기대를 품게 되면서 가족 간의 시간은 점점 뒤로 밀리고, 줄어들고 있다. 자녀 교육이 하나의 관계라기보다는 직업처럼 여겨지고 있다. 하지만 자녀 교육은 관계의 문제다. 매우 깊은 의미를 지니는 관계다. 어린 시절 부모가 우리를 대했던 방식을 통해 우리는 자기 인식의 많은 부분을 알아낼 수 있다. 어린 시절은 아이가 사랑과 신뢰를 배우는 과정의 원형을 이룬다. 이는 우리 존재의 기본 구조 속에 깊이 새겨지는 이야기다. 부모와 강한 유대를 형성하면 정서적 안정감이 생기고, 이는 스스로에 대해 편안한 마음을 가지고 세상에서 자기 길을 개척해나가도록 해준다.

이러한 유대 관계를 형성하는 문제에 관해 책을 쓰고 싶었던 것도 이 때문이었다. 나는 어머니, 정신과 의사, 자녀 교육 모임의 리더라는 경험만으로 이 책을 쓸 수도 있었다. 하지만 보다 커다란 그물을 던져 존경받는 교사들, 존경받는 코치들, 부모들, 인기 있는 소아과 의사들, 깊은 통찰력을 지닌 치료사들, 그리고 아이들의 알려지지 않은 집단의 지혜를 건져 올리고 싶었다. 이 모든 자료의 공통점을 살펴본다면 상식적이면서도 감동적인 관점, 우리가 만들어내려고 시도하는 것보다 훨씬 단순한 관점을 발견할 것이다.

이 책은 공동의 지혜를 한데 모아놓은 것이다. 내가 가진 자녀 교육의 명함첩을 당신에게 전달하려는 것이며, 여기에는 자녀 교육에 관한 영감을 얻기 위해 도움을 구했던 사람들도 포함되어 있다. 자녀 교육은 어느 누구도 혼자서는 할 수 없는 일이기 때문이다. 이는 매우 큰 작업이다. 당신이 매번 자녀 교육을 올바로 이해할 수는 없을 것이다. 어느 누구도 그러지 못한다. 어떻게 하는 것이 올바른지 알고 있더라도 그 순간에 빠져 있을 때는 반사적으로 대응하기가 쉽다.

우리는 자녀 교육에 대해 많은 관심을 보이고 깊은 애정을 가지며 제대로 해내려고 간절히 원한다. 하지만 때때로 자녀 교육 문제 앞에 속수무책으로 무릎을 꿇고 만다. 그래서 나는 당신 앞에 자녀 교육의 마을, 즉 경험을 모아 짜놓은 태피스트리를 펼쳐 보여주고자 한다. 당신이 공감하고 당신에게 힘이 되는 것이면 무엇이든 원하는 대로 취하고, 나머지는 그냥 버려도 된다.

이 책을 쓰기 위한 인터뷰는 종이와 펜으로 받아 적었다. 멋진 분들의 입에서 지혜가 쏟아져나오는 동안 손을 재빠르게 놀리며 휘갈겨 썼다. 하지만 모든 단어를 빠짐없이 적지는 못했으며 그들의 이야기에 대해 일일이 사실 확인을 하지도 않았다. 나는 그들이 들려준 이야기의 핵심을 포착하려고 노력했다. 많은 이야기를 가공하지 않은 채 실었다. 하지만 대부분의 일화에서 신원을 확인할 수 있는 정보는 수정해 실었다. 또한 며칠에 걸쳐 또는 몇 년에 걸쳐 일어난 일이지만 요점을 보다 적절하게 보여주기 위해 한데 엮어 합성한 이야기도 더러 있다. 이는 모두 함께 나누어야 할 가장 명확한 핵심을 보여주기 위해서다. 내 이야기, 내 환자 이야기도 더러 있으며, 내가 읽은 이야기, 들은 이야기, 관찰한 사람들의 이야기도 있다.

이 책을 쓰는 동안 많은 것을 배웠다. 그중 첫 번째로 꼽을 수 있는 것은 자녀 교육이 아이를 기르는 문제라기보다는 당신 자신의 성장과 관련된 문제라는 것이다. 우리가 허락한다면 아이들은 얼마나 멋진 선물을 선사하는가. 아이들은 우리 자신을 성장시킬 수 있는 기회를 선물한다. 그럴 때에만 우리는 아이들에게 우리 스스로 되고 싶어하는 부모가 될 수 있다.

당신이 가장 고귀한 자아를 바탕으로 자녀 교육을 할 때, 가장 소중한 임무, 즉 영혼을 돌보는 임무를 맡겨준 아이들에게 가장 큰 도움이 될 수 있다.

제1장

지금은 날 미워하고 나중에 고마워해

나는 종종 지금 세대 엄마들에게 묻곤 한다. "비행기를 탔는데 네 살짜리 아이가 조종석에 앉아 있는 걸 봤다고 생각해봐요. 과연 비행기는 안전할까요?"
아이가 아니라 당신이 비행기를 조종해야 한다.

_이델 내터슨, 심리학 박사

자녀 교육에 관해 배우고 싶다면 스타벅스로 가라. 그리 오래 기다리지 않아도 아이 하나가 온몸을 흐늘거리며 흔들어대는 것을 볼 수 있을 것이다. 아, 정말 아이가 보인다. 곱슬거리는 금발 머리의 네 살짜리 꼬마다. 사랑스러운 아이다. 하지만 정확히 말하면 엄마가 과자와 초콜릿 밀크 중 하나만 고르라고 계속 이야기하는데도 징징거리면서 **둘 다** 사달라고 조르기 전까지만 그렇다.

줄을 서 있던 우리는 그 즉시 부모 감시관이 되어 엄마가 끝까지 입장을 고수하기를 은밀하게 바라지만 마음 깊은 곳에서는 엄마가 그러지 못할 것을 알고 있다. 나는 이 권력투쟁에서 약자를 응원하는 것 같은 기분이 드는데, 그 약자의 이름은 바로 엄마다.

아이가 점점 심하게 떼를 쓰면서 우리의 기분도 점점 불편해진다. "난 둘 다 먹고 싶어. 엄마가 뭔데 나한테 하나만 고르라고 하는 거야. 나쁜 엄마야!" 줄을 서 있는 모든 사람이 서로 눈을 마주치고, 이 순간 나는 끼어들고 싶은 본능을 억눌러야 한다. 나는 카운터로 가서 라테를 주문하고, 꼬마는 과자와 초콜릿 밀크를 둘 다 들고 득의만면한 얼굴로 나를 향해 미소를 짓는다. 나는 같이 웃어주면서 속으로 생각한다. '20년 후에는 내 진료실 소파에서 만나겠군.'

오늘날 자녀 교육 문화에서 왜 이런 장면을 흔히 보는가? 왜 지금 세대 부모는 자녀에게 감정적으로 시달리는가? 아이들은 부모를 인질로 삼고 있다. 예전에는 부모가 자녀를 보고도 무심했다면 지금은 자녀가 우주의 중심이 되고 있다. 자녀 교육의 중심 추가 너무 극단으로 치우친 게 분명하다. 우리는 이 두 극단 사이에서 새로운 중용을 찾아야 한다.

오늘날 부모는 권위를 내세우는 데 겁을 먹은 것 같다. 이해할 수 있는 부분이다. 이들은 예전에 매를 맞으면서 자신은 결코 아이들을 때리지 않겠다고, 억압으로 아이들을 다스리지 않겠다고 맹세했던 사람들이다. 훌륭한 태도다. 하지만 조금 멀리 나갔다고 생각하지 않는가? 부모의 권력 구조가 삐딱하게 기울어져 있다. 오늘날의 부모는 배의 선장으로서 올바른 책임을 지기를 두려워하는 것처럼 보인다. 선장이 없으면 배는 항해하지 못하고 심한 경우 가라앉을 것이다.

나는 처방전 용지를 꺼내 이렇게 쓰고 싶을 때가 종종 있다. "부모의 권한을 행사해도 좋다고 허락합니다." 다른 의사들도 이와 비슷한 처방전을 내주고 있다.

자녀 교육은 독재 체제지 민주주의가 아니에요. 아이들은 규칙을 따라야 합니다. 그러지 않으면 제멋대로 행동하게 되지요.

_리 스톤, 의학박사, 소아과 의사

아이들은 누군가 자신을 책임지는 사람이 있다는 느낌, 누군가 자신을 보호하고 있다는 느낌을 받고 싶어해요. 당신의 아이에게 옳다고 생각하는 일을 주장하는 걸 두려워하지 마세요. 아이를 책임지는 것을 두려워하지 말아야 합니다.

_대프니 허시, 의학박사, 소아과 의사

자녀 교육은 자애로운 독재예요.

_로버트 랜도, 의학박사, 소아과 의사

수감자에게 수용소 운영을 맡겨서는 안 되지요.

_켄 뉴먼, 의학박사, 정신과 의사

오늘날에는 너무 많은 꼬마 수감자들이 운영 권한을 쥐고 있다. 사실 자녀가 최악의 행동을 하는데도 그저 오냐오냐하며 들어준다면 이런 행동이 나중에 고스란히 당신에게 돌아올 것이다.

한 생일 파티에서 일곱 살짜리 여자아이가 주인공의 엄마에게 가서는 케이크와 함께 아이스크림도 줄 건지, 초콜릿 칩은 들어 있는지 물었다. 파티 때문에 정신이 없었던 주인공의 엄마는 중얼거리듯 말했다. "그럴 거야."

이제 생일 축하 노래를 불러야 할 시간이 되자 수지는 주인공의 엄마한테 조르기 시작했다. "그 아이스크림 먹고 싶단 말예요." 주인공의 엄마는 화가 나 머리카락이 곤두서기 시작했다. "그 아이스크림 좀 주세요"라든가 "그 아이스크림은 없나요?"같이 공손하게 말하지도 않았기 때문이다. 주인공의 엄마는 쿠키도우 아이스크림 통을 가져와 숟가락으로 아이스크림을 떠서 수지의 접시에 덜어주려고 한다.

"초콜릿 칩 아이스크림이 아니잖아요!" 수지는 소리를 질렀고, 감정이 점점 격해졌다. "초콜릿 칩이 있다고 했잖아요. 이건 쿠키도우 아이스크림이에요. 난 쿠키도우 아이스크림은 싫어요!"

주인공의 엄마는 차분히 설명했다. "미안, 잘못 알았어. 초콜릿 칩 아이스크림인 줄 알았거든. 이게 싫으면 아이스캔디 먹을래?"

그다음에 어떻게 될지 당신은 알고 있다. 그리고 그것은 우리가 기분 좋게 마음속으로 그리던 장면이 아니다. 우리는 수지 엄마가 차분하게 개입해 아이가 실망한 것은 이해하지만 두 가지 디저트 중에서 선택해야 하며, 정 화가 나서 참을 수 없다면 세 번째 선택으로 파티 자리를 뜨는 수밖에 없다고 말해주기를 바란다. 파티에 온 모든 부모는 은근히 '자리를 뜨는' 쪽을 응원한다.

"아이스캔디는 먹기 싫어. 그리고 쿠키도우 조각도 싫단 말이야!" 수지가 고함을 질렀다.

수지 엄마가 딸 쪽으로 걸어가자 모든 사람의 눈이 그녀에게로 향했다. 그녀가 자기 아이를 달래는 동안 정작 주인공 남자아이는 관심 밖으로 밀려난다. 수지 엄마가 말했다. "아, 예쁘지, 천사 같은 우리 딸, 쿠키도우는 정말 맛있어. 한번 먹어보지 않을래?"

아이는 화난 표정이고, 수지 엄마는 계속해서 말했다. "아이스캔디 좋아하잖아, 오렌지 맛은 어때?"

"싫어." 수지가 투덜거렸다. "초콜릿 칩 아이스크림을 먹고 싶단 말이야!" 모든 눈이 수지 엄마에게로 향하고, 우리는 테니스 경기 관중처럼 목을 빼고 수지 엄마가 결정타를 한 방 날려주기를 기대한다.

수지 엄마의 행동은 우리 모두에게 큰 충격을 주었다. 그녀는 차분하게 부모의 권위를 보여주는 대신 우는 아기를 달래는 인간 장난감이라도 되어보겠다는 듯이 아이스크림에 들어 있는 쿠키도우를 열심히 골라내어 자기 입으로 가져갔다. 우리 모두 속았다는 느낌이 들었다. 우리는 기다리고 또 기다렸다. 하지만 지금까지 몰래 카메라였다고 우리를 안심시켜주는 사람은 나타나지 않았다.

아이가 그 정도로 대단한 권력을 갖는 것은 안전하지 않다. 부모들은 선을 그어 권위를 보여주기보다 아이를 달래보려고 탭댄스 추는 발만 점점 더 빨리 움직이는 것처럼 보인다. 끊임없이 회유하고 협상하는 위치에 놓인 자신을 발견할 때 당신은 권력 구조가 엉망진창이 되었다는 걸 분명히 알게 될 것이다.

요점을 말하면 아이는 지나치게 많은 권력을 가질 때 스스로 안전하지 않다고 느낀다. 큰 영향력을 가지는 아이들은 자주 불안을 느낀다. 스스로 주변 상황을 장악하고 대처해야 한다고 느끼지만 정작 어떻게 해야 하는지 알지 못하기 때문이다. 이러한 스트레스는 유해한 신경화학물질을 많이 분비시킨다. 성장기에 있는 아이의 뇌 속에 스트레스 호르몬 코르티솔*이 항상 가득한 상황을 만드는 것은 현명한 자녀 교육 방법이라고 할 수 없다.

나는 불안증에 시달리는 성인들을 치료해왔다. 한 환자가 들려준 말이 있다. "어린 시절 부모를 아주 쉽게 조종할 수 있을 때면 더러운 기분이 들었어요. 안전하지 않다는 느낌이 들었죠."

오늘날의 부모들은 자녀의 불만감을 견디지 못하는 것처럼 보인다. 자녀가 실망감이나 부정적 감정을 보이더라도 부모는 이를 해결해주려고 달려들기보다는 참고 견딜 수 있어야 한다. 그러지 않을 경우 의도하지 않게 자녀를 망칠 수 있다. 당신이 자녀의 부정적 감정을 감당하지 못하는데 자녀들이 어떻게 그런 감정을 감당하는 법을 배울 수 있겠는가?

부모로서 당신이 해야 하는 임무는 자녀가 스스로 감정을 가라앉히도록 돕는 것이다. 자녀가 감정의 면역 체계를 키울 수 있도록 도와주어야 한다. 예방주사는 약한 세균이나 바이러스를 혈관에 주입해 강한 세균이나 바이러스가 몸에 들어왔을 때 이에 맞서 싸울 면역력을 만들어낸다. 자녀의 부정적 감정을 해결해주려고 애쓰

---

* 급성 스트레스에 반응해 분비되는 물질로, 스트레스에 대항하는 에너지를 공급해주는 역할을 한다.

지 않고 그들이 스스로 극복해나가도록 돕는 것은 이를테면 감정의 예방주사를 놓는 것이다. 자녀들이 미래를 헤쳐나가도록 감정 처리 촉진제로 그들을 무장시키는 것이다.

자녀가 부모에게 화내는 일이 절대 생기지 않게 하려는 부모, 무슨 일이 있어도 자녀가 실망하는 일이 없게 하려는 부모는 자녀에게 커다란 해를 입히는 것이다. 바람직한 자녀 교육 방식이 일시적으로 자녀에게 좋은 평가를 얻지 못할 때도 있다. 지금은 내가 미워도 나중에는 고마울 거야, 라고 계속 생각하라. 회복 능력을 지닌 성인으로 길러낼 수 있다면 아이가 지금 몇 차례 훌쩍거리고 우는 것은 참고 견딜 만하지 않은가?

수지 엄마는 수지에게 '기분 나쁘면 네 마음대로 큰 소리로 징징대. 너의 욕구가 우선이고, 방 안에 있는 다른 사람들의 욕구는 설 자리가 없어'라는 메시지를 가르치고 있는 것이다. 이제 시간을 빠르게 돌려 꼬마 수지의 미래 모습을 그려보자. 당신이라면 그녀와 데이트를 하고 싶은가? 수지의 미래는 그냥 한번 시도해보고 포기해버리는 일의 연속으로 이어질 것이다.

자녀에게 지나치게 잘해줌으로써 사실 우리는 도량이 좁은 부모가 되고 있다. 올바른 일을 하기 위해서는 용기와 상황 대처 능력이 요구된다. 권위 있는 자녀 교육, 다시 정의하자면, 자녀의 말을 귀 담아 듣고 자립성을 북돋우며 사안의 중요성을 공정하고 일관되게 판단하는 자녀 교육은 정서적으로 안정된 자녀를 키워낸다. 한계선을 긋는 것보다 자녀의 응석을 받아주는 편이 훨씬 쉽다. 하지만 당신이 해야 하는 일은 자녀가 감정을 조절하고 억누를 수 있도록 돕는 것이다. 정서적으로 나약한 자녀 교육 방식은 정서적으로 허약한 아이를 키워낸다.

> 내가 안 된다고 말하는데 우리 아이는 이 말을 어쩌면 될 수도 있다는 의미로 안다는 게 내 문제예요.
>
> _뉴욕에 거주하는 세 아이의 엄마

> 저항이 가장 적은 길로 가면서 자녀를 교육할 수는 없어요.
>
> _마크, 이혼한 아버지

> 힘든 성인기를 맞이하는 딱 한 가지 길이 있어요. 어린 시절을 아주 편하게 보내는 거예요.
>
> _벳시 브라운 브론, 자녀 교육 강사이자 저자

오늘날의 부모들은 잘못된 행동을 감지하는 퓨즈 선이 너무 길다. 몇몇 엄마들의 경우 끝없이 이어지는 협상과 투정을 견디는 데 엄청난 인내심을 보여주어 마치 로봇 엄마 같은 느낌이 들 정도다. 아이는 징징거리면서 지겹도록 협상을 해오고, 부모는 그저 가만히 듣고 있다.

> 무슨 얘기인가 하면요, 지금 세대 부모들의 입에서 "너 한 번만 더 그러면"이라는 소리를 대체 몇 번이나 더 들어야 하느냐는 거지요.
>
> _캐리, 할머니

내가 정말 놀란 것은 자녀들이 협상을 하는데도 부모들은 넋을 잃고 좋아한다는 점이다. 자녀들의 끈질긴 로비에 지치기보다는 그들의 똑똑한 모습에 즐거워하는 것처럼 보인다. 방에 들어가 잠을 자야 한다든가 공원에서 나가는 일 등 생활에서 가장 단순한 일조차 15분이나 실랑이를 벌여야 한다. 정말 기운 빠지는 일이다.

권력 구조는 뒤집혔으며, 많은 아이들이 혼란을 느끼고 있다. 아이들은 자기 생각대로 하려고 점점 더 속사포같이 말을 빨리 하며, 이 때문에 모든 이가 스트레스를 느낀다. 부모들은 어떻게 하면 질서를 찾을 수 있는지 늘 내게 묻는다.

꼬마 논쟁자들을 그 자리에서 제압하는 가장 좋은 방법은 내가 이른바 역협상이라고 이름 붙인 방법이다. 마법의 주문처럼 효과가 좋으며 방법은 다음과 같다. 즉 아이에게 앞으로는 더 이상 협상을 허용하지 않을 것이라고 말하는 것이다. 말처럼 간단하지 않을 것이라는 생각이 든다면 당신 생각이 맞다. 하지만 기다려라. 그게 끝이 아니다. 아이가 협상을 해오면 요구하는 대로 얻지 못할 뿐만 아니라 처음에 확보했던 것보다 더 적게 얻을 것이라고 조건을 덧붙이는 것이다. 한번 시험 삼아 해보자.

부모: 취침 시간은 8시야.

아이: 8시 30분까지 안 잘 거예요.

부모: 안 돼. 취침 시간은 8시야.

아이: 더 늦게까지 있고 싶어요.

부모: 이제 취침 시간은 7시 45분이야.

아이: 좋아요. 8시에 잘게요.

부모: 이제 취침 시간은 7시 30분이야.

이렇게 바뀐 취침 시간은 반드시 지켜야 한다. 이 시간을 확실하게 고수하고 부모 쪽에서 이 시간을 되돌리는 것은 금물이다. 늑대처럼 소리치는 부모가 되지 마라. 아아… 침묵. 조용히 있으면 다 잘된다. 지직거리는 라디오 방송국의 음악을 뚝 꺼버린 것 같다. 이 방법을 끝까지 따르면 꼬마 논쟁자는 사라질 것이고, 그 자리에는 편안한 파자마 차림으로 잠잘 준비를 하고 와서 다정하게 안기는 사랑스러운 꼬마가 있을 것이다. 펑! 마법 같은 일이다. 한도 끝도 없이 되풀이해야 했던 '한 번만 더 그러면' 타령도 이제는 당신 머릿속에서 들리지 않는다.

'안 돼'라는 거절의 말에 관한 사고방식

정신과 의사의 테스트를 거치고 엄마들의 인정을 받았다

안 돼.
'안 돼'는 하나의 완벽한 문장이다.
"안 돼." 이것이 나의 마지막 대답이다.
'안 돼'는 협상을 시작하는 말이 아니다.
'안 돼'는 결코 '어쩌면 될 수도 있어'라는 의미가 아니다.

사랑은 때로 상대에게 안 된다는 거절의 말을 하기도 해요.

_매리언 윌리엄슨, 영적 지도자, 저자

우주의 중심

먼저 부모로서 하지 말아야 할 일부터 분명히 해두자. 덩치 큰 놀이 상대, 3D 오락 센터, 무엇보다도 우는 아이를 달래는 인간 장난감이 되어선 안 된다. 자녀의 변덕스러운 기분을 일일이 맞춰준다면 장차 타인에 대한 공감 능력을 갖지 못한 채 자신은 뭐든 해도 된다는 사고방식의 아이로 자라도록 길을 터주는 일이 될 것이다. 잠시 한 발짝 물러나 스타벅스에서 또는 생일 파티에서 떼쓰고 있는 아이에게 어떤 메시지를 전하고 있는지 생각해보자. 기본적으로 아이에게 이렇게 말하고 있는 것이다. 더 크게 징징거리고, 더 난리를 피워. 그러면 아이스크림에 들어 있던 쿠키도우 조각은 사라지고 바닐라 아이스크림과 함께 먹으면 좋을 쿠키와 초콜릿 밀크 모두를 얻게 될 거야.

자녀에게 공감 능력을 길러주고, 세상이 자기 중심으로 돌아가지 않는다는 것을 가르치면 매우 중요한 삶의 교훈이 된다.

나는 수지 엄마의 귀에 대고 실시간으로 이렇게 속삭여주고 싶었다.

1단계: 잠시 시간을 갖고 당신부터 진정하세요.

2단계: 감정을 인정해주세요. "네가 실망했다는 거 알아."

3단계: 선을 그으세요. "이런 행동은 좋지 않아."

4단계: 스스로 행동을 바로잡을 기회를 주세요. "두 가지 디저트 중에서 하나를 고르면 돼."

5단계: 확고한 결론을 알려주세요. "행동을 바로잡지 않으면 우리는 이 파티에서 빠져 집으로 갈 거야."

6단계: 말한 대로 끝까지 지키세요. 부모 감시관들이 놀라도록 정말로 그 자리에서 일어나는 거예요. 커다란 박수갈채가 쏟아질 거예요.

기꺼이 파티 자리를 뜰 각오가 되어 있어야 해요. 자녀가 버릇없이 굴 때는 더 이상 여지를 주지 말고 완전히 차단해야 해요. 말로만 위협하는 것이 아니라는 걸 아이에게 확실하게 주지시켜야 해요. 자리를 뜰 거라고 으름장을 놓고 그대로 실행한다면 다른 엄마들에게 점수를 딸 거예요.

_세 아이의 엄마

수지에게 자기 요구만 내세우고 자기가 원하는 것을 얻기 위해 사람들을 괴롭히는 것은 **좋지 않다**고 분명한 한계선을 그어주어야 한다. 수지는 자기가 원한 것을 얻지 못한 데 따른 실망감을 어떻게 감당해야 하는지, 그리고 어떻게 유연하게 타협해야 하는지 배워야 한다. 수지 엄마는 딸의 실망감을 해결해주려고 달려들기보다는 딸의 실망감을 참고 견뎌냈어야 한다.

지금 나는 아이에게 무엇을 가르치고 있는가? 이 메시지를 늘 마음에 담고 있어야 한다. 갈등의 와중에서 한창 고민하고 있을 때 숨을 깊이 들이쉬고 일시 정지 버튼을 누른 뒤 곰곰이 생각해보라. 그런 다음 이제 빠르게 돌리기 버튼을 누른다. 나는 가치 있다고 여기는 자질을 아이에게 길러주기 위해 도와주고 있는가? 지금 내가 아이를 대하는 방식은 장차 아이에게 유익할까, 아니면 그저 시끄럽게 짖어대는 개에게 뼈다귀를 던져주는 격인가? 수지 엄마가 아이를 제대로 통제했다면 그 자리는 아주 기분 좋고, 오래도록 지속될 교훈이 되었을 것이다.

자녀 교육이 아이의 반응에 이끌려 다녀서는 안 된다. 이는 잘못된 나침반이다. 당신은 아이보다 현명하고 오래 살았으며 보다 훌륭한 판단력을 갖고 있다. 아이들이 당신의 진을 빼고 점점 흥분의 도를 더해가면서 당신도 같이 흥분하도록 부채질하게 놔두어서는 안 된다.

> 어느 날 딸이 큰 소리로 말했어요. "내가 해달란다고 엄마가 꼭 받아줘야 하는 건 아니에요. 그냥 안 된다고 해요, 엄마." 나는 부끄러웠어요.
>
> _한 아이의 엄마

우리는 뭐든 해도 된다는 식의 생각을 더욱 강하게 가진 아이들 세대를 보고 있다. 한 베이비시터가 일을 하러 간 첫날 그 집 엄마에게 일곱 살 남자아이를 돌보는 데 필요한 주의 사항 같은 것이 없는지 물었다. 대답은 이랬다. "우리 애가 하자는 대로 하면 별 어려움 없을 거예요." 그렇게 하면 베이비시터에게는 편한 하루가 될지 모르지만 장담하건대 장차 그 꼬마의 삶은 힘겨워질 것이다. 그날 오후, 베이비시터가 장난감을 치워야 한다고 말하자 꼬마가 쏘아붙이며 대꾸했다. "엄마한테 이 이야기를 하면 누나는 잘릴 거야."

온당치 않다. 아니, 인권을 너무 많이 존중했다. 아이가 이 정도로 많은 권력을 가지면 **해를 입기 쉽다**. 이 꼬마의 태도는 현실에 걸맞지 않다. 또한 아이가 커가면서 이와 같이 자기를 중요하게 여기는 의식이 과하게 발달하면 학교생활에 지장을 줄 뿐 아니라 장래 고용자에게도 호감을 주지 못한다. 가정에서 위계질서를 배운 아이는 학교와 직장과 삶 일반에서 위계질서를 존중할 줄 안다.

모든 것을 자기 마음대로 해서는 안 된다는 것을 아이에게 이해시키는 한 가지 방법이 있다. 아이들이 원하지만 꼭 필요하지 않은 것에 대해 안 된다고 말하는 것이다.

한 엄마가 블루밍데일백화점에서 수영복을 놓고 옥신각신하고 있었다. 열세 살짜리 아들은 한 디자이너가 만든 수영복을 사달라고 열심히 조르는 중이었다. 엄마는 가격표를 한 번 보고는 안 된다고 말했다. 엄마가 설명했다. "얼마 지나지 않아 작아서 못 입게 될 테니 비싼 수영복은 사줄 수 없어."

아들은 계속 졸랐는데도 엄마가 돈을 쓰려고 하지 않자 점점 화가 났다. "엄마가 왜 나한테 이걸 사주지 않는 건지 이해가 안 돼요. 그만한 돈은 있잖아요."

엄마가 대답했다. "그래, 그만한 돈은 있어. 하지만 그럴 가치가 있다고 생각하지 않아. 너한테 가치를 가르쳤다는 이유로 이다음에 날 고소해도 좋아." 아들이 대답했다. "알았어요. 엄마가 이겼어요." 입장을 확실히 하고 끝까지 관철시키며 비록 그 순간에는 쉽지 않더라도 아이에게 옳은 일을 행할 마음가짐이 되어 있어야 한다.

어떤 때는 끝까지 관철시켰다가 또 다른 때는 그러지 않는다면 큰 화를 불러온다. 정신의학에서는 이를 가리켜 '변동적 강화'라고 일컫는데, 어떤 반응이 예측 불가능한 방식으로 강화되는 것을 의미한다. 도박이 좋은 예다. 슬롯머신에 동전을 넣고 당겼을 때 가끔 잭팟이 나오기도 할 것이다. 하지만 그렇지 않은 경우가 많다. 그런데도 당신은 혹시나 하는 마음으로 계속 슬롯머신을 찾는다. 변동적 강화는 우리가 잘못된 행동의 타성에 젖도록 한다. 당신의 으름장이 그저 말뿐이고 어쩌다 한 번 실행에 옮길 때가 있다고 여긴다면 아이를 효과적으로 훈육하기가 힘들다. 안 된다고 말해놓고는 다섯 번에 한 번꼴로 실제 행동에 옮긴다면 당신이 하는 말은 별 의미를 갖지 못한다.

일관되게 실행할 때 아이가 가장 잘 배우며, 우리는 이를 고정 비율이라고 일컫는다. 아이는 당신이 말한 대로 실행에 옮길 것이라고, 말속에 당신 생각이 그대로 들어 있다고 믿게 된다. 당신이 철저하게 실행하지 않으면 아이 눈에는 당신이 믿을 수 없는 존재로 비친다. 우리가 보여주는 행동 강화 방식이 아이의 행위, 반응, 궁극적으로는 몸가짐에 극적인 영향을 미친다. 훈육은 일관성을 지닐 때 효과가 가장 크다. 확실하게 실행에 옮김으로써 놀랍게도 아주 빠른 시일 내에 행동을 바꿔놓을 수 있다.

때리는 것은 용납되지 않는다

오늘날의 자녀 교육에서 가장 충격적인 것은 아이가 부모를 때리는 모습을 볼 수 있다는 것이다. 안타깝게도 이런 일이 아주 드문 것도 아니다. 하지만 이는 말도 안 되는 일이며 결코 용납될 수 없는 일이다.

과거 부모 세대가 아이를 때린 것 역시 끔찍한 일이었다. 부모는 결코 체벌을 해서는 안 되며 여기에는 어떤 예외도 없다. 이는 물리적 폭력이 문제를 해결하는 한 가지 방법이라는 나쁜 모범을 보이는 것이다. 스스로 행동을 통제하지 못하는 모습을 본보기로 보여주는 것이다.

여기엔 이런 메시지가 담겨 있다. '내 아이가 버릇없이 굴고 있다. 그러므로 나는 아이를 때려 앞으로 아이가 화가 날 때 그냥 주먹을 날리라고 가르칠 것이다.' 아이는 이렇게 생각하며, 당신은 아이를 이렇게 가르치는 것이다. 사실 체벌은 단기적으로 보면 아이를 곧바로 순종하게 하는 효과가 있을지 몰라도 장기적으로는 해로울 수 있다. 연구에 따르면 매를 맞은 아이는 쉽게 반항적 성향을 보이고, 물리적 공격성을 띠기 쉬우며, 약물 남용과 정신 건강에 문제가 생길 가능성이 크다. "난 매를 맞았지만 결국은 괜찮았어"라고 터무니없는 합리화를 한다. 매를 맞은 기억으로 아파하는 어른들이 많다. 아이를 때리는 일이 오래전부터 있었다고 해서 이 방식이 옳거나 타당한 교육 수단이 되는 것은 아니다.

오늘날 뒤바뀐 권력 구조에서 아이가 부모를 때리는 것도 마찬가지로 옳지 않다.

여기에도 비정상적인 메시지가 담겨 있다. '네가 화났으니 참지 말고 그냥 내 얼굴을 보기 좋게 한 대 때려.' 말 그대로든 상징적으로든 손을 들어 때릴 수 있는 윗자리에 아이를 앉히는 것이다. 하지만 이제 우리는 어느 누구도 절대 사람을 손으로 때려서는 안 된다는 걸 알고 있다.

공원에서 다른 엄마들과 잡담을 나누던 한 엄마가 네 살짜리 딸에게 5분 후 가야 한다고 말했다. 딸아이는 성을 내면서 조금 더 있다가 가자고 징징거렸다. 엄마가 그럴 수 없다고 말하자 아이는 엄마의 뺨을 때렸다. 당황한 엄마는 어색한 웃음을 짓더니 다시 다른 엄마들과 이야기를 나누었다.

곁에 있던 다른 엄마들은 아연실색한 얼굴로 그저 바라보았다. 당연히 그랬을 것이다. 아이가 엄마나 아빠를 때려도 괜찮다고 생각하는 순간 모든 존경심은 사라진다.

교실에는 교사가, 배에는 선장이, 국가에는 대통령이, 자녀에게는 부모가 있어야 한다. 부모가 할 일은 아이의 기분을 맞춰주는 것이 아니라 부모로서 자녀를 교육하는 것이다. 당신이 할 일은 선과 경계를 정해 아이를 안전하게 지키는 것이다.

너무 많은 정보는 금물

오늘날 자녀 교육 문화에서 또 한 가지 극단적인 현상은 말이 너무 많고 설명이 과하다는 점이다. 예전에는 "안 돼. 내가 그러지 말라고 했으면 그런 줄 알아"라는 선에서 그쳤다면 지금은 모든 문제에 대해 지칠 만큼 너무 많은 이유를 설명한다.

> 지금 세대 부모들은 한도 끝도 없이 이야기를 해요. 오늘날의 부모들은 아이 곁에 가만히 있으면서 시간을 보내지 않고 끝없이 이어지는 이야기로 아이들과 친해지려 하지요. 아이 입장에서는 짜증나는 일이에요. 아이들은 처음 몇 마디만 듣고는 그만이지요. 더 이상 귀 담아 듣지 않아요.
>
> _조기교육 교사

나는 창살로 막아놓은 발코니 안쪽에서 두 살짜리 아이가 놀고 있는 것을 지켜보았다. 엄마 입에서 독백이 흘러나오기 시작했다. "에이미, 발코니 끝에는 가까이 가지 마. 떨어질 수 있고, 그러면 크게 다칠 거고, 너무 끔찍할 거야. 네가 발코니 끝에 너무 가까이 있으면 엄마는 너무 불안해. 너 때문에 엄마가 불안해질 거고, 엄마는 치료를 받아야 할 거야. 난 너한테 무슨 일이 일어나는 걸 바라지 않아."

너무 많은 이야기를 하고 있다. 아이는 겨우 두 살이다! 간단히 "안 돼. 거긴 위험해" 정도만 하고 끝내는 건 어떨까?

다정한 말투로 짧게 말하라. 아이들이 한입에 먹을 수 있는 크기로 줘라. 그래야 쉽게 소화시킬 수 있다. 너무 장황하게 늘어놓으면 듣지 않을 것이다. 아니, 어쩌면 부담이 될지도 모른다. 이는 의도치 않게 우리 문제를 아이에게 투영할 수 있다는 것을 보여주는 완벽한 사례다.

어린 시절에는 문제 상황을 일일이 따져보지 않아도 되게 해주는 것이 좋다. 모든 의사는 히포크라테스 선서를 한다. 부모 역시 그래야 할 것이다. 무엇보다도 "해가 되는 일은 하지 마라".

우리 자신이 두려워하는 것들을 긴 목록에 담아 이를 자녀에게 들려주는 습관을 버려야 한다. 쓸데없는 말은 모두 없앤 다음 아이에게 이야기하라. 아이의 뇌는 매일 성장하고 있다. 불필요한 정보나 백색 소음 같은 말, 심하게는 우리 자신이 안고 있는 불안을 아이의 뇌 속에 잔뜩 집어넣지 마라. 말을 꺼내기 전에 한 템포 늦추고, 숨을 깊게 들이마시면서 여유를 가져라. 아이가 듣지 않아도 되는 말들을 없애라. 말은 짧을수록 좋다.

> 지금 세대는 너무 많은 말을 해요. 말이 많아지면 책임자로서 당신의 위치가 흔들리고, 아이들은 안전하지 않다고 느껴요.
>
> _중서부 지방의 치료사

> 오늘날의 부모들은 너무 많은 이야기를 해요. 아이들은 이에 짓눌리고요.
>
> _필리스 클라인, 유아교육 교사

너무 많은 선택권을 주지 마라

너무 많이 이야기하는 것과 밀접하게 연결되는 것이 바로 아이들에게 너무 많은 선택권을 주는 것이다. 이 경우 권력의 균형이 기울고, 아이가 과중한 부담에 짓눌릴 수 있다. 요즘 부모들은 결정을 내릴 때 아이들에게 의지하며, 이 과정에서 가족 단위 고유의 권력 구조가 역전된다.

> 중국 명나라의 황손을 제외하면 아마 현대의 미국 아이들이 세계 역사상 가장 제멋대로 행동하는 아이들로 꼽힐 것이다. (…) 또한 유례를 찾아볼 수 없을 만큼 대단한 권한을 쥐고 있다.
>
> _엘리자베스 콜버트, "응석받이", 『뉴요커』

일상생활에서 너무 많은 선택을 해야 하는 경우 아이는 버거워하면서 많은 스트레스를 받을 것이다. 나는 한 엄마가 자신의 직장 선택 문제에 관해 다섯 살짜리 딸에게 물어보는 장면을 지켜보면서 큰 충격을 받았다. "엄마가 직장을 옮겨 은행에서 일해야 할까, 아니면 지금 직장을 계속 다녀야 할까? 넌 어떻게 생각하니?"

과부하 경고음! 아이의 뇌 용량으로는 그런 중요한 결정을 내릴 수 없다. 아이는 비판적 사고를 담당하는 전두엽이 아직 초기 발달단계에 있다. 아이의 전두엽은 스무 살이 넘어야 완전하게 형성된다. 따라서 신경 발달 면에서 볼 때 어린 후손은 우리를 대신해서 결정을 내려줄 만한 능력이 없다. 그 아이는 엄마를 보며 이렇게 말했다. "모르겠는데요." 딱 맞는 말이다.

아이 나이에 알맞은 선택권을 주어야 한다. 다섯 살짜리 여자 아이에게는 "치킨 먹을래, 파스타 먹을래?" 정도가 적당하다. 아이에게 전직 문제를 판단해달라는 것은 얼토당토않은 일이다.

인기 없는 부모가 되어도 좋다

> 오늘날의 부모들은 권위 있는 위치를 지키기보다는 아이와 친구처럼 지내요. 아이들은 자신을 지도해줄 사람을 원해요. 자기보다 나이가 많고 강하고 현명한 누군가를 올려다보면서 사는 것은 아주 좋은 일이에요.
>
> _엘런 베이지언 박사, 심리학자

아이와 친구처럼 지내면 동일한 지위에 놓인다. 문제는 지위가 동일해서는 안 된다는 점이다. 우리가 아이와 친구가 되면 권력의 균형이 한쪽으로 기운다. 당신이 아이의 부모가 되지 않고 아이의 친구가 된다면 아이는 고아로 남는다. 심리학자이자 저자인 웬디 모겔은 이런 상황의 핵심을 정확하게 짚은 바 있다. "당신의 자녀에게는 키가 큰 두 명의 친구가 필요한 게 아니다. 아이들은 그들 나름의 친구가 있으며 이들은 모두 당신보다 훨씬 멋진 친구들이다. 아이에게 필요한 것은 부모다."

정신과 의사로 일하면서 나는 부모가 한 계단 높은 곳에 서 있기를 바라는 환자들의 이야기를 자주 들었다. 내 환자였던 질의 엄마는 자녀에게 쿨한 엄마가 되고 싶어했다. 질이 미성년자였을 때도 그녀는 딸의 친구들에게 술을 갖다주었고, 질과 함께 차를 타고 가는 동안에는 딸이 좋아하는 음악을 큰 소리로 틀어놓았으며, 젊은이들의 유행을 좇아 옷을 입곤 했다. 질이 스물다섯 살쯤 되었을 때 그녀는 딸에게 내 사무실에 가서 함께 치료를 받아보자는 이야기를 듣자 큰 충격을 받았다.

그녀는 이렇게 말문을 열었다. "질, 넌 나의 가장 친한 친구이고, 네가 어렸을 때부터 줄곧 친구처럼 지내왔어. 무슨 문제가 있는 건지 이해가 안 되는구나."

질은 눈물을 글썽이면서 엄마를 바라보고 말했다. "엄마는 내 친구가 되려고 많은 애를 썼어요. 내게는 친구가 많아요. 하지만 엄마는 하나뿐이에요. 나는 엄마의 우정을 바란 게 아니었어요. 엄마의 역할을 해주었으면 했다고요."

이 점은 아무리 강조해도 지나치다고 할 수 없다. 아이에게는 부모가 필요하며, 아이들 역시 부모를 원한다. 부모 역할을 제대로 하다보면 이따금씩 인기를 잃기도 한다. 에이브러햄 링컨 같은 위대한 대통령을 본보기로 삼아라. 올바른 일을 하느라 설령 당대에는 인기를 잃을지라도 확고한 태도를 견지하면서 올바른 것을 행한 대통령에게 역사가 얼마나 호의적인 평가를 보여주는지 보라.

한 아버지는 명확한 한계선을 그은 결과 자녀가 스스로 매우 안전하다고 느낀다는 것을 깨달았다. 그의 아들은 겨우 걸음마를 배우기 시작하던 나이에 엄마를 잃었다. 그로 인해 제이는 엄마의 따스한 사랑을 받을 기회를 잃었고, 이 때문에 아버지는 두려움을 느껴 아들을 망쳐놓고 말았다. 아버지는 한 번도 잘못된 행동에 어떤 결과가 따르는지 아들에게 알려준 적이 없었다.

열 살의 제이는 비디오 대여점에서 소란을 피웠다. 그는 13세 이하 아동의 경우 보호자의 지도가 엄격히 요구되는 등급의 비디오를 보고 싶어했지만 아버지는 이 비디오가 부적절하다고 여겼다. 제이는 떼를 쓰기 시작했고, 그야말로 발작에 가까울 정도로 바닥에 누워 발을 차고 소리를 질러댔다. 나는 제이의 아버지에게 상담치료를 해오던 중이었지만 이때까지 그는 내 충고대로 실천할 엄두를 내지 못하고 있었다. 마침내 아버지는 더 이상 두고 볼 수 없다고 판단했고, 제이에게 비디오를 빌리지 않고 집으로 돌아갈 것이라고 조용히 말했다. 제이는 집으로 오는 내내 울었다. 하지만 한 시간쯤 지난 뒤 아들은 기분이 좋아 보였고, 아버지와 농담을 하고 웃기도 했다. 제이가 아버지를 보며 말했다. "비디오를 빌려오지 못했는데 왜 이렇게 기분이 좋은 거죠?"

규칙은 아이에게 편안함과 자신감을 줍니다.

_주디 맨스필드, 초등학교 교사

규율과 경계선은 아이를 사랑하는 한 가지 방법이에요.

_두 아이의 엄마

설령 인기 지수가 잠시 떨어지더라도 마음 깊은 곳에서 옳다고 믿는 대로 해야 한다. 아이가 당신의 동기를 모두 이해해야 하는 것은 아니다. 당신은 경험과 지혜를 가지고 있으며 아이는 도저히 가질 수 없는 관점을 갖고 있다.

우리는 아이의 분노, 상처받은 감정, 실망감을 감내할 줄 아는 사랑의 여유를 지녀야 한다. 아이의 감정이 폭풍처럼 몰아치는 와중에도 방침을 고수해야 한다. 계속 밀고 나가야 하며, 나쁜 부모가 되는 건 아닐까 염려하는 두려움을 내려놓고 자유로워져야 한다. 오늘 당신에게 반감이 쏟아지더라도 참아라. 그러면 장담하건대 역사는 당신을 호의적으로 평가할 것이다.

> 내가 열네 살이었을 때 아버지는 정말 무지했고, 아버지가 내 주변을 맴도는 게 견디기 힘들었다. 하지만 스물한 살이 되었을 때 아버지가 그 7년 동안 얼마나 많은 것을 배웠는지 깨닫고 무척 놀랐다.
>
> _마크 트웨인

정신과 의사의 메모

지금은 날 미워하고 나중에 고마워해

1. 자녀 교육은 자애로운 독재다. 규칙을 정해주면 아이들은 자신이 안전하다고 느낀다.
2. 자녀에게 감정적으로 시달리지 마라. 정서적으로 나약한 자녀 교육 방식은 정서적으로 허약한 아이를 키워낸다.
3. 너무 많은 권력을 가진 아이는 불안을 느낄 때가 많다.
4. 아이의 모든 변덕에 맞춰주다보면 자기중심적이고 회복 능력이 부족한 아이가 된다.
5. 행위의 결과를 마주하지 않고 책임성을 배우지 못한 아이가 나중에 어떻게 될지 장기적으로 바라봐라. 그런 성인과 데이트하고 싶은가?
6. "한 번만 더 그러면"이라고 말할 때는 정말로 그렇게 하겠다는 뜻으로 말하라. 아이가 정서적으로 안정되고 당신이 온전한 정신으로 살아가려면 이를 일관되고 철저하게 지켜야 한다.
7. 사랑스러운 아이로 기르고자 하는 장기적인 목적을 늘 상기하라. 지금은 날 미워하고 나중에 고마워하라는 주문을 떠올려라.
8. 말을 적게 하고, 선택권을 적게 주고, 간단하게 말하라. 적을수록 좋다.
9. 안 된다고 말할 때는 정말로 안 된다는 뜻으로 말하라.
10. 역협상을 하라. 실랑이를 벌일수록 더 손해를 보게 하라. 이는 주문처럼 효과가 있다.

제2장

유대 관계가 지니는 힘

> 우리는 어린 시절의 이야기를 쉽게 지워지는 보드마커로 쓰지 않고 오래도록 지워지지 않는 매직펜으로 쓴다.
>
> _수 엔퀴스트, 소프트볼 명예의 전당 헌액자이자 코치

오래전 나는 혼자 사는 75세의 할아버지를 상담한 일이 있다. 그는 오랜 세월 좋은 부부 관계를 유지하며 살았지만 새롭게 데이트를 시작하면서 어려움을 겪고 있었다. 그는 당시에 맺고 있던 관계에 대해 이야기하면서 어린 시절 어머니가 자신을 어떻게 대했는지에 대해 이야기를 꺼냈다. 그러더니 문득 뭔가를 깨닫고는 내게 물었다. "일흔다섯 해나 살았는데 왜 아직까지도 처음 열여덟 해 동안의 이야기를 계속하는 걸까요?"

처음 열여덟 해의 시간이 사랑을 배우는 시기이기 때문이다. 성격 형성과 관련해 부모 자식 사이는 처음으로 맺는 관계다. 이 관계는 아이를 정서적으로 안정된 어른으로 성장시키는 재료이면서 반대의 결과를 내는 재료이기도 하다. 튼튼하지 않은 부모 자식 관

계는 파괴적이고 지속적인 영향을 미친다는 사실이 내가 만난 많은 환자들의 삶에서 공통분모로 나타났다.

부모 자식 사이의 튼튼한 관계는 자존감을 키워주는 결정적인 요소다. 어린 시절에 사랑받았다는 느낌은 당신 자신을 바라보는 태도, 세상과 관계 맺고 사랑을 주고받는 태도에 커다란 영향을 미친다. 어린 시절 부모가 당신을 대했던 방식이 당신의 정체성에 영향을 미치는 것이다.

안전하고 든든한 유대 관계를 맺지 못할 경우 세상과 단절되었다든가 무가치한 사람이라는 느낌을 갖게 하기도 한다. 대다수의 중독 치료사들은 다음과 같은 말을 자주 듣는데, 환자들이 얼마나 많은 것을 성취했는지와 관계없이 나오는 이야기들이다. "나는 사랑을 받아들이는 게 힘들어요. 마음 깊은 곳에서 여전히 내가 사랑받을 만한 사람인가 하는 의심이 일어요. 외롭고 허전해요." 무조건적인 사랑을 받지 못한 이들은 도움을 받지 못할 때 음식이나 술, 물건 구입 등과 같은 대체 대상에 집착하는 방향으로 나아가기도 한다.

반면 부모와 사랑의 유대 관계를 가진 아이들, 정신과 의사의 말로 표현하면 확고한 애착 관계를 가진 아이들은 감정의 연료통이 가득 차 있다. 이런 유대 관계는 우선 자기 자신, 그리고 다른 사람과 평생 건강한 관계를 맺을 수 있는 연료가 된다.

대부분의 부모는 이러한 애착 관계를 갖고 싶어하며, 아이들이 치료를 받아야 하는 상황으로 몰고 가기를 원치 않는다. 자녀 교육과 관련해서 저지르는 대다수의 실수는 악의적으로 나온 것이 아니라 무의식적으로 나온 것이다. 우리는 보다 의식적으로 자녀 교육을 시작할 필요가 있다.

> 자식을 사랑하는 것은 본능이며, 훌륭한 자녀 교육은 가르칠 수 있는 기술이에요.
>
> _하비 카프, 의학박사, 소아과 의사이자 작가

오늘날의 부모들은 자녀의 삶에 보다 많이 관여하기 위해 의식적인 노력을 기울이는데 과연 올바른 방향으로 관여하고 있는 것일까? 아니면 가장 중요한 본질, 즉 사랑의 유대 관계가 빠져버린 채 그저 자녀 교육을 잘하기 위해 열심히 애쓰는 것일까?

지속적인 유대 관계는 사랑, 한계선, 시간이 한데 어우러져 형성된다. 다음 그림은 가정의 평화를 만들기 위한 비결이다.

사랑

부모님은 내게 사랑을 듬뿍 주었어요. 지금 내가 가진 자신감은 그런 모든 사랑에 뿌리를 두고 있어요.

_데이비드, 시카고대학교 대학원생

무조건적인 사랑은 당신이 자녀에게 줄 수 있는 단 하나의 가장 큰 선물이다. 우리가 무엇을 성취하든 어떻게 행동하든 관계없이 스스로 사랑스러운 존재라고 믿는 것이야말로 자존감에서 가장 중요한 부분이다.

바비는 열세 살에 이미 누구에게도 뒤지지 않는 투수였다. 시즌이 끝나갈 무렵 바비는 만루 상황에서 마운드에 섰고, 리그 우승을 하려면 반드시 다음 타자를 잡아야 했다. 한 구, 한 구 공을 던질 때마다 경기장의 모든 시선이 바비에게 향했다. 하지만 그는 볼넷을 내줬고, 팀은 시합에서 졌다. 큰 충격을 받은 바비는 내내 울면서 집에 왔고, 울다가 잠들었다.

다음 날 아침 바비는 아버지가 문틈으로 밀어넣은 메모 한 장을 발견했다. "사랑하는 바비, 앞으로도 넌 언제나 내 마음속의 MVP일 거야."

2년 뒤 바비는 이 메모를 손에 꼭 쥔 채 눈물을 글썽이며 아버지를 기리는 추도 연설을 했다. 이 메모 덕분에 바비는 언제나 사랑받고 있다는 느낌을 가졌다. 아버지는 영원히 바비의 영웅으로 남을 것이다.

자녀 교육은 진정한 영웅의 여정이며 엄청난 사랑이고, 평생, 아니 그보다 더 오랫동안 지속되는 사랑이다. 당신은 이 사랑 이야기의 저자이며, 매일 이 이야기를 쓰고 그 주인공으로 출연한다.

의과대학 시절 나는 암을 앓는 일흔 살의 할머니를 돌본 적이 있다. 할머니를 진료한 뒤 통증과 관련해 처방을 내린 나는 할머니에게 더 필요한 게 없는지 물었다. 나는 할머니의 대답을 영원히 잊지 못할 것이다. "내겐 정말로 엄마가 필요해요."

할머니의 어머니는 20년 전에 죽었지만 엄마에 대한 기억은 할머니에게 커다란 위안을 가져다주었다. 그런 부모를 가졌다는 것은 얼마나 큰 행운인가.

우리가 목표로 삼는 것이 바로 이런 부모다. 자녀가 평생토록 머리와 가슴속에 내면화해 품고 다니는 다정한 부모의 모습이 되고자 한다. 이처럼 든든한 사랑의 느낌을 심어주는 것이 훌륭한 자녀 교육의 핵심이다. 부모가 자녀의 욕구를 민감하게 알아차리고 한결같이 관심을 보일 때 든든한 애착 관계가 형성된다. 이러한 유대 관계는 심리의 내면을 든든하게 채우는 궁극적인 요소다. 평생토록 충격 완화제 기능을 하며 정서적 회복 능력을 키워준다. 이처럼 따뜻하고 다정한 유대 관계는 당신의 자녀가 어떤 사람으로 성장하는가에 영향을 미친다. 모든 훌륭한 자녀 교육은 든든한 애착 관계를 토대로 이루어진다. 이는 심리의 시멘트 같은 것이다. 부모는 이러한 유대 관계로 짚이 아닌 튼튼한 벽돌로 감정의 집을 지으며, 이는 삶에서 피할 수 없는 갖가지 버거운 어려움을 무사히 헤쳐나가도록 해준다.

사랑은 그처럼 강한 토대를 만들어낸다. 진심으로 바라보고 이해하는 것, 그리고 그로 말미암은 사랑이 사랑의 최고 형태다.

모두 관계의 문제예요. 내가 딸을 얼마나 사랑하는지 내 딸이 느꼈으면 좋겠어요. 나는 속도를 늦추고 낮은 자세로 바닥에 앉아요. 딸의 눈높이에서 딸을 만나요. 위에서 내려다보면서 딸을 교육하지 않아요. 눈과 눈을 마주 보고, 영혼과 영혼이 만나는 상태로 딸에게 다가가고 싶어요.

_세 아이의 아버지

아이에게 다가가 그러한 관계를 맺는 것이 전부다. 때로는 아무 말이 없을 때도 귀 기울이면 들릴 것이다.

레지던트 시절 나는 소아과 병동에서 6개월을 보낸 적이 있다. 소아과 의사들은 야간 시간에 환자를 분담해서 만나곤 했다. "곧 죽을 아이인데 그 아이를 담당하고 싶은 사람 있어?" 고참 레지던트가 냉담하게 물었다. "살날이 며칠밖에 안 남은 애야."

나는 무거운 마음으로 여덟 살짜리 여자아이의 병상 기록을 귀 기울여 들었다. 아이는 부모가 둘 다 에이즈로 죽은 2년 전부터 말을 하지 않았다. 이제 같은 병으로 죽어가는 아이는 혼자 병원에 입원해 있었다. 새벽 3시, 나는 아이의 상태를 확인하기 위해 병실을 찾았다. 아이는 작고 연약했다. 아이는 깨어 있는 채로 천장을 바라보고 있었다. 나는 아이에게 나를 소개했다. 아이는 천장에 눈을 고정한 채 나와 눈을 마주치지 않았다. 마음속으로는 아무 소용이 없다는 걸 알면서도 나는 중얼거리며 차트를 읽어 내려가기 시작했다. 아이의 상태를 점검하고 바이탈 수치를 확인하는 것이 내 일이라고 여겼다. 아이는 앙상한 팔에 혈압계 밴드를 채우고 조절하는 동안에도 여전히 침묵을 지키며 천장만 바라보았다. 피부는 갈라지고 건조했으며 야윈 몸은 뼈를 앙상하게 드러내고 있었다. 나는 아무것도 할 수 없으며 아이에게 다가갈 수 없다고 느꼈다.

나는 별 소용도 없는 의사의 의무를 잠시 내려놓고 로션 병을 집어들었다. 그러고는 아이의 갈라진 뒤꿈치와 다리에 로션을 발라주었다. 손을 잡으려는 순간 아이가 처음으로 내 눈을 바라보았다. 그렇게 눈을 마주한 채로 나는 30분 동안 말없이 아이의 몸을 마사지해주었다. 그리고 병실을 나서려고 문을 여는데 작은 목소리로 "고마워요" 하는 소리가 들렸다. 나는 당직실로 돌아오는 내내 울었다. 다음 날 아침 회진 때 아이가 새벽 5시에 세상을 떠났다는 사실을 알았다. 비록 대수롭지 않은 짧은 만남이었지만 나는 우리가 관계를 맺었다는 사실에 너무도 감사한다.

우리는 모두 서로 깊이 연결되어 있다고 느끼기를 원한다. 아이들은 모두 진정한 이해와 따뜻한 보살핌을 원한다.

이러한 연결 관계를 갖기 위해 때로 조금은 탐정 같은 노력이 필요하다. 의대에서 공통적으로 요구하는 주문이 있다. "환자의 말을 귀 기울여 들어라. 그러면 환자가 병명을 알려줄 것이다." 자녀의 말을 진심으로 귀 기울여 들으면 자녀는 자신이 어떤 아이인지 알려줄 것이다.

> 훌륭한 부모는 아이들의 미스터리를 이해해요. 그들은 퍼즐 조각을 맞추고 단서를 모아 자기 앞에 어떤 아이가 있는지 이해해요. 부모가 원하는 아이를 보는 것이 아니라 실제로 자기 앞에 있는 아이를 보는 거예요.
>
> _조나, 열 살

열린 마음과 호기심을 가진 부모는 어린아이들의 변화무쌍한 마음속 풍경을 읽는다. 알고 보니 자녀가 자신들이 상상했던 것과 다른 아이라는 것이 드러나는 등의 어려움에 직면했을 때도 훌륭한 부모는 끊임없이 자녀를 이해하기 위해 노력한다. 우리는 자신이 정한 목표와 기대치를 내려놓을 줄 알아야 한다.

> 나는 대학 운동선수였고, 우리 집안은 대대로 운동선수였어요. 내 아들은 예술을 좋아하죠. 정말 이해가 안 됐어요. 아들이 나와 함께 미식축구 경기를 보고, 뒷마당에서 공을 던지는 모습을 늘 머릿속으로 그려왔는데. 하지만 실제로는 일요일이면 미술용품점인 마이클스에서 많은 시간을 보냈죠. 아들은 다음 작품을 구상할 때면 두 눈을 반짝거리곤 했죠. 좋은 아빠가 된다는 것은 그런 것이라고, 아이를 있는 그대로의 모습으로 보고, 바로 그 모습 때문에 아이를 사랑하는 것이라고 생각해요.
>
> _중서부 지역에 사는 아빠

멋진 아빠! 당신이 진실로 이해할 때까지, 자녀에 대해, 상황에 대해, 그리고 자녀가 그 상황을 어떻게 바라보는지에 대해 진실로 이해할 때까지 판단을 내려놓아라. 그저 귀 기울여 들어주는 것만으로 아이는 사랑받는다고 느낀다.

> 사랑의 첫 번째 의무는 귀 기울여 듣는 것이다.
>
> _파울 틸리히, 그리스도교 철학자

> 때때로 우리는 아이들 말에 귀 기울이는 것을 잊어요. 하지만 귀 기울여 듣는 것은 매우 강한 힘을 가지고 있어요. 아이들 역시 어른과 마찬가지로 자기 말을 진심으로 들어주기를 바라는 강한 욕구를 지녔어요. 표면적으로 드러나는 말뿐만 아니라 말속에 숨은 느낌까지 들어주기를 원하죠.
>
> _로라 칼린, 블로거이자 작가

말속에 숨은 의미를 들으려면 적극적인 자세로 세심하게 들어야 한다. 아이들은 항상 당신이 문제를 해결해주길 바라는 것이 아니며 잔소리는 더더욱 원하지 않고 그저 귀 기울여 들어주기를 원한다. 아무 판단도 하지 않고 귀 기울여주는 일이 얼마나 가치 있는지 결코 과소평가해서는 안 된다. 자기 말을 정말로 들어주고 이해해주면 무거운 감정의 긴장이 풀리며 서로 연결되어 있다는 느낌 속에서 위안을 받는다.

연결 관계를 가로막는 작은 문제를 때로 도외시할 줄 알아야 한다. 한 엄마가 지하실에서 자선 바자에 내놓을 장난감을 정리하고 있었다. 그러다 큰 조각으로 된 체스 세트를 발견했는데 아쉽게도 폰pawn* 한 개의 받침대가 없었다. 엄마는 딸 알리에게 온전하지 않은 세트를 줄 수는 없다고 말했다. 그러고는 다시 물건을 정리하기 시작했다. 하지만 알리는 누군가에게 완전한 체스 세트를 주어야겠다고 마음먹었다.

20분 뒤 흥분한 알리가 소리쳤다. "이거 봐요. 내가 고쳤어요!" 주변을 돌아보던 엄마의 눈에 알리와 온통 검은색 페인트가 묻은 흰 소파 쿠션이 보였다. 알리는 나무판을 붙여 새 받침대를 만들었고, 폰과 같은 색으로 맞추기 위해 검은색 페인트를 칠했던 것이다. 엄마는 어질러진 모습에 온통 관심이 쏠린 탓에, 재치(?)를 발휘해 도움을 준 데 대해 기뻐하고 있는 알리의 모습을 보지 못할 뻔했다.

"아, 내 소파…." 엄마의 목소리가 점점 기어들어갔다. 하지만 그녀는 반짝거리는 딸의 눈빛이 흐려지는 것을 알아보았다. 엄마의 역할은 체스를 두는 사람처럼 차분하게 두 수 앞을 내다보면서 딸의 열정을 짓밟지 않는 것이다.

"와, 정말 잘했구나. 이제 네가 고쳐놓았으니 누군가 저 체스 세트를 얻고 무척 좋아하겠네." 엄마가 말했다.

엄마는 자제력을 발휘해 딸이 보는 것을 함께 봄으로써 사소한 페인트 자국 때문에 중요한 연결 고리가 끊어지는 것을 막았다. 얼마 후 엄마는 알리에게 다음번에는 신문지를 깐 다음 페인트칠을

* 장기의 졸에 해당하는 말.

해야 한다고 차분하게 일깨워주었다. 자녀 교육의 게임은 이렇게 하는 것이다.

> 우리가 부모로서 해야 하는 일은 우리의 경험이 아니라 자녀의 경험을 정확하게 반영하는 것이다.
>
> _캐서린 번도프, 의학박사, 정신과 의사이자 작가

우리는 자신이 중시하는 일(이 엄마의 경우에는 말끔하게 정돈된 집 안) 때문에 중요한 점(이 사례에서는 아이의 친절한 마음씨)을 놓치는 일이 종종 있다. 하지만 우리의 문제를 투영하지 않고 아이의 순수한 경험을 볼 수 있다면 아이의 진정한 자아와 연결될 수 있다.

아이의 감정을 이해한 다음에 해야 하는 중요한 일은 그 감정을 인정하는 일이다.

> 아이가 다쳤을 때 늘 "괜찮아. 얼른 일어나. 별로 많이 다치지 않았어"라고 말하는 부모의 아이들이 가장 크게 운다는 것을 알게 되었어요. 엄마가 그냥 아이를 안아주었다면 울음소리는 예전에 그쳤을 거예요.
>
> _4학년 학생

이 똑똑한 아이는 부모가 아이의 감정을 무시하지 않고 좀 더 측은한 마음을 보일 때 아이가 그 상황을 보다 빨리 헤쳐나갈 수 있다고 말하는 것이다. 정신과 의사의 입장에서 볼 때 아이의 감정을 별것 아닌 것으로 가볍게 취급한다고 해서 그런 감정이 사라지는 것은 아니라는 점을 말할 수 있다. 아이의 욕구는 충족되지 않은 채로 여전히 남으며, 우리는 이를 공감의 실패라고 일컫는다.

다친 아이에게 필요한 것은 달려가 위안을 얻을 수 있는 든든한 부모가 있다는 것을 아는 것이다. 사랑과 위안이라는 기반이 있을 때 아이는 당신에게 의지할 수 있다. 아이들은 이렇게 의지할 수 있을 때에만 독립적으로 살아갈 능력을 배운다. 이와 반대로 의지하고 싶은 욕구가 충족되지 않은 경우에는 성인이 되어서도 이 욕구가 계속해서 되살아난다(철부지 어른들을 생각해보라).

민감하게 알아차리고 관심을 보이는 부모는 균형을 잡아주는 역할을 한다. 이들은 아이가 언제 스스로 좌절감과 실망을 헤쳐나가야 하는지 이해해 아이가 강렬한 감정을 스스로 다룰 수 있도록 도와주며, 이런 역할이 아이의 회복 능력을 길러준다. 오늘날의 부모는 혼란에 빠져 있다. 그들은 아이 주변을 맴돌면 확고한 애착 관계가 생긴다고 여긴다. 하지만 주변을 맴돌면서 세세한 점까지 일일이 관리하는 것은 부모의 적절한 대응 태도라고 볼 수 없다.

확고하고 강한 유대 관계를 형성하는 일은 결코 사소한 일이 아니다. 이것이 전부다. 아이는 이후 이 유대 관계를 간직한 채로 평생 살아간다. 마음 놓고, 뜨겁게, 깊이 사랑하라. 안아주고, 입 맞춰주고, 포옹하고, 웃고, 놀아줘라. 사랑을 마음껏 표현하라. 얼마나 사랑하는지 아이에게 말해줘라. 당신 말고 또 누가 아이의 가장 열렬한 팬이 되어주겠는가?

기억하라. 사랑받았다는 느낌이야말로 어린 시절의 가장 큰 유산이다.

주변을 맴도는 부모 (헬리콥터형 부모)	적절하게 대응하는 부모 (확고한 애착 관계)
과도하게 개입하고, 늘 걱정하면서 이끌며, 아이를 초조하게 한다.	세심한 관심을 보이고, 깊이 생각하며, 민감하게 알아차린다. 차분하게 아이를 진정시킨다.
아이 스스로 잘해나가도록 놔두지 않고 부리나케 달려가 아이의 일을 대신 해준다. "넌 내가 필요해. 너 혼자는 할 수 없어"라는 메시지를 은밀하게 아이에게 심어준다.	아이가 상황을 파악할 수 있도록 숨 쉴 여유를 준다. "넌 할 수 있어"라는 메시지로 격려한다.
인간 당김줄 역할을 하여 팽팽한 기구의 바람을 빼듯 감정을 쉽게 해소해준다.	언제 팔을 뻗어 안아줄지, 언제 팔을 거두어들일지 균형감 있게 대처한다.
충격 완충재로 아이를 감싸 보호하며, 이 때문에 아이들은 심리적 의존성이 생겨 현실 세계에서 제대로 커나가지 못한다.	아이에게 든든한 토대가 되는 튼튼한 심리적 완충재가 형성되도록 도와주며, 이를 통해 독립성을 길러준다.

한계선

무조건적인 사랑은 모든 훌륭한 자녀 교육의 핵심을 이루지만 자녀를 사랑한다고 해서 그들의 행동을 무조건 인정한다는 뜻은 아니다. 제1장에서 보았듯이 아이들은 부모가 확실한 책임자 역할을 할 때 안전하다는 느낌을 더 많이 갖는다.

> 분명하면서도 애정 어린 지침을 정해주지 않으면 아이에게 커다란 해가 될 거예요.
>
> _베스 에커, 노스다코타 주 올해의 교사

명심하라. 어떤 감정이든 기꺼이 받아들이지만 어떤 행동이든 다 받아들여서는 안 된다. 지침을 정하고 나면 일관되게 적용해야 한다. 아이들에게 철저하게 실행하지 않는 것은 항생제 치료를 끝마치지 않는 것과 같다. 후자의 경우 약이 잘 듣지 않는 박테리아를 만들어낸다면 전자의 경우는 말을 잘 듣지 않는 아이를 만든다.

하지만 지금과 같은 새로운 자녀 교육의 시대에 들어서면서 우리는 규율이라는 개념에 대해 상반되는 두 가지 감정을 갖는 것처럼 보인다. 책임자 역할을 다하는 것과 지난 세대의 엄격한 규율주의를 혼동하기 때문인지도 모른다. 이 두 가지는 다르다. 올바른 규율은 자존감을 길러주는 반면 거칠거나 수치심을 안겨주는 규율은 자존감을 해친다.

어떤 시대든 소리 지르고, 수치심을 안겨주고, 아이를 때리는 일을 정당하다고 옹호한 시기는 한 번도 없었다. 진정한 규율에는 그러한 것들이 들어 있지 않다. 규율은 자녀를 가르치는 기회다. 실제로 규율이라는 말 속에는 '가르친다'는 의미가 들어 있다.

열두 살의 매튜는 테니스 토너먼트 참가 선수였다. 그의 부모는 아들의 준결승전을 보기 위해 경기장을 찾았다. 매튜는 코트에서 매우 흥분해 있었다. 좌절감이 커져가면서 스포츠 정신도 바닥까지 떨어졌다. 점점 더 화가 치민 매튜는 결정적인 점수를 내준 직후 라켓을 내동댕이치는 행동까지 보였다.

매튜의 아버지는 코트로 걸어가서 차분한 목소리로 아들에게 경기를 포기해야 한다고 말했다. 아들은 울면서 시합을 계속하게 해달라고 빌었지만 아버지는 처음 판단대로 밀고 나갔다.

"너로서는 무척 화나는 일이라는 거 이해한다. 하지만 라켓을 던지는 행동은 안 돼." 아버지가 이어 말했다. "우리는 시합에서 이기는 것보다 스포츠 정신을 더 중요하게 생각한다. 네가 코트에서 어떤 행동과 태도를 보여야 하는지에 관해서는 이미 두 가지 경고를 했었어. 이제 넌 경기를 포기해야 해. 아빠는 지금 기분이 몹시 상했다. 너는 시합을 포기해야 해."

매튜의 아버지는 어쨌든 아들에게 소리도 지르지 않았고 아들을 심하게 꾸짖지도 않았다. 사실 아버지는 아들이 처한 힘든 상황에 공감했고, 아들의 행동을 기회로 삼아 인생의 교훈을 가르치고자 했다. 한계선을 정하고 아이가 어떤 선을 넘었을 때 확실한 결과를 체험하게 하면 책임성이 생긴다. 그 결과 아이는 옳고 그름에 대한 자기 나름의 의식을 관리할 힘을 얻는다.

효과적인 한계선을 정하는 데 중요한 핵심은 아이의 감정이 충분히 그럴 만하며 심지어는 공감하기까지 한다는 것을 아이에게 전달하면서도 한계선을 지키는 것이다. 매튜에게는 이 일이 전환점이 되었다. 그는 아버지가 개입했던 그 일에 관해 오늘날 자랑스럽게 이야기한다. 나중에 매튜는 고등학교와 대학교에서 스포츠정신상을 받았다.

> 아이가 정말 잘못된 선택을 하는 순간이 때로는 결정적으로 정말 좋은 순간이 되기도 해요.
>
> _교육자

위에서 이야기한 아빠의 자녀 교육은 모범적인 사례다. 그는 아이에게 공감하고 차분하게 이야기를 전달함으로써 같은 편이 되고 강한 유대 관계를 쌓았다. 또 교훈을 줌으로써 아이를 올바로 사랑했다. 그는 차분하고 명확한 지도자였다. 화를 내거나 분통을 터뜨리는 식으로 대응하지 않았고 아이에게 수치심을 주지도 않았다.

화난 아빠가 코트로 뛰어가 아들에게 "부끄러운 줄 알아라" "너 때문에 내가 창피해" "어떻게 네가 감히" 등등의 말을 뱉으며 소리를 질렀다면 어떻게 되었을까? 이런 식의 개입은 효과가 없다. 당장은 아이의 행동을 통제할 수 있을지 몰라도 장기적으로 볼 때 그런 행동은 부모와 자식의 관계를 해치는 결과만 가져올 뿐이다.

수치심은 떨쳐버리기가 힘들다. 이 점에 관해서는 내 말을 신뢰해야 한다. 수치심은 독성이 강하며 성장 단계에 있는 자아를 산산이 부숴버리는 파괴적인 소음일 뿐이다. 자녀를 규율로 가르칠 때 절대로 이렇게 해서는 안 된다. 하지만 나는 내 사무실에서 다 큰 어른들이 계속해서 강한 수치심을 느끼며 스스로를 평가하는 이야기를 수도 없이 접한다. 더 이상 부모가 그와 같은 해로운 말을 하지 않는데도 이미 머릿속에 부정적 화법으로 자리 잡은 것이다. 수치심은 내면화된 자기혐오로 굳어진다.

> 어렸을 때 엄마는 늘 나보고 게으르다고 했어요. 지금 나는 아무리 열심히 일하고 아무리 많은 것을 성취해도 내가 게으른 사람이라고 느껴져요.
>
> _상담 내용 중에서

> 어릴 때 내가 노래를 부를 때면 엄마는 매번 내 목소리가 형편없으니 다시는 큰 소리로 노래하지 말라고 했어요. 지금까지도 내가 입 모양만 벙긋벙긋하면서 〈해피버스데이〉를 부른다면 믿으시겠어요?
>
> _앨리슨, 42세

> 어렸을 때 엄마는 내 발이 뚱뚱하다고 말하곤 했어요. 나는 샌들을 신을 때마다 늘 이를 의식해요. 지금 내 나이가 일흔세 살이에요.
>
> _할머니

어린 시절에 들은 말은 떨쳐내기 힘들며, 이제 머릿속에서 자동으로 재생되는 소리를 잠재우기란 어렵다.

당신이 어린 자녀에게 하는 말은 그대로 그들의 마음속 말이 된다. 당신은 자녀의 머릿속에서 속삭이는 목소리다.

수치심을 주는 말이 어떤 영향을 미치는지에 대해서는 아무리 강조해도 지나치지 않다. **넌 게을러, 넌 이기적이야, 넌 교활해** 같은 말은 자녀의 머릿속에, 그리고 자기 가치와 관련된 감정 속에 프로그램밍되어 들어간다. 유아에게 하는 말이든 10대나 갓 성인이 된 자녀에게 하는 말이든 당신의 말은 오랫동안 메아리처럼 남아 들려온다는 것을 명심하라. 심지어는 손자들에게까지 이어질 가능성도 있다.

최근 나는 한 농구 연습장에 들어간 적이 있는데 체육관에 한 발을 들여놓자 한 엄마가 아들에게 고함치는 소리가 들렸다. "움직이라고, 너무 느리잖아. 무슨 일이야? 뭐가 문젠데?"

내가 놀란 표정을 숨기지 못했던 모양이다. 그 엄마가 내게 말했다. "아, 죄송해요. 당신에게 한 말이 아니었어요!"

나는 웃으며 대답했다. "네, 다행이네요! **아드님**한테 한 말이었군요!"

자녀에게 소리를 지르는 사람은 자녀 일에 관심을 가진 부모가 아니라 무지한 부모다. 그 아홉 살짜리 아이의 머릿속에 어떤 이야기가 벌써 프로그래밍되어 있을지 상상이 되는가?

오늘날의 부모들은 자녀의 잘못에 대해 지나치게 경계심을 보인다. 모든 시합을 보러 가더라도 그 시간 내내 자녀의 잘못만 지적한다면 그런 관심은 가치가 없다. 거친 말로 농구 동작을 코치하는 것은 근시안적인 태도다. 세심하게 고른 말로 사랑을 보여주는 것이 심리적 측면에서 훨씬 더 큰 이익을 가져다준다. 거칠게 꾸짖는 말 대신 다정하고 온정 어린 목소리가 아이의 마음속에 내면화되는 것이야말로 그 어떤 것보다 확실하게 미래의 성공을 준비해준다.

온종일 아이에게 나쁜 음식을 먹일 겁니까? 마찬가지로 나쁜 생각도 심어주지 마세요.

_가족 문제 치료사

이것이 정말로 어려운 요구라는 것을 안다. 자녀 교육을 하다 보면 예측할 수 없었던 수많은 순간들을 겪고 충격을 받을 것이다. 어떻게 대응할지 시간을 갖고 생각하지 않으면 우리가 교육받았던 과거의 방식이 다시 튀어나온다. 어떤 말을 할지 걸러내기도 전에 입에서 불쑥 말이 나와버리는 것이다.

코트에서 라켓을 던진 아이가 다른 사람의 아이라면 그 정도로 반응을 보이지 않을 것이다. 하지만 자신의 아이라면 사랑 때문에 이성을 잃고 불과 2초도 안 되어 불같이 화가 치민다. 감정에 빠지면 최선의 판단을 내리지 못하며, 우리가 결코 자랑스럽게 여기지 않는 말이 튀어나온다. 감정이 강하게 솟구치는 순간에는 분노나 수치심, 비난의 감정을 보이기 쉽다.

그에 대한 고전적인 사례는 부모가 자녀에게 진정하라고 고함을 지르는 것이다. 우리는 차분한 태도를 본보기로 보여줄 수도 있고, 흥분해서 짜증에 짜증으로 대응할 수도 있다. 그러니 말하기 전에 숨을 가다듬고 생각을 하라.

말을 가려서 하는 것이 자녀를 사랑하는 방법이라고 생각하라! 말은 사람을 서로 이어주기도 하고 갈라놓기도 한다. 늘 유념하는 자녀 교육이야말로 피해를 최소화할 수 있는 최고의 대응책이다. 당신의 부모가 보다 세심하게 말을 가려서 했다면 당신이 겪지 않아도 되었을 일이 얼마나 많은지 생각하라.

내가 인터뷰했던 가장 훌륭한 부모들은 사람들이 지나칠 정도로 간과하고 있는 중요한 비밀, 즉 배려의 마음으로 말을 가려 하는 것이야말로 끈끈한 부모 자식 관계 또는 건강한 부모 자식 관계를 쌓는 데 중요한 요소라는 것을 이해하고 있었다. 자녀가 고귀한 자아를 갖도록 하려면 그들이 지닌 고귀한 자아에 말을 걸어야 한다.

> 내 아이에게 다가갈 수 없다면 좀 더 세심한 관심과 다른 말로 접근해야 해요.
>
> _주디 맨스필드, 캘리포니아 주 교사

> 감정은 격앙돼 있고, 아이는 좌절에 빠져 있을 때, 그리고 진정한 배움을 찾기 힘들 때는 안무를 짜듯 매우 세심하게 단어 하나하나를 다듬어야 해요.
>
> _대학 코치

단어를 고르는 일이 안무라면 이를 목소리로 전하는 일은 음악이다. 목소리가 너무 크면 아이들은 그냥 꺼버릴 것이다.

> 엄마가 큰 소리로 고함을 지를 때면 엄마가 하는 말은 하나도 들리지 않고 그저 고함만 들려요. 처음에는 무서웠다가 그다음에는 슬퍼져요. (…) 때때로 다른 사람이 내 엄마였으면 좋겠다고 생각해요.
>
> _정신과 상담에서 나온 이야기

단기적으로는 화를 내고 처벌하면 행동을 통제할 수 있다. 부모를 무서워하는 아이는 순종하는 것처럼 보이고, 심지어는 바르게 행동하는 것처럼 보이기도 한다. 하지만 장담하건대 위협이 통제 수단이 될 때 아이는 자존감의 토대가 산산이 부서지고 방어벽을 쌓는 방향으로 나아간다. 아이의 진짜 자아가 지하로 숨어드는 것이다. 정신과 의사로서 내가 하는 일은 이러한 방어벽을 끌로 깎아내어 보다 안전한 방식으로 다시 아동기의 부모 역할을 해주는 것이다.

그러니 제발 내 고객이 되어 찾아오는 일이 없도록 해주었으면 좋겠다. 아이가 말의 화살을 맞고 마음의 벽을 쌓는 일이 없도록 하자. 날카로운 말을 밖으로 쏟아내지 말고 당신 마음속에 묻어둬라. 우리가 맞이하는 매 순간은 베풀 수 있는 기회이기도 하고 빼앗을 수 있는 기회이기도 하며, 아이의 삶에 보탬이 되는 기회이기도 하고 아이의 삶을 쪼그라들게 하는 기회이기도 하다. 의식적으로 말을 골라서 하면 의기소침한 내면의 소리를 보다 건설적인 대화로 바꿀 수 있다. 다시 주워 담을 수 없는 해로운 말을 입 밖에 내지 않도록 생각을 걸러내는 연습을 하자.

다시 말해서 즉흥적으로 반응을 보이지 말고 성찰적인 사람이 되도록 힘을 기르자. 그러기 위해서는 인내와 연습, 헌신이 필요하다. 하지만 그런 노력을 들일 가치가 충분히 있다고 장담할 수 있다. 차분하고 이성적인 상태가 될 수 있을 때 사랑으로 한계선을 정할 수 있다.

내가 감당하기 힘든 상태에서 아이가 말을 듣지 않고 제멋대로 굴면 나는 스스로에게 타임아웃을 선언해요. 한 박자 멈춘 다음 딸들에게 곧 다시 올 거라고 이야기하지요. 그러고는 침대에 걸터앉아 호흡을 가다듬어요. 마음이 차분해지고 균형을 찾을 수 있도록 내게 잠시 시간을 주는 거죠.

_재택근무 아빠

이런 단순한 행위가 큰 효과를 발휘한다. 흥미로운 신경과학 연구에 따르면 부모가 감정이 치달을 때도 차분한 태도로 본보기를 보이면 아이에게 감정 처리 방법을 가르칠 수 있다고 한다. 의사들은 이를 가리켜 감정 조절이라고 말한다. 그리고 그렇게 감정 조절을 통해 뇌의 회복 능력을 보다 강하게 만드는 신경 경로가 생긴다.

뇌는 전두엽 피질에서 의사 결정, 주의 집중, 문제 해결, 판단을 담당한다. 감정이 치달을 때는 뇌가 제대로 작동하지 않는다. 하지만 잠시 멈추고 감정을 누그러뜨리면 이성적인 사고가 살아난다. 그러기 위해서는 연습이 필요하고, 부모의 이런 모습을 지켜보는 아이 역시 이를 배우게 된다.

뇌는 경험을 통해 형성된다. 간단히 말해서 당신이 아이에게 소리를 지르거나 흥분한 모습을 보인다면, 또한 통제되지 않은 당신의 감정을 자녀가 자주 경험한다면 아이의 뇌는 감정을 통제하지 못하는 방식으로 형성된다. 하지만 당신이 차분하게 가르친다면 말 그대로 자녀의 뇌를 보다 차분하게 만들 수 있다. 따라서 당신의 자녀 교육 방식은 자녀의 뇌 발달에 깊은 영향을 미친다. 당신 자신의 감정을 조절하고 자녀에게도 그렇게 하도록 가르치는 것이 중요하다.

하지만 자녀 교육의 역설이 있다. 당신이 알지 못하는 것은 가르칠 수 없다. 그래서 사람들은 아이야말로 가장 훌륭한 스승이라고 말하는 것이다. 훌륭한 자녀 교육의 핵심은 많은 자기 성찰과 자기 수양에 있다. 버럭 화를 내거나 성미가 급하거나 잘 참지 못하는 성향의 사람에게는 성장의 기회가 될 것이다.

다음 이야기에서 모든 사람이 어떻게 발전하는지 살펴보자. 두 형제가 레고를 놓고 서로 소리를 지르며 싸우는 중이었다. 잭이 형 에릭의 손에 든 레고를 빼앗으려고 하는 순간 엄마가 끼어들었다. "그만두지 못해! 그만 좀 싸워!" 엄마가 고함을 질렀다. 하지만 곧 엄마는 곤혹스러운 심판 역할을 버리고 목소리를 낮춘 뒤 몬테소리 학교에서 사용하던 방법을 떠올렸다.

"아들들, 엄마한테 한 가지 생각이 있어." 엄마가 속삭이듯 말했다. "이 싸움을 정리할 수 있도록 너희 둘 다 평화의 의자에 앉아 보자." 엄마는 두 아이가 얼굴을 마주 보도록 의자에 앉혔다. 엄마는 커다란 그림 붓을 경건하게 집어들었다. "이건 말하는 평화 막대야." 엄마는 신성한 옛날이야기를 지어내듯 조용하게 말했다. "네가 이 막대를 잡고 있을 때는 너의 입장에서 이야기할 수 있어. 네가 이 막대를 잡고 있는 동안 동생은 말을 할 수 없고 그냥 들을 수만 있어. 그런 다음 동생 차례로 넘어가는 거야."

일곱 살의 에릭이 평화 막대를 살며시 들고는 설명했다. "내 배를 완성하려면 파란 레고가 있어야 해."

다음은 다섯 살의 잭 차례였다. 이제 자기 이야기를 들어줄 거라는 생각이 들자 잭의 울음소리가 잦아들었다. "난 차를 만드는 중이야. 파란 레고가 정말 진짜로 필요해. 그런데 남아 있는 파란 레고가 없어."

엄마가 평화 막대를 에릭에게 건네며 물었다. "너희 둘 다 파란 레고가 필요한 것 같구나. 네 생각엔 이걸 어떻게 해결했으면 좋겠니?"

에릭은 잠시 생각하더니 얼굴이 환해지면서 신나는 표정이 되었다. "그러면 돼요. 우리 둘 다 다시 시작해서 파란색, 초록색, 노란색, 빨간색 레고를 똑같이 나눈 다음 똑같은 수의 레고를 가지고 다시 만드는 거예요."

에릭은 말하는 평화 막대를 잭에게 넘겼고, 잭은 울면서 간신히 한 문장을 말했다. "사랑해, 형."

엄마는 속으로 말했다. 와우, 정말로 해결되다니, 놀라운데!

이제 엄마가 한 행동을 다시 살펴보자.

- 엄마는 감정을 가라앉혔다. 교훈을 가르치기 전에 먼저 우리 자신이 교훈이 되어야 한다.
- 부드러운 목소리로 모범을 보였다.
- 아이들이 어떻게 이야기를 나눌지 분명한 규칙을 정했다.
- 아이들 스스로 해결할 수 있는 권한을 줌으로써 갈등을 어떻게 해결해야 하는지 방법을 배울 기회를 주었다. 아이들은 결론을 내는 데 자기 노력을 들였고, 문제 해결 과정의 적극적 참여자가 되었다.

이리하여 엄마는 레고 조각을 둘러싼 싸움을 진정한 평화로 바꿔놓았다.

> 똑같이 대응하고 싶은 마음이 들면 과거에 얽매인 포로가 되고 싶은지, 미래를 개척하는 사람이 되고 싶은지 물어보라.
>
> _디팩 초프라

당신은 어린 시절이라고 불리는 이 짧은 기간의 이야기에서 주인공을 맡고 있다. 어떤 이야기를 쓰고 싶은가?

사랑의 마음으로 한계선을 정하라

1. 마음을 차분하게 가라앉혀라. 마음의 평정을 잃지 않았는지 점검하라. 먼저 당신 자신을 규율로 절제하지 않은 채 아이를 규율로 가르치려 해서는 안 된다.
2. 아이가 힘겨워하는 것을 공감하라. 아이의 편이 되어주고 절대 아이를 비판하지 마라.
3. 아이를 존중하면서 한계선을 가르치고 지켜라. 수치심을 주거나 아이의 잘못이라고 나무라지 마라.

시간

『어느 평범한 날의 선물The Gift of an Ordinary Day』에서 카트리나 케니슨은 시간의 소중함에 대해, 시간이 얼마나 빠르게 지나가는지에 대해 다음과 같이 썼다.

> 잠자리에서 함께 책을 읽는 우리 가족의 소중한 의식이 어느새 사라져버렸다. 이제는 아무도 이야기책을 읽자고 하지 않는다. 욕조에 몸을 담그는 시간이 사라지고 샤워로 대신하게 되었다. (…) 농구공이 뒷마당을 날아다니던 모습도 더는 볼 수 없다. 늘 열려 있던 침실 문은 소리 없이 닫혔다. (…) 예전의 세상, 그곳에 살던 재미있는 작은 아이들, 조그맣고 부드러운 몸 속에 들어 있던 그 멋진 개성들이 그리웠다. 입 맞추고 싶은 아들들의 뺨과 동그스름한 배, 뭐라고 대답해야 할지 알 수 없었던 아이들의 물음들, 순수한 믿음, 갑작스럽게 터져나오는 울음, 옆에 있는 사람까지 웃게 만드는 거리낌 없는 웃음소리가 그리웠다.

누릴 수 있을 때 마음껏 누려라. 너무도 빨리 사라져버리기 때문이다. 함께 시간을 보내고 추억을 만들어라. 가능한 한 모든 순간을 경험하라. 당신 자신에게, 그리고 자녀에게 그런 선물을 하라.

예전에 이런 글을 읽었다. "아이들은 사랑을 뜻하는 글자를 **시-간**이라고 적는다." 어린 시절에 시간을 투자해야 한다. 여유 있는 현재의 시간을 쏟아부어야 한다. 정신과 의사의 입장에서 볼 때

빈자리를 느끼게 한 잘못은 쉽게 용서받지 못한다. 해리 채핀의 노래 〈요람 속의 고양이Cat's in the Cradle〉를 떠올려보라. 부재의 기억과 고통은 쉽게 떨쳐지지 않는다. 우리가 어디에 우선순위를 두어 시간을 쓰는가에 따라 우리가 무엇을 소중하게 여기는지 아이에게 분명한 메시지가 전해진다.

> 내가 장담하건대 어떤 사회적 활동도 자녀와 함께 집에서 보내는 시간보다 중요하지 않아요.
>
> _바비 브라운, 화장업계 권위자, LA에서 가진 한 오찬 모임에서

우리 아이의 자녀 교육을 다른 사람에게 또는 갖가지 활동이나 전자오락에 맡길 수는 없다. 아이들은 우리가 실제로 곁에 있어주는 것을 느껴야 한다. 당신은 이 점을 무시할 권리가 없다.

> 자녀 교육을 아웃소싱으로 해결할 수는 없어요.
>
> _마크 와이즈블러스, 의학박사, 소아과 의사 겸 작가

36년간 교장을 역임한 레이 미쇼는 초등학교 입학 첫날 부모들에게 다음과 같은 연설을 들려준다. "가능한 한 일정을 비워두세요. 향후 몇 년은 아이들의 성격 형성에 매우 중요한 특별한 기간입니다. 이 기간 동안 아이들은 당신과 함께 있기를 원합니다. 제 말을 믿으세요. 당신은 이 기간을 놓치고 싶지 않을 겁니다. 이 시간은 다시 오지 않습니다."

이 기간 동안 당신의 자녀는 잠자리에서 이야기를 더 많이 들려달라고 할 것이며, 자신들이 색칠하는 것을 더 많이 지켜봐주기를 원할 것이며, 방에 함께 머물면서 1분이라도 더 옆에 있어주기를 원할 것이다. 그렇게 하라.

> 내가 하는 일들이 있어요. (…) 자연스럽게 하게 된 일들은 아니에요. (…) 그 일들을 쉽게 무시할 수도 있었지만 그러지 않았죠. 내가 이 일들을 하는 것은 그 일을 즐기기 때문이 아니라 내게 아주 중요한 누군가가 그 일을 하기 때문이에요. (…)
> 난 딸이 립싱크로 테일러 스위프트의 뮤직비디오를 따라 하는 걸 지켜봐요. 그건 〈We Are Never Ever Getting Back Together〉를 억만 번 듣고 싶어서가 아니에요. 노래를 부를 때 딸이 짓는 표정은 말로 표현할 수 없을 정도로 감동적이고, 이다음에 내가 여든 살이 되었을 때도 그 표정을 기억하고 싶기 때문이에요.
>
> _레이철 메이시 스태퍼드, handsfreemama.com

여러 인터뷰에서 부모들은 이런 이야기를 들려주었다. 자녀와 함께하는 시간을 갖자 아이들 스스로 사랑받는 느낌을 갖게 되었다고. 사람들은 소소한 일상에서 나누는 사랑의 행위들을 마음속에 담고 살아간다. 하지만 몇몇 일상적이지 않은 일들도 오래 남는다.

> 나는 직장에 다니며 두 아이를 키우느라 늘 피곤에 지쳐 살아가는 싱글맘이었어요. 어느 추운 겨울밤이었죠. 딸에게 막 『올빼미 달Owl

Moon』을 읽어준 뒤였어요.

"왜 우리는 밤에 한 번도 밖에 나가지 않아요?" 딸이 물었어요.

그때 마음속에 한 가지 생각이 스쳐갔죠. 난 너무 피곤해서 겨울밤에 밖에 나가는 것은 고사하고 밤잠 안 자는 사람에 대한 이야기를 끝까지 읽어주는 것도 간신히 해내고 있다고요. 하지만 그날은 엄마로서 멋진 행동을 보여주기로 했어요. 아이들에게 겨울옷을 두껍게 입히고 차에 태운 뒤 달을 쫓아간 거예요. 20분 동안 차를 몰고 가다가 탁 트인 들판이 나오자 차를 주차했어요. 우리는 차 안에 앉아 달을 바라보았어요.

함께 꼭 끌어안고 별이 총총한 하늘을 바라보면서 아이들과 함께 있던 그 느낌은 영원히 잊지 못할 거예요. 뒤돌아보니 밤에 달을 따라가면서 시간을 보내는 추억을 더 많이 갖지 못한 것이 아쉬워요.

_중서부 지역에 사는 두 아이의 엄마

자녀 교육의 추세

과거의 방식	현재의 경향	새로운 중용적 태도
군림하면서 처벌을 내리는 부모.	무정부 상태/자녀 멋대로 하는 규칙.	다정한 지도자.
엄격한 규율.	규율이 없는 상태.	차분하고 분명하며 사랑이 담긴 한계선.
무시하기.	주변 맴돌기.	확고한 애착 관계.
반성 의자.	타임아웃 시간 갖기.	평화의 의자.
수치심을 주는 말.	사탕발림의 말.	따뜻한 말 골라하기.
자녀의 의견에는 신경 쓰지 않는다.	오로지 아이들의 말만 듣는다.	아이의 감정을 인정하면서도 리더십은 그대로 유지한다.

정신과 의사의 메모

유대 관계가 지니는 힘

1. 당신은 자녀의 기를 북돋아주고 가르치고 싶어하지, 벌을 주거나 수치심을 안겨주고 싶어하지 않는다.
2. 자녀 교육의 타임아웃 시간을 가져라. 짜증나는 일이 있을 때 바로 반응하지 말고 간격을 둬라.
3. 어떤 결과가 생기는지 경험해야 책임성을 배운다.
4. 차분하고 분명하며 일관된 한계선을 둘 때 같은 편이 되는 관계가 형성된다. 신중하게 한계선을 긋는 것은 자녀를 사랑하는 한 가지 방법이다.
5. 규율은 자녀에게 자기 절제를 가르친다.
6. 자녀가 힘들어하는 점에 공감하는 모습을 보여줘라. 공감은 버거운 감정들을 누그러뜨린다. 당신은 자녀와 한 팀을 이루고 있으며, 훌륭한 자녀를 기르기 위해 함께 노력하고 있다는 것을 명심하라.
7. 당신이 차분한 모습을 보여줄 때 자녀에게 그들 역시 감정을 조절할 수 있다는 것을 가르칠 수 있다. 자녀에게 어떻게 감정을 조절하는지 방법을 보여주는 것이다. 이런 모습을 통해 뇌가 보다 강한 회복 능력을 지니게 된다.
8. 단어를 세심하게 선택하라. 수치심을 안겨주는 말은 유해하며 자녀의 자신감과 자기 가치를 훼손한다.
9. 당신이 자녀에게 하는 말은 그대로 그들의 마음속 말이 된다. 당신은 자녀의 머릿속에서 속삭이는 목소리다.
10. 어린 시절의 가장 큰 유산은 사랑받고 있다는 느낌이다.

보기만 해, 만지면 안 돼!

매 단계마다 아이가 삶의 온전한 경험을 맛보게 해야 한다. 그러므로 결코 장미에 달려 있는 가시를 제거해주어서는 안 된다.

_엘렌 케이, 교사이자 작가

아동기를 하나의 물품이라고 가정하고 겉포장에 문구를 적는다면 '취급 주의, 깨질 수 있음'이라고 적지 않고 '세심한 취급 요망'이라고 적어야 할 것이다.

마음 깊이 연결되어 있는 관계를 갖는 것이 얼마나 중요한지 확인했으니 이제는 자녀가 독립성을 발견하게 해주어야 한다는 것을 명심하자. 아이들은 스스로 뭔가를 하는 법을 배울 때 많은 것을 얻는다.

예전에는 아이들이 노는 동안 부모들은 공원 의자에 앉아 있곤 했다. 하지만 오늘날에는 놀이 시설에 앉아 자녀에게 어떻게 놀아야 하는지 알려주거나 심한 경우 아이들의 싸움에 끼어드는 경우를 자주 보게 된다. 규율로 가르쳐야 할 때 그러지 못하는 부모들이 많은 반면 개입하지 말아야 할 때 개입하는 부모들이 너무 많다.

네 살짜리 남자아이 둘이 그네를 타고 있고 그 아이들의 엄마들이 뒤에서 그네를 밀고 있었다. 맥스가 가장자리 그네가 마음에 들지 않는다며 울기 시작했다. 맥스는 가운데 그네를 타고 싶어했다. 윌은 어떻게 될지 궁금한 표정으로 맥스를 지켜보면서도 두 발을 계속 앞뒤로 흔들며 그네를 탔다. 맥스가 "가운데 그네를 타고 싶단 말이야!" 하며 소리를 지르기 시작했다. 목소리가 커지면서 분위기가 어색해지고 부모들의 마음도 점점 불안해지는 가운데 맥스의 엄마가 나섰다. 그녀는 아들에게 이야기를 하는 대신 윌의 엄마를 쳐다보며 쏘아붙이듯 말했다. "우리 아이가 가운데 그네를 타고 싶어한다는 걸 아실 거예요. 아드님이 그네에서 좀 내려와줄 수 있을까요?"

진심으로 하는 말이었을까? 이 여자는 자기 아들이 약간의 실망을 느끼는 것도 두고 보지 못하는 탓에 판단이 흐려졌다. 아이가 마음 아파하는 것을 두고 보지 못하는 것은 자녀의 성장이나 발전과 관련된 문제가 아니다. 이는 사실상 부모의 불안을 덜고자 하는 것이다.

엄마의 불평이 이어졌다. "우리 아이가 화가 많이 났어요. 아드님이 가운데 그네에서 좀 내려왔으면 좋겠어요." 분명 별로 좋지 않은 자녀 교육의 순간이며 분위기도 아주 이상하지만 이 모든 게 오늘날에는 흔히 보는 풍경이다. 여기는 경계가 불분명한 중간 지대가 아니라 극단적인 자녀 교육이라는 미친 경기가 벌어지는 경기장의 맨 앞 관중석이다. 어느 심판이든 오늘날의 부모를 지켜본 사람이라면 끊임없이 "반칙!"이라고 외칠 것이다. 엄마가 직장에 나가지도 않고 아이 돌보는 사람도 두지 않았던 시절, 아이들이 거리에서 음료수 캔을 차며 놀다가 해질녘이 되어서야 집에 돌아오던 시절은 지나갔다. 그 시절에는 엄마들이 아이들의 모든 요구와 욕구에 관심을 기울일 수 없었고, 그러지도 않았다. 그들은 아이 곁을 맴돌지 않았고 지나치게 세세할 만큼 분석하지도 않았다. 하지만 오늘날의 엄마들은 달라지기로 맹세했다.

우리의 의도는 훌륭했고, 우리의 부모들이 우리에게 했던 것보다 훨씬 많은 신경을 자녀들에게 쏟고자 했다. 우리의 부모들과는 달리 자녀의 감정을 중심에 두고자 했다. 하지만 조금 극단으로 흘렀다고 생각하지 않는가? 우리는 아이들의 비위를 맞춰주는 부모 세대이며 아이들한테 시달리고 있다. 이전의 부모 세대는 가족 내 위계 구조를 분명하게 정했다. 난 부모이고 넌 자식이라는 것을 확실히 했다. 그들은 존경받기를 원한 반면 오늘날의 부모는 사랑받기를 원한다. 애정을 갈구하면서 연애 상대에게 구애하듯이 자녀의 환심을 사기 위해 재주넘기를 하는 중이다. 현기증이 날 지경이다.

"아버지와 어머니를 공경하라"는 것은 이치에 맞는 말이다. 늘 그랬고 앞으로도 그럴 것이다. 과거 세대가 놓친 것이 있다면 아이들에 대한 존중이다. 이 퍼즐 조각을 가져와서 맞추어야 한다. 하지만 우리는 상호 존중을 가르치는 대신 부모에 대한 존경을 내다버렸다. 어찌된 일인지 우리는 자녀의 감정을 존중하는 것이 그들의 모든 변덕을 들어주는 것이라고 착각했다. 게다가 우리의 좋은 의도는 개입, 과도한 관심, 거대한 충격 완충재로 변질되었다. 우리는 아직 생기지도 않은 상처를 미연에 방지하려고 완충재로 아이들을 감싼다.

이런 현상이 점점 확산되어가고 있다. 유아용품 카탈로그를 살펴보라. 아동 발달의 자연적 흐름을 막는 유아용 장비들이 얼마나 많은지 확인해보라. 예를 들면 유아용 무릎보호대, 유아용 헬멧 같은 것들이다. 아이는 원래 모든 장비를 장착한 상태로 태어났다는 것을 잊었나? 유아의 뇌는 두개골이라는 천연 헬멧을 갖추고 있고, 아기의 작은 몸은 통통하고 사랑스러운 허벅지가 튼실한 여분의 보호재 기능을 한다. 아이가 넘어져도 살이 몸을 감싸고 있다. 자연은 현명하지 않은가? 물론 아이가 커서 자전거나 스케이트보드를 탈 때는 반드시 헬멧을 써야 한다. 하지만 아기가 아장아장 걸어다니다가 몇 차례 쿵 부딪히고 멍이 드는 정도는 걱정하지 않아도 된다.

무릎이 멍들고 타박상으로 아파보면 아이는 삶의 피할 수 없는 고통을 어떻게 다루어야 하는지 배울 수 있다. 역경을 통한 배움이야말로 아이를 어른으로 성장시킨다. 아이는 작은 장애물을 넘는 법을 배워야 한다. 그래야 나중에 자라서 큰 장애를 넘을 수 있다. 아이는 스스로를 믿고 세상의 길을 찾아나가는 법을 배워야 한다. 하지만 부모가 계속 인간 GPS 기능을 한다면 아이들이 어떻게 이런 것을 배울 수 있겠는가? 내가 인터뷰했던 많은 엄마들은 아이들이 삽을 들고 모래놀이 통에서 놀고 있을 때 그 엄마들도 삽을 들고 같이 들어가 있는 모습을 보았다는 이야기를 했다. 이는 아이 스스로 문제를 해결할 방법을 찾아볼 기회를 완전히 없애는 것이다. 누구의 책임일까? 아이들? 결코 그렇지 않다!

기본으로 돌아가서 모든 어머니의 어머니, 즉 대자연에서 단서를 찾아보자. 어미 닭이 달걀 껍질을 부수어 새끼 병아리가 달걀 껍질을 깨고 나오도록 도우면 병아리는 죽는다.

오늘날의 자녀 교육이 지닌 커다란 문제는 부모가 아이 곁을 맴돌면서 과도하게 개입한 결과 아이가 완전하게 부화하는 것을 방해하고 있다는 점이다. 어미 닭이 병아리 스스로 껍질을 깨고 나오도록 내버려두듯이 부모는 아이가 넘어지지 않도록 보호하려는 대신 혼자 걸어다니도록 놔두어야 한다. 우리 자신의 걱정과 두려움이 자녀 교육을 망치고 있으며, 아울러 우리 아이들도 망치고 있다. 부모는 아이들의 삶에서 날카로운 모서리를 없애주려고 애쓰고 있다. 하지만 모서리를 잘 피해가는 것도 삶의 한 부분이다. 우리가 나서서 모서리를 제거하면 아이는 위험을 판단하고 관리하는 훈련을 해볼 기회를 빼앗긴다. 아픔은 교훈을 준다. 아이는 신체의 아픔을 느낄 때 위험을 피해가는 법을 배운다.

과잉보호는 심리적으로 취약한 아이를 만든다. 또한 아이를 취약한 존재로 대하면 이후 아이는 살아가는 동안 계속 취약한 존재로 남을 것이다.

> 나를 세상으로부터 보호받아야 하는 깃털처럼 취급하지 마세요.
>
> _잭슨, 열 살

이 꼬마의 말은 정말 옳다. 아이들에게 작은 자유를 줘라. 실제로든 비유적으로든 아이들이 넘어졌을 때 허둥지둥하며 어쩔 줄 몰라 하지 마라. 부딪히거나 멍드는 것 같은 실패를 겪을 때 아이는 실수를 통해 배울 수 있다. 가장 위대한 전설적인 인물들 가운데 상당수가 실패 속에서 발판을 마련했다.

몇 가지 유명한 실패로 퀴즈 놀이를 해보자

노스캐롤라이나 출신. 키 198센티미터. 1학년 때 고등학교 농구팀으로 선발됨. 그는 이런 말을 했다. "내 농구 경력에서 성공하지 못한 슛이 9,000번 이상이었고, 거의 300경기 이상 졌다. (…) 나는 지금까지 실패하고 또 실패했으며, 그것이 나의 성공 이유다."

그는 누구일까?

마이클 조던

이마에 번개 모양 흉터가 있는 마법사 이야기로 세상 사람들의 상상력을 매혹시키기 전까지 열두 곳의 출판사에서 그녀의 원고를 거절했다.

그녀는 누구일까?

J. K. 롤링, 『해리포터』 시리즈 작가

이제 이해할 수 있을 것이다.

아이에게 어려울 것이라고 생각되는 일(그렇게 생각된다는 점이 여기서 핵심이다)을 아이가 처리하느라 애를 먹는 모습을 지켜보는 것은 힘든 일이다. 언제 개입해야 하는지, 언제 지켜봐야 하는지 판단하는 것이 균형된 자녀 교육에서 가장 힘든 일이다. 하지만 오늘날에는 그 균형의 추가 너무 자주 심각한 위험 상황으로 기울고 있다. 오늘날의 부모들은 실수와 실패가 자녀를 교육하는 가장 훌륭한 방법의 일부가 되도록 놔두지 않고 감정적 아픔과 실수를 뜨거운 난로처럼 취급한다. 우리는 잘못하고 있는 것이다. 아이들이 실패하지 않게 막아주는 것은 우리가 할 일이 아니다. 실패가 성공으로 향하는 과정의 일부라는 것을 아이들에게 가르치는 것이 우리의 일이다.

어떤 실수도 해본 적이 없는 사람은 어떤 새로운 것도 시도해보지 않은 사람이다.

_알베르트 아인슈타인

사는 동안 누리는 가장 큰 영광은 한 번도 쓰러지지 않은 것이 아니라 쓰러질 때마다 일어난 것이다.

_넬슨 만델라

실패는 아이들이 끈기를 배우는 방법이다. 실패와 실망을 딛고 다시 벌떡 일어날 수 있다는 것을 알면 내적 회복 능력을 배울 수 있고, 이를 통해 진정한 자존감을 구축할 수 있다. 진정한 자존감은 무조건적인 사랑을 받는 상태에서 능숙—사회적, 육체적, 정서적으로—해질 때 생긴다. 하지만 우리는 자존감의 가장 중요한 핵심을 잃었다. 바로 자아다! 우리 아이들이 비틀대면서 자기 길을 찾아 나가게 하는 대신 아주 작은 상처도 느끼지 않도록 지속적으로 모든 것을 일일이 관리해주고 있다. 이것은 자존감이 아니다. 이것은 미친 짓이다!

그네 사건을 다시 살펴보자. 이 일은 아이들이 타협하는 법과 작은 실망감을 해결하는 법을 배울 아주 좋은 기회가 될 수 있었다. 어떻게 하면 그럴 수 있었을까?

정신과 의사가 보증하는 가장 좋은 결말. 아이들 스스로 이 일을 해결한다.

정신과 의사가 보증하는 두 번째로 좋은 결말. 맥스 엄마가 맥스에게 가운데 그네는 이미 다른 사람이 타고 있다고 이야기한다. 맥스는 인내를 배우고, 다른 사람의 감정이 중요하다는 것을 깨우친다.

실제 결말. 텔레비전 배우인 윌의 엄마는 마지못해 윌에게 그네에서 내려오라고 했다. 맥스 엄마는 사과하려는 마음에서 아이들이 다시 날짜를 정해 함께 놀 수 있도록 윌 엄마의 전화번호를 물었다. 윌 엄마는 어이없는 표정을 지으며 쏘아붙였다. "아드님은 버릇이 없어요. 이런 식으로 아이를 기르면 앞으로 더 버릇없는 애가 될 거예요." 이 말은 윌의 엄마가 출연하는 시트콤에는 나올 만한 이야기가 아니지만 리얼리티 프로그램에는 나올 수 있을 것이다.

숨을 가다듬고 아이들이 스스로 갈등을 해결하도록 놔두는 대신 부모가 끼어들었다. 부모는 마음의 여유를 갖고 아이들을 느슨하게 풀어주어야 한다. 하지만 엄격하게 완벽을 요구하는 관용 없는 문화에서는 이렇게 하기가 쉽지 않다. 사람들은 아동의 발달 과정에 기복이 있다는 것을 알고 있었다. 하지만 이제 아동기의 자연스러운 약점은 불안과 두려움을 불러일으키는 원인이 되고 있다.

우리가 그토록 많은 '전문가'들에게 전화를 거는 것도 이 때문이다. 오늘날에는 수면 훈련 전문가, 배변 훈련 전문가, 심지어 손가락 빠는 버릇 전문가까지 있다.

이제 자리를 옮겨 바이크위스퍼러*로 가보자.

유아 담당 교사인 오스카가 다섯 살짜리 아이들에게 자전거를 가르치기 위해 비탈길을 만들고 있다.

오스카는 말한다. "요즘 부모들은 자전거를 붙잡고 놓질 않아요." 말 그대로 붙잡고 놓지 않는 것이다! 부모들은 자전거 뒤를 꽉 잡은 채 계속 달린다. 마치 심폐소생술이 절실한 상황에 놓인 듯한 표정을 하고 아이들에게 절대 넘어지지 않게 해주겠다고 말한다.

"우습죠. 자전거를 배울 때 넘어지지 않을 가능성은 거의 제로인데." 오스카는 말했다.

바이크위스퍼러에서는 아이들이 자신감을 찾을 수 있도록, 초조해하는 부모들을 커피 한잔 하고 오라고 내보낸다. 아이들은 맨 처음 뭐라고 물을까? "제가 넘어질까요? 다치는 건가요?" 오스카는 딱 잘라 말한다. "그럴 거야."

여기서부터 오스카가 힘을 발휘한다. 그는 아이들이 넘어져도

---

* 자전거 교습, 체형에 맞는 자전거 선택 및 조절, 기타 상담 업무 등 자전거와 관련된 제반 사항을 전문적으로 다루는 회사다.

그냥 내버려두며, 이렇게 함으로써 아이들은 자전거 다루는 법을 배우게 된다. 부모가 자전거를 붙잡아주면서 넘어지지 않게 조절해주면 아이는 균형을 잡으려고 계속 뒤돌아본다. 오스카가 자전거를 놓아줄 때 아이들은 비로소 스스로 균형을 찾는다. 정신과에서 말하는 이른바 '조절의 중심'을 찾는 것이다.

부모들이 다시 올 무렵이면 아이들은 자전거를 타고 있다. 길을 따라 달리며, 곧장 삶 속으로 들어간다.

의존성은 분노를 낳는다

상징의 의미로 자전거를 붙잡고 놓지 못하는 것, 즉 과잉보호는 아이들의 커가는 독립성을 가로막는다. 그 결과 아이는 스스로 뭔가 하는 법을 배우지 못한다. 이렇게 자율적 능력을 갖추지 못하면 아이는 좌절한다. 하지만 나이가 너무 어려 그런 감정을 인식하거나 표현하지 못한다. 그래서 행동으로 표출한다.

온갖 노력을 쏟았으니 아이들이 고마워할 것이라고 기대했던 부모들은 아이의 버릇없는 행동에 자주 충격을 받는다. 하지만 우리가 아이들을 더욱 힘든 상황으로 몰아넣었는데 왜 아이들이 고마워하겠는가? 우리는 아이들에게 스스로 하는 법을 가르치는 대신, 불가피한 어려움에 부딪히면 엄마와 아빠가 하루 24시간 일주일 내내 언제든 달려가 구해줄 것이라는 메시지를 심어주었다.

요즘 부모들은 아이가 아픔을 겪지 않게 하기 위해서라면 물불을 가리지 않아요. 이대로라면 그들은 영원히 그 일에서 헤어나오지 못할 거예요.

_찰리, 열일곱 살

그러면서도 이런 이유 때문에 부모들은 지치고 화가 난다. 내 진료실과 내가 참여하는 자녀 교육 모임에서 수많은 부모들이 같은 이야기를 털어놓은 바 있다. "아이와 있는 게 즐겁지 않아 죄책감이 들어요." 부모는 아이들을 위해 모든 것을 해주면서 점점 지쳐 간다. 하지만 엄마와 아빠가 아이들을 놓아주지 않는 한 아이들은 지극히 일상적인 일도 해낼 수 없다. 이는 부모를 지치게 하고 아이들에게 좌절감을 안겨주는 악순환이다.

과잉보호를 하는 부모는 아이들에게 그들이 보호받아야 한다는 메시지를 줘요. 훌륭한 부모는 아이들을 유해한 것들로부터 보호하면서도 아이들이 탐색하고, 차별화되고 싶어하는 타고난 욕구를 존중해주지요.

_아이작 버먼 박사, 심리학자

우리 아이들은 행복해지는 것이 아니라 점점 더 쉽게 화를 내고 허약해지고 있다. 과도한 자녀 교육과 과잉보호는 실제로 역효과를 내었다. 오늘날의 아이들은 더 나아지지 않았다. 그들은 예전에 비해 의존적이고 위험을 싫어하며 매사를 당연시하지만 회복 능력은 떨어졌다. 우리는 이런 것을 목표로 한 것이 아니었다.

나는 네 살짜리 여자아이 둘이 캔디랜드 게임을 하는 모습을 지켜본 적이 있다. 무지개색으로 된 구불구불한 길을 끝까지 가는 재미있는 아동용 보드게임이었다. 제니가 게임을 앞서가고 베스는 질 것 같아 보였다. 베스는 순서가 바뀔 때마다 점점 눈물을 글썽거리고 화를 냈다. 안타깝게도 베스 엄마의 불안 역시 베스의 감정과 정비례해 고조되었다. 베스 엄마는 아이의 아픔을 자기 아픔인 것처럼 과도하게 동일시했다. 우리 정신과 의사들의 표현대로라면 감정적으로 점점 휘말려들었다. 엄마의 경계선이 흐려진 것이다.

엄마는 베스가 더 이상 감정적 상처를 입지 않도록 구해주기 위해 끼어들었다. "캔디랜드에서는 모두가 승자야!" 베스 엄마가 들뜬 소리로 선언했다.

(정신과 의사도 선언했다. "아이구!")

어린 제니는 당황한 표정을 지었다. "캔디랜드 게임은 그렇게 하는 게 아니에요." 제니가 말했다. "누군가는 져야 해요."

아이들은 게임에 승자와 패자가 있다고 알고 있다. 하지만 '모든 사람이 승자'라는 식의 거짓말로 아이들을 '보호'하면 아이들에게 솔직하지 않은 느낌을 줄 뿐만 아니라 아이들이 자기 눈으로 본 것을 의심하게 만든다. 아이들의 기분을 좋게 하기 위해 아이들이 갖고 있는 마음속의 진실 기준을 왜곡하고 싶은 마음은 없을 것이다. 그런 게 아니라면 우리가 하는 말은 영화 《어 퓨 굿 맨》에 나온 잭 니콜슨의 대사 "우리는 진실을 다룰 수 없다" 같은 말로 들릴 것이다. 하지만 아이들은 진실을 다룰 수 있다. 부모는 불편한 상황을 편하게 받아들여야 한다. 베스 엄마는 아이가 힘들어하는 모습을 지켜보아야 하는 불편함을 견디면서 자리에 앉아 있어야 했다. 아이들은 시련을 이겨내기 위해 힘겹게 씨름하는 과정에서 감정의 근육이 생기고, 말 그대로 강한 뇌가 만들어진다.

> 좋은 부모는 아이들이 넘어지고 비틀거리게 내버려두며 놀라는 기색을 보이지 않아요. 그들은 어린 시절에 좌절을 겪는다는 것을 알고 있지요.
>
> _냇 데이먼, 교육자

대자연에서 또 다른 예를 들어보자. 나비는 고치를 뚫고 나오기 위해 투쟁을 벌여야 한다. 날개로 고치의 벽을 치는 과정에서 날개가 강해진다. 누군가 대신 고치를 깨준다면 나비는 영원히 날지 못할 것이다. 투쟁이 있어야 날 수 있다. 아이가 좌절하는 모습을 지켜보는 것이 힘들 때는 당신이 기꺼운 마음으로 아이들이 스스로 길을 찾아나오도록 내버려둘 수 있는가에 아이들의 성장이 달려 있다는 사실을 떠올려라. 저 찬란한 날개를 생각하라!

> 아이가 실망하거나 감정적 아픔을 겪는 것을 바라보아야 하는 아주 힘든 시기가 부모에게 찾아와요. 부모는 모든 것을 해결해주고 싶어 하죠. 실제로는 그렇게 할 힘이 없는 경우가 많아요. 아무리 힘들더라도 아이들의 생각과 감정을 있는 그대로 존중해주어야 해요.
>
> _줄리아, 치료사

캔디랜드 게임에서든 삶에서든 모든 아이들은 지는 법과 당당하게 싸우는 법, 무엇보다도 좌절을 견디는 법을 배워야 한다. 그 순간에는 아이가 슬퍼하는 것을 바라보는 것이 힘들겠지만 아이의 욕구와 당신의 욕구를 혼동해서는 안 된다. 그 순간에는 물러나 있는 것보다 아이에게 길을 알려주는 쪽이 훨씬 더 쉬워 보일 것이다. 훌륭한 자녀 교육은 자기 조정에서 시작된다. 내부에서 경고음이 울리는 것을 확인한 다음, 볼륨을 낮추어야 한다. 자리에서 벌떡 일어나 구조하러 달려가기 전에 기다려라. 기다린다는 것은 '다른 사람이 따라올 수 있도록 잠시 멈추는 것, 참는 것'을 의미한다는 것을 명심해야 한다.

이런 이야기가 직관에 어긋나는 것처럼 들린다는 것을 안다. 하지만 당신의 목표는 아이가 좌절할 때 그냥 놔두는 데 있다. 아이는 좌절할 때 성장하며 심리적 보호재가 두터워진다. 아이들은 불편한 것을 처리하면서 관계를 맺으며, 이는 말 그대로 아이들의 회복 능력을 더욱 강화시킨다.

의과대학 시절 우리가 자주 이야기하던 주문이 있다. "사용하지 않으면 잃어버린다"는 것이다. 근육을 사용하면 근육이 강화되고, 뇌를 사용하면 뇌가 발달한다. PET 스캔과 MRI 촬영 결과 뇌가 어떻게 작동하는지에 관한 새로운 흥미로운 사실을 이해하게 되었고, 우리 뇌가 늘어날 수 있다는 것(의학적으로는 신경가소성으로 알려져 있다)이 입증되었다. 뛰어난 신경과학자 주디 윌리스 박사에 따르면 "신경 회로를 더 많이 사용할수록 신경 회로로 흐르는 신경 전기가 늘어나고 신경가소성이 증가한다". 간단히 말해 욕구불만을 참는 등 새로운 행동을 익히면 아이의 뇌는 보다 좋은 방향으로 발달한다.

진정한 사랑이 심장 조직에 영원히 새겨지듯이 새로운 행동은 뇌 조직을 변화시킨다. 이러한 사실은 아이 뒤편으로 물러나서 아이 나름의 경험 영역을 확보하도록 해주는 데 힘이 된다. 그저 사랑하는 마음으로 곁에 있어주는 것만으로 충분한 경우가 많다. 아이가 불편함을 스스로 헤쳐나갈 수 있을 것이라고 믿으면서, 뒤로 물러나 아이 스스로 하게 놔둬라. 감정적 상처를 피해다니면서 인생을 보낼 필요가 없다는 것을 아이 스스로 깨우치게 하라.

정면 돌파는 가장 좋은 출구다.

_로버트 프로스트

불안은 문제의 주변을 서성이며 맴돌 때 생기지 문제를 뚫고 지나갈 때는 생기지 않는다. 정서적 용기는 두려움이 없는 상태가 아니라 '두려움을 느끼면서도 어쨌든 해내는' 능력이다.

남편을 잃은 엄마와 그녀의 네 살짜리 딸이 정신적 고통을 헤쳐나온 감동적인 사례가 있다. 에마가 세 살이었을 때 아빠가 자동차 사고로 죽었다. 에마의 엄마 앤은 남편을 잃고 큰 충격을 받았다. 이 일은 엄마와 딸에게 너무도 큰 아픔이었던 탓에 장례식을 마친 뒤로 두 사람은 죽은 아빠에 대해 전혀 이야기하지 않았다. 이들의 정신적 고통은 계속 커져만 갔다. 이제 직장인 싱글맘이 된 엄마는 밤에 지친 몸으로 집에 왔고, 딸에게 쉽게 짜증을 냈다. 두 사람의 관계는 분노와 욕구불만에 휘둘렸다. 두 사람 사이는 점점 멀어지기만 했다.

앤은 내가 참여하는 자녀 교육 모임에 등록했다. 모임에서는 앤에게 딸과 함께 남편의 죽음에 대해 이야기를 나눠보라고 권했다. 하지만 앤은 너무 마음 아픈 일이라며 거절했다. 그녀는 매주 슬픔에 잠긴 지친 얼굴로 모임에 참석했다. 가슴속에 생생하게 남아 있는 감정이 엄마와 딸에게 심각한 타격을 입히고 있었다.

모임 마지막 주에 앤은 처음으로 평화로운 얼굴로 참석했다. 모임의 성원들은 앤에게 무슨 일이 있었는지 물었다. 앤이 들려준 말에 따르면, 에마가 잠들기 전에 책을 읽어달라며 『라이언킹』을 골랐다고 한다. 앤은 이 책을 읽어본 적이 없었고, 새로운 이야기를 읽는 것이 즐거웠다. 그러다 문득 이야기 속에서 아빠 사자가 죽는다는 것을 깨달았다.

"딸이 마음 아파하지 않도록 나는 본능적으로 다음 몇 페이지를 건너뛰고 싶었어요. 하지만 모임에서 내게 맡긴 과제가 있었기 때문에 참고 그 페이지들을 딸에게 읽어주었어요." 앤이 말했다. "에마가 울기 시작했어요. 내 무릎에 쓰러져 얼굴을 묻고는 흐느끼며 말했어요. '라이언킹처럼 우리 아빠도 죽었어!'"

앤은 두 사람이 부둥켜안고 울었다고 말했다. "고통스러웠지만 애 아빠가 죽은 뒤 처음으로 딸과 아주 가까워졌다고 느꼈어요. 에마가 소리 내어 우는 모습을 보면서 안도감이 들었고, 내가 정말 딸에게 위로가 되는 것 같은 느낌이었어요. (…) 에마는 아빠가 어디에 있는지 물었고, 나는 아빠가 하늘나라에 있다고 설명해주었어요. 에마는 아빠와 포옹을 할 수 있는지 물었어요. 나는 우리가 마음으로는 포옹할 수 있다고 말해주었어요. 에마가 벌떡 일어나더니 벽장으로 달려가 벙어리장갑 한 짝과 막대 자를 가져왔어요. 에마는 막대 자에 장갑을 끼우고는 높이 쳐들고 말했지요. '안녕, 아빠. 저예요, 에마. 아빠를 포옹해주고 싶었어요.'"

큰 시련이든 작은 시련이든 당신의 아이가 감정적 시련 때문에 무너지는 일은 없다. 실제로 장애물은 성장을 위한 기회가 된다.

나는 한 수석 교사가 일상적인 문제에 부딪힌 두 1학년 남자아이를 아주 즐겁게 지도해 문제를 해결하도록 이끄는 모습을 관찰한 적이 있다. 두 아이는 책 한 권을 먼저 보겠다며 싸우고 있었다. 프리드 부인은 얼굴에 환한 미소를 띠며 두 아이 쪽으로 다가가 듣기 좋은 남부 억양으로 말했다. "나는 지금 마음이 설레. 너희 둘이 곧 타협하는 법을 배우게 될 거거든." "타협이 뭐예요?" 한 아이가 물었다. 교사가 기뻐하는 모습에 아이의 마음은 벌써 열려 있었다.

"네가 원하는 것을 조금 갖고 친구도 원하는 것을 조금 갖는 거야. 그런 다음 다시 와서 이 일이 어떻게 해결되었는지 나한테 말해주는 거지." 프리드 부인이 말했다. 나는 교사의 제안을 아이들이 기꺼이 받아들이는 모습에 놀랐다. 프리드 부인은 책을 서로 갖겠다고 다투는 아이들의 싸움을 해결하려고 노력하지 않았다. 대신 아이들 스스로 배우고 경험을 통해 성장할 수 있는 기회를 주었다. 두 아이는 시간을 정해서 책을 돌려보는 방안을 내놓았고, 술래 뽑기 게임으로 누가 먼저 책을 가져갈지 정하기로 했다. 더 이상 싸우지 않게 된 두 아이는 스스로를 대견해하는 표정이었다.

바로 이런 장면에 자녀 교육의 귀중한 교훈이 들어 있다. 우리는 이러한 방식으로 자존감을 키워간다. 장담하건대 이는 캔디랜드의 결승선에 먼저 들어가는 것보다 훨씬 달콤한 교훈이다.

이제 분명히 이해되는가? 자녀 주위를 맴도는 헬리콥터형 자녀 교육 방식은 심각한 결과를 동반하는 그야말로 실패작이다. 우리 정신과 의사들은 요즘 아이, 청소년, 젊은이들 사이에 불안 장애, 약물 의존, 우울증이 급증하는 현상을 목격하고 있다. 정말 충격적인 일이다.

다정다감한 지금 세대의 부모들은 의도하지 않게 아이들의 감정 도구 상자에 아무런 해결 도구도 넣어주지 않은 채 아이들을 세상으로 내보내고 있다. 아이들은 대학에 가서도 매일 전화, 문자 메시지, 영상통화 등으로 부모와 연락하면서 자기들 스스로 결정해야 할 사안에 부모의 조언을 구하고 있다. 한 교수가 들려준 바에 따르면 심지어 부모가 이메일로 아이의 리포트까지 손봐준다. 대학 윤리에 부모까지 고려해야 할 상황이 올 줄 누가 알았겠는가? 오늘날에는 청년들이 자유롭게 달려가야 할 때조차 전자 기기로 이어진 끈이 그들을 가지 못하게 잡아당기고 있다.

대학의 가장 멋진 점은 이제 독립해서 스스로 결정을 내릴 수 있다는 느낌이다. 대학은 집을 떠나 실제 생활로 나아가는 다리이다. '자립하는 법 배우기'는 건너뛰면 안 되는 발달단계이다. 오스카라면 이렇게 말했을 것이다. "젠장, 자전거 좀 놓으세요!" 넘어져도 괜찮으며 타박상을 입어도 얼마든지 살아갈 수 있다는 것을 아이들에게 가르쳐라.

자존감은 시련을 통해 배우고 얻어야 해요. 부모가 아이에게 건네줄 수 있는 것이 아니에요. 자존감은 마음속에서 이루어지는 일이거든요.
_비비언 버트, 의학박사, 정신과 의사

땀 흘려 일하는 것이 좋다

아이가 무엇을 할 수 있는지 가르쳐주는 한 가지 방법은 아이에게 할 일을 주는 것이다. 내가 인터뷰한 많은 부모들은 지금 세대에게 노동 윤리가 없다고 한탄했다. 요즘 베이비시터들은 아이가 깨어 있는데도 문자 메시지를 보내거나 설거지를 해놓지 않은 모습을 퇴근해 집에 돌아온 당신이 보아도 전혀 당황해하지 않는다. 그러면서도 돈 받을 생각을 한다. 정말 뻔뻔스럽다!

이 역시 또 다른 변화 추세다. 요즘 많은 젊은이들은 힘든 노동에 대한 이해가 없다. 내가 인터뷰했던 많은 회사의 중역들이 한결같이 똑같은 불평을 늘어놓았다. "요즘 젊은이들은 자기를 아주 특별한 사람이라고 생각해서 밑바닥부터 시작하지 않으려고 합니다." 젊은이들은 우리가 해놓고 남겨놓은 중간 단계부터 시작할 수 있다고 생각하며 커피 심부름이나 우편물 업무부터 시작할 마음이 없다. 성공하기 위해 반드시 거쳐야 하는 힘든 노동을 하지 않고 건너뛸 수 있다고 여긴다.

지금 세대에게는 활력이 부족해요. 그들은 자기 힘으로 노력해서 올라가려고 하지 않아요. 처음부터 부모들이 아이들을 발판 위에 올려 주었거든요. 아이들이 애써 손을 뻗어 얻을 필요가 없었던 거예요.

_재니스, 심리학자

실제로 1978년 이후 출생한 세대는 자기들이 당연한 권리를 갖고 있다고 여긴다. 미국 국립보건원의 보고에 따르면 이 세대의 40퍼센트는 자신이 얼마나 열심히 일했는지, 업무 수행을 얼마나 잘했는지에 상관없이 2년마다 승진해야 한다고 믿고 있다.

이러한 태도를 갖지 못하게 막는 가장 쉬운 방법은 처음부터 아이들에게 일을 하도록 가르치는 것이다. 부모들은 공부와 운동 분야의 성취에만 너무 초점을 맞춘 나머지 아이들을 책임감 있는 훌륭한 가족 성원으로 키우는 것을 잊고 있다. 부모들은 아이에게 집안일을 시키거나 여름철 아르바이트를 시키지 않고 있다. 어린 나이에 부모와 일터 상사에게 책임을 질 줄 아는 사람이 되면 책임감이 길러진다. 일을 맡아 스스로 처리하다보면 시간 맞춰 오고, 훌륭한 태도를 지니며 열심히 일하는 법을 배운다. 이는 자신감을 길러주고, 이렇게 얻은 자신감은 점점 커진다.

열심히 일할수록 더 많은 행운이 찾아와요.

_게리 플레이어, 골프 명예의 전당 헌액자

과도할 만큼 많은 것을 해결해주는 요즘 부모들은 아이들의 감정적, 물질적 요구의 많은 부분을 채워주며, 이 과정에서 아이들의 갈망을 빼앗았다. 하지만 갈망을 빼앗으면 뭔가를 갈구할 기회뿐만 아니라 그것을 얻는 과정에서 성취하는 만족까지도 빼앗는 것이다. 부족한 게 없을 만큼 너무 만족하면 자기만족에 빠져 현실에 안주한다. 갈망은 일을 추진하게 만드는 에너지다.

한 기업 이사는 성공에 이르게 된 비결을 오래전 인도에서 보낸 어린 시절에서 찾았다. 집에 차가 다섯 대나 있었는데도 그의 아버지는 그에게 버스를 타고 여름 아르바이트를 하러 가게 했다. 버스는 여러 곳을 정차하면서 갔기 때문에 일터까지 가는 데 한 시간도 더 걸렸다. 숨 막힐 듯한 더운 공기로 후끈한 만원 버스를 타고 가는 동안 그의 마음속에는 다음 여름에는 차를 사서 출근해야겠다는 동기가 생겼다. 조금 심한 이야기처럼 들리지만 이 이사는 그런 버스를 타고 다녔던 불만스러운 경험이 일정 정도 성공의 밑거름이 되었다고 보았다.

두 아이를 하버드, 다트머스, 펜실베이니아, 시카고 대학교에서 공부시킨 또 다른 아버지가 있다. 두 아들은 현재 직장과 가정생활 모두 잘해나가고 있다. 나는 두 아들이 어떻게 그처럼 의욕적으로 살 수 있었다고 생각하는지 그 아버지에게 물었다. 한순간의 망설임도 없이 그가 대답했다. "아주 쉬웠어요. 아이들에게 힘든 일을 시켜서 교훈을 얻도록 했지요. 매년 여름이 돌아올 때면 돈을 가장 적게 주면서도 육체적으로는 가장 힘든 여름 아르바이트 광고를 뒤지곤 했어요. 어느 여름엔가 댄은 아침부터 밤까지 무거운 상자를 트럭에 싣는 일을 하기도 했지요. 댄이 농구 운동화를 사달라고 한 적이 있는데, 그때 나는 아들에게 운동화를 사려면 몇 시간이나 일해야 하는지 물었어요."

이후 암 수술 외과의가 된 댄은 이렇게 말했다. "그에 비하면 의과대학은 쉬웠어요."

만원 버스를 타고 다니거나 무거운 나무 상자를 운반하는 일이 종종 성공에 이르는 길을 만들어준다. 역설적이게도 충격 완충재로 감싸주지 않았기 때문에 보다 순조롭게 성공에 이르기도 한다. 충격 완충재는 선물용으로만 사용하고 우리 아이들에게는 진짜 선물, 자립이라는 선물을 주자.

거짓 칭찬

> 내 아이들이 스스로에 대해 기분 좋게 느끼기를 바랐어요. 과장해서 칭찬해주면 그렇게 될 줄 알았죠. 하지만 그 전략은 역효과를 낳았어요. (…) 자신감을 키워주는 대신 특권 의식만 키워놓은 거예요.
>
> _폴라, 할머니

> 거짓 칭찬은 풍선을 지나치게 부풀리는 것과 같아요. 그러면 꼭 터져버리죠.
>
> _로저, 아빠

오늘날의 부모들은 디저트를 건네주듯이 자존감을 건네줄 수 있다고 생각한다. 그들은 자존감이라는 양념이 안정된 아이를 만드는 요리법에 반드시 들어가야 한다고 여기면서 아이들에게 자존감이라는 양념을 뿌린다. 연구에 따르면 **가장**이라는 말은 여러 차원에서 해롭다. "네가 가장 빨라/가장 똑똑해." 이 같은 평가는 아이에게 성장하고 싶은 자극을 주지 못하며 발전을 가로막는다. 심리학자 캐럴 드웩은 대표적인 한 연구를 통해 과도한 칭찬을 받고 자란 아이들의 경우 회복 능력이 떨어지고, 위험을 피하는 경향이 강하다는 사실을 밝혀냈다. 드웩에 따르면 "적절하지 않은 칭찬은 부정적 힘을 미칠 수 있으며, 학생을 강하게 만드는 대신 다른 사람의 의견에 의존하는 수동적인 사람으로 만드는 효과가 있다".

정신과 의사의 관점에서 볼 때 아이에게 늘 칭찬을 하면 자존감이 길러지지 않는다. 아이를 제대로 알 때 자존감을 길러줄 수 있다. 늘 칭찬을 하면 더 많은 칭찬을 받고 싶은 욕구를 불러일으키고, 남의 시선을 지나치게 의식하는 아이가 된다. 과도하게 칭찬을 받은 아이는 자신이 이루어낸 성과를 과장하거나 반대로 자신에게 지나치게 비판적인 경향을 갖기 쉽다.

구체적인 사항에 대해 칭찬을 하고, 결과보다는 노력을 칭찬할 때 칭찬의 효과가 발휘된다. 열심히 노력하는 것이 중요하다는 점을 아이에게 가르쳐라(토끼와 거북의 이야기를 생각해보라).

재능 있는 사람보다는 열심히 노력하는 사람이 언제나 이겨요.

_빈키, 세 아이의 아빠

한 수영장 파티에서 올림픽 경기가 열리는 것처럼 연출하여 아이들은 다이빙 시합을 하고, 그 부모들은 심사위원을 맡았다. 한 아이가 배치기를 하면서 입수했다. "8.5점!" 한 엄마가 크게 외쳤다. 아이구. 정말 그 정도 점수가 된다고? 분명 부모들은 후한 점수를 매기고 있었다. 모든 아이들이 8점, 9점, 10점을 얻는 것 같았다.

한 대범한 엄마가 아이의 다이빙 경기를 보고는 말했다. "발 모양이 좋지 않았어. 5점 줄게." 다른 부모들은 충격을 받은 얼굴로 혹시 그 아이가 쿵쾅거리며 다이빙대를 내려와 울지 않을까 걱정했다. 하지만 아이는 그러지 않았다. 전보다 다부진 표정으로 다이빙대로 돌아가서는 이후 한 시간 동안 다이빙 연습을 했고, 매번 실력이 좋아졌다.

다른 아이들은 9점이나 10점을 받고 나서 더 이상 다이빙 연습을 하지 않았다. 반면 그 아이는 '열심히 노력할수록 실력이 늘어난다'는 멋진 교훈을 가득 안고 집으로 돌아갔다. 그 아이는 엄마가 신뢰할 수 있는 사람이며 자기에게 진실을 말한다는 것을 깨달았다. 그 엄마는 아이를 상처받기 쉬운 애로 대하지 않았고, 과장된 칭찬으로 아이를 떠받쳐주지 않았다. 아이가 정직한 평가를 통해 배울 수 있을 만큼 충분히 강하다는 믿음을 가졌다. 아이 역시 실제로 그랬다.

> 요즘 부모들은 모든 아이가 훈장을 바란다고, 그리고 모두 트로피를 타야 한다고 생각해요. 그리고 아이들이 실망할 때 생기는 심리적 결과를 너무도 두려워한 나머지 실망하지 않을 때 생기는 심리적 결과에 대해서는 생각하지 못해요.
>
> _에릭 울라삭, 초등학교 교사

더 이상 거짓 칭찬을 늘어놓지 말고, 아이들이 실제 점수를 알고 세상 속으로 뛰어들게 하자.

회복 능력이 강한 아이를 만들기 위한 도구 상자

- 미덥지 못하다고 관여하지 마라. 아이들의 일에 개입하지 말고 아이들이 자신의 성취를 느끼고 경험하게 놔둬라. 스스로 성취하게 하라.
- 아이들 스스로 애써 노력하게 내버려둬라. 목적한 바를 스스로 이룰 때까지 아이들이 더듬더듬 헤매면서 과제를 해나가게 놔둬라.
- 점검하라. 당신이 해결하려는 문제는 당신의 감정적 욕구와 관련된 것인가, 아니면 아이들의 감정적 욕구와 관련된 것인가?
- 해결책을 제시하지 말고 질문을 던져라. 아이들의 문제를 해결해주지 말고 아이들이 문제 해결에 나서도록 도와줘라.
- 아이들에게 감정적 불만이 생기더라도 그냥 놔둬라. 스스로 감정을 누그러뜨리는 법을 배우게 하라.
- 실패한다고 그것으로 끝나는 게 아니라는 관점을 가르쳐라.
- 스스로의 선택에 100퍼센트 책임지도록 가르쳐라.
- 진실하다고 느껴지는 칭찬을 하라. 구체적인 내용을 담은 진짜 칭찬을 하라. 결과 말고 노력에 대해 칭찬하라.
- "망가진 사람을 고치는 것보다는 강한 아이로 키우는 것이 훨씬 쉽다." 프레더릭 더글러스의 이 말을 마음에 새겨둬라.

정신과 의사의 메모

보기만 해, 만지면 안 돼!

1. 아동기를 하나의 물품이라고 가정하고 겉포장에 문구를 적는다면 '취급 주의, 깨질 수 있음'이라고 적지 않고 '세심한 취급 요망'이라고 적어야 할 것이다.
2. 아이나 아이가 가는 길을 충격 완충재로 감싸지 마라.
3. 우리가 할 일은 아이가 실패하지 않도록 막아주는 것이 아니라 실패가 성공으로 가는 과정의 일부라는 사실을 가르치는 것이다.
5. 우는 아이를 달래는 인간 장난감이 되지 마라. 아이 스스로 마음을 가라앉히는 법을 깨우치게 하라.
6. 의존적인 아이는 화를 낸다.
7. 아이가 책임감을 배울 수 있도록 집안일과 아르바이트를 시켜라.
8. 거짓 칭찬은 그냥 그때뿐이다. 네가 최고라는 식의 칭찬은 하지 마라.
9. 아이가 실망하는 훈련을 할 수 있게 해줘라.
10. 정작 부모는 지나치게 애를 쓰느라 자기 일을 전혀 못하고 있다.

성숙한 감정을 지닌 어른 되기

> 내 아이들이야말로 이제껏 참석한 개인 발달에 관한 세미나 가운데 가장 내용이 알찬 세미나였다.
>
> _비앙카, 발도르프 교사

의과대학을 다니던 시절이다. 한 아빠가 열 살짜리 아들을 응급실로 데려왔다. 아빠와 아들이 캠핑 여행을 하던 도중 그만 사고가 일어난 것이다.

"마음이 좋지 않네요." 아빠가 말문을 열었다. "직업상 출장이 잦기 때문에 이번 나흘 동안 자연 속에서 아들과 함께 시간을 보내면서 돈독한 관계를 쌓고 싶었어요." 하이킹 중에 아들이 넘어져 무릎에 큰 상처를 입었던 것이다. "이런 사고가 일어나긴 했지만 우리는 아주 멋진 여행을 했고, 그 어느 때보다 아들과 가까운 사이가 되었어요."

다른 의사 한 명이 상처를 꿰매러 왔다. 그는 마취제인 리도카인이 가득 든 커다란 주사를 들고 있었다. 아들의 얼굴에서 두려움을 읽은 다정한 아빠가 아들의 등을 쓰다듬으며 말했다. "아빠가 있잖아, 옆에 있을게."

주삿바늘이 살 속으로 들어가는 순간 아들이 소리쳤다. "엄마가 있었으면 좋겠어요!"

아이고, 불쌍한 아빠.

"네가 얼마나 간절하게 엄마를 원하는지 아빠도 알아. 엄마가 지금 여기 있으면 정말 좋을 텐데."

정말 인상적이었다. 그 아빠는 아들이 자신을 간절하게 원해주기를 바라면서도 그런 자신의 욕구를 제쳐놓고 아들의 감정을 인정해주고 있었다. 사고로 아들의 무릎에 흉터가 남을 수는 있겠지만 이런 자녀 교육이라면 아들의 마음에 상처를 남기지 않을 것이다.

성숙한 감정을 지닌 어른이 되려면 당신 자녀에게 도움이 될 수 있게 당신의 욕구는 제쳐놓아야 하는 경우가 많다.

우리가 자신에 대해 많이 알면 알수록 더 나은 자녀 교육을 할 수 있다. 자녀 교육은 우리 자신에 대한 이해와 직접적으로 연관되어 있다. 자녀 교육은 당신 자녀를 교육할 수 있도록 당신을 교육하는 기회다.

역할이 뒤바뀌면 안 된다

오래전 일이다. 여섯 살 아이와 만나기로 약속이 잡혀 있었다. 그 아이는 두 번째로 들어간 학교에서 다시 쫓겨날 위기에 놓여 있었다. 나는 여섯 살짜리가 그 어린 나이에 대체 무슨 짓을 하면 그런 문제에 부딪힐 수 있는지 상상해보려 했다.

사정을 알기까지 오래 기다릴 필요도 없었다. 내 진료실 문이 벌컥 열리는 순간 바로 답을 알 수 있었다. 데릭은 씩씩거리며 진료실로 들어섰다. 그는 책장에 있는 책을 바닥으로 내던지며 내 사무실을 뒤지기 시작했다. 그리고 몸을 휙 날려 소파에 앉더니 내 책상 위로 몸을 쑥 내밀었다. 나는 데릭의 엄마와 할머니가 이런 대소동에 어떤 반응을 보이는지 살피려고 두 사람을 바라보았다. 그들은 동요하는 기색을 보이지 않았다.

"자리에 앉아야지, 데릭." 내가 말했다.

나는 가족들에게 내 소개를 마친 뒤 데릭에게 자기소개를 해보라고 했다. 데릭은 벌떡 일어나 소파 위에 올라서더니 뽐내듯이 두 손을 허리에 얹고 큰 소리로 말했다. "이쪽은 우리 엄마와 할머니예요. 아빠는 없고요. 내가 집안의 남자예요."

솔직히 대단한 구경거리였다. 엄마 쪽을 보니 그녀는 자랑스러운 표정으로 웃고 있었다. 나는 다시 데릭에게로 시선을 옮기며 말했다. "데릭, 넌 어른이 아니야. 여섯 살짜리 아이지."

그 순간 거물의 모든 허세는 수그러들고, 아이는 풀이 죽어 조용히 움츠린 자세로 소파에 앉았다. 하지만 그와 동시에 안도하는 모습을 보였다.

어떤 아이도 '집안의 남자'가 되어서는 안 된다. 아이가 아이로 살 수 있도록 부모는 성숙한 감정을 지닌 어른이 되어야 한다. 아이가 어른 역할을 하는 것은 너무 부담스러운 일이다. 그럴 역량도 없다. 아이는 싱크대에 손도 닿지 않고 신발 끈도 제대로 묶지 못한다. 아이는 어리기 때문에 스스로를 돌보지 못하며 너무 작아서 당신을 돌보지 못한다.

그러나 아이는 직감이 뛰어나기 때문에 부모의 상처가 보이면 자신이 부모를 구하려고 한다. 아이는 무의식적으로 생각한다. 내가 엄마를 돌봐야지, 그러면 엄마도 나를 돌보게 될 거야, 라고. 아이는 부모가 감정적으로 편안한 상태가 되도록 책임을 가져야 한다고 느낀다. 혹은 데릭의 경우처럼 빈자리를 채우려고 한다. 이는 아이가 부모에게 완전하게 의지하지 못하도록 가로막는 걸림돌이다. 그런 아이들은 강하고 든든한 엄마 또는 아빠에게 의지하는 아이가 되지 못한다. 이런 단계를 거치지 못하면 진정한 정서적 독립으로 나아가는 길이 막힌다. 우선 의존하는 단계를 거쳐야 한다. 데릭은 진정한 남자가 되기 전에 먼저 소년이 되어야 한다.

한 이혼 여성이 외래 진료로 나를 찾아와 말했다. "일을 마치고 집에 오면 아들(다섯 살)이 내 발을 마사지해주고 레모네이드를 갖다줘요. 사랑스럽지 않아요?"

정신과 의사는 말한다. 꼭 그렇다고는 할 수 없지요.

아이는 당신의 친구가 아니며 마사지사도 아니고 비밀을 털어놓을 절친한 친구도 아니다. "오늘 하루 어떠셨어요? 제가 목욕물 받아드릴까요?"라고 묻는 아이를 둘 수도 있을 것이다. 아이는 엄마가 보살핌을 받고 싶어한다고 강하게 느꼈고, 정말 위층으로 올라가 물을 받아주었다. 하지만 아이는 그냥 꼬마일 뿐이며 그의 어깨는 엄마의 무게를 지탱하지 못한다.

아이가 보살피는 역할을 떠맡게 되면 결코 마음 편히 지내면서 보살핌을 받는 상태가 되지 못한다. 역할이 바뀌었다. 이런 상태에서는 아이가 마음 놓고 지내지 못하며 방어벽이 생긴다. 보살펴주는 부모가 없다면 아이는 약한 존재가 되지 못하고, 이렇게 연약함을 잃어버리면 진정한 자아를 잃는다. 그리하여 아이의 마음은 점점 더 강한 무장을 하기 시작한다.

하지만 당신은 이렇게 생각할 수도 있다. 그게 말이죠, 상호적인 거잖아요. 아이가 엄마를 필요로 할 때 엄마도 아이를 위로해주잖아요. 맞는 말일 것이다. 하지만 아이의 초기 발달단계에서는 서로 주고받는 상호적 관계가 되어서는 안 된다. "네 발을 마사지해 줄 테니 너도 내 발을 마사지해줘"는 자녀 교육이 아니다. 새끼 오리는 처음 각인된 어미 뒤를 졸졸 따라다닌다. 어미 오리는 새끼 오리를 따라다니지 않는다.

> 부모가 된다는 것은 거래 관계가 아니다. 우리는 자식에게 준 것을 돌려받지 못한다. 이는 궁극적으로 미리 베푸는 노력이다. 우리가 좋은 부모가 되면 아이들은 우리 곁에 계속 머물 만큼 사랑을 주는 것이 아니라 우리 곁을 떠날 만큼 강해지는 것이다.
>
> _애너 퀸들런, 『이제야, 비로소 인생이 다정해지기 시작했다』

우리 아이들이 독립적으로 자라기 위해서는 그 전에 먼저 감정적으로 의존하는 상태가 되어야 한다. 아이들이 당신의 어려운 처지를 예민하게 느끼면 그런 기회를 갖지 못한다. 역할이 바뀌어야 한다. 아이들에게는 통찰력이 있다. 부모가 어려운 처지에 있다고 여기면 돌보는 사람의 역할을 떠맡고 나선다.

하지만 여기에는 커다란 대가가 따른다. 부모의 힘든 처지가 부각되면 집 안의 모든 분위기가 이에 지배당한다. 아이가 애어른처럼 보일지 모르지만 아이가 정서적으로 부모를 보살피는 동안 내적으로 아이의 성장은 멈춘다. 아이는 부모의 힘든 처지를 너무 의식한 나머지 자신의 욕구를 속으로 삼켜 억눌러버린다.

아이가 지속적으로 욕구를 속으로 억누르면 자신의 연약함과 진정한 자아로부터 점점 더 멀어진다. 진정한 자아로부터 멀어지면 모든 갖가지 감정 영역 속으로 들어가지 못하고 보다 큰 고통으로부터 스스로를 보호하기 위한 거짓 자아를 키운다. 이는 자존감과는 완전히 반대된다. 이 때문에 나 같은 정신과 의사가 마음속 깊이 묻혀 있는 진정한 자아, 다시 말해 아동기를 견디고 살아남기 위해 묻어버린 자아를 다시 찾아주면서 밥 먹고 사는 것이다.

> 모든 아이에게는 사랑받고 싶은 깊은 욕구가 있어요. 하지만 부모가 연약하다는 것을 알아차린 아이는 부모를 보살피려고 해요. 욕구를 충족하기 위해 간접적으로 돌아가야 한다고 일찍부터 배우는 거죠. 내가 만난 많은 환자들이 엄마를 행복하게 해주기 위해 집 안을 청소했던 이야기를 꺼내요. 하지만 부모의 문제는 그들 자신만이 해결할 수 있어요. 아이는 힘이 없어요.
>
> _마시 콜, 심리학 박사

원초적 감정을 넘어서라

백악관에 있다고 다 대통령은 아니듯이 부모가 된다고 성숙한 감정을 지닌 어른이 되는 것은 아니다.
아이처럼 행동하는 어른이 많다. 의존성 욕구가 충족되지 않은 탓에 어른이 되어서도 이러한 욕구가 계속 살아나기 때문이다. 당신에 관해 아무것도 묻지 않는 데이트 상대(그는 한 번도 진정으로 누군가의 중심이 되어본 적이 없는 사람이다), 고속도로에서 손가락을 치켜들며 욕하는 사람(그가 감정을 조절하도록 그의 부모가 한 번도 도와준 적이 없기 때문이다), 끊임없이 확인받으려는 배우자(부모와 확고한 애착 관계를 갖지 못했기 때문이다)를 생각해보라.

내가 문제를 지나치게 단순화하긴 했지만 그렇다고 그 안에 들어 있는 메시지를 놓치면 안 된다. 아이에게는 어른다운 부모가 절실하게 필요하다. 그러므로 아이가 공항이나 상점 등의 공공장소에서 함부로 행동할 때 아이를 그곳에 내버려두고 가겠다는 식으로 대응해서는 안 된다. 첫째, 이는 어른답지 못한 유치한 반응이다. 둘째, 진심으로 하는 말이 아니다. 셋째, 빈말로 위협하면 신뢰가 무너진다. 넷째, 위협으로 아이들을 통제하려는 것이다. 이는 결코 이기는 전략이라고 할 수 없다.

과거의 자녀 교육은 주로 위협하고, 고함치고, 때리고, 더 이상 사랑을 베풀지 않는 방식으로 이루어졌다. 하지만 원초적이고 유치하고 위험한 방식으로 아이의 행동을 다스리려고 하는 것은 어른다운 전략이 아니다. 아이에게 외로움과 두려움만 남길 뿐이다.

두려움보다는 존중의 느낌과 다정함으로 부모 자녀 관계를 맺는 것이 훨씬 좋다.

_테렌티우스, 고대 로마의 극작가

부모를 무서워하는 아이는 진정한 힘을 지니지 못한다. 불안하고 감정이 변덕스러운 부모는 자아가 마음 깊이 묻혀버리는 지름길이다. 예측할 수 없는 부모를 두어 어쩌다 한 번 부모에게 의존할 수 있을 정도라면 확고하고 든든한 애착 관계를 쌓을 수 없다. 아이는 먹을 것과 옷, 안식처를 얻고 물리적, 감정적 위험으로부터 보호받기 위해 부모에 의지해야 한다.

육체적, 정서적으로 부모에게 학대당하는 아이는 아주 끔찍한 곤경에 처한다. 부모에게 의지해야 하는 동시에 부모를 두려워하기 때문이다.

나는 응급실에서 일하던 어느 날 밤 이를 잘 보여주는 충격적인 일을 목격한 적이 있다.

네 살 먹은 여자아이가 심각한 화상을 입고 병원에 실려왔다. 잘못된 행동을 한 벌로 몸이 데일 만큼 뜨거운 욕조 물에 들어가 있었던 것이다. 엄마가 범죄 행위를 시인하는 동안 화상 통증으로 몹시 아파하는 아이를 지켜보고 있으니 가슴이 찢어지는 것 같았다. 나는 아동가족서비스국과 경찰에 전화를 했다. 잠시 안심이 되는가 싶었는데, 또다시 충격을 받았다. 경찰이 엄마를 데려가려고 하자 어린 여자아이가 "엄마, 엄마" 하고 흐느껴 울며 엄마를 붙잡으려고 했기 때문이다. 엄마 때문에 극심한 고통을 겪고 있는데도 아이가 원하는 사람은 여전히 엄마였던 것이다.

엄마에게 아무리 결점이 있어도 우리는 모두 엄마의 사랑을 갈구한다.

이야기를 전하는 것조차 안타까운 일이지만 이 이야기는 부모가 분노를 다스리지 못할 때 아이는 우리가 상상조차 하기 힘든 딜레마에 직면한다는 것을 아주 명확하게 보여준다.

다행히도 대다수의 사례는 이 정도로 극단적이지는 않다. 그리고 이 책을 읽을 정도로 관심을 가진 부모라면 아마 그들의 사전에는 학대란 단어가 들어 있지 않을 것이다. 하지만 당연하게도 우리 모두 자제하지 못하는 날들이 있으며, 우리는 그럴 경우 피해를 최소화하길 원한다. 당신이 보호자인 동시에 두려움의 근원이라면 당신의 아이는 진심으로 당신에게 의존할 수 없을 것이다.

> 우리 엄마는 어떤 때는 엄마였다가 어떤 때는 괴물이 되곤 했어요. 나는 괴물 엄마의 손에 길러진 것 같았어요.
>
> _정신과 상담 중에 나온 이야기

부모는 비유적인 의미의 괴물을 죽여야 하는 사람이며 그 자신이 괴물이 되어서는 안 된다. 감정적으로 통제가 안 되고 집 안이 온통 혼란스러우면 아이는 지뢰밭이 터지지 않도록 살금살금 걸어 다니게 된다. 지뢰밭이 터지면 아이는 두려움에 떨게 되고, 그 결과 코르티솔 수치의 상승을 시작으로 일련의 유해한 신경화학적 변화가 폭발적으로 일어나며 투쟁 도주 반응이 일어난다. 이렇게 되면 당신 아이의 뇌는 성장 모드가 아니라 생존 모드로 바뀌며 회복 능력이 강한 뇌로 발달하지 못한다.

자제력이나 인내심이 약해진다고 느껴질 때는 당신이 어떤 역할로 기억되고 싶은지 떠올려라. 당신은 악당이 아니라 영웅의 역할로, 학대하는 사람이 아니라 보호하는 사람으로 기억되기를 원한다.

그러한 영웅의 역할을 맡고 싶다면 우선 당신 문제부터 처리해야 한다. 아이를 키울 수 있는 사람이 될 수 있게 당신 스스로를 키워야 한다. 과거를 돌이켜보면서 당신 안에 덜 발달된 부분이 어떤 것인지 찾아내야 할 때도 있을 것이다. 어느 누구도 당신이 이 대목을 잘 헤쳐나가도록 준비해주지 않는다. 하지만 성공적인 자녀 교육을 하기 위해서는 반드시 필요한 과정이다.

부모의 잔재

당신이 한 번도 받아본 적이 없는 것을 주기는 힘들다. 훌륭한 부모 밑에 태어났다는 것은 커다란 혜택이다. 그런 혜택을 누리지 못했다면 솔직히 당신은 부모 역할을 하기가 조금 더 힘들 것이다. 부모가 되고 나면 당신이 꽁꽁 처박아두었다고 생각한 마음 아픈 기억들을 다시 꺼내야 할지도 모른다. 하지만 어둠은 빛을 살릴 기회가 된다. 그런 빛을 찾기 위해 당신은 부모의 잔재를 직시해야 할 필요가 있을 것이다.

디킨스의 작품 『크리스마스 캐럴』에 등장하는 외롭고 불행한 인물 에비니저 스크루지가 어린 시절의 유령을 만남으로써 어떻게 구원을 얻었는지 보라. 그는 행복한 사람으로 다시 살아가기 위해 어린 시절의 아픔을 곱씹어보아야 했다.

과거를 돌아보며 우리 자신의 어린 시절에 대한 통찰을 얻지 않는다면 아이들에게 무심코 똑같은 실수를 저지를 수 있다. 의식적인 의도를 갖고 자녀 교육에 애씀으로써 우리의 성장 과정이 우리 아이들의 운명이 되지 않도록 하는 것이 우리의 사명이다. 과거 우리가 커왔던 방식을 그대로 되풀이하지 않도록 적극적으로 노력해야 한다.

아이 앞에서 기침이 나오려 하면 손으로 입을 가리고 기침을 하려 할 것이다. 해결되지 않은 당신의 문제가 있을 때 이 문제가 아이에게 감염되는 일이 없도록 해야 한다.

우리 부모의 약점과 결점이 나의 성장을 돕는 연료가 되었어요.

_시애틀에 사는 엄마

당신이 겪은 어린 시절의 상처를 돌아보는 일이 매우 고통스러울 수 있다. 하지만 당신이 어린아이 때 무엇을 누리지 못했는지 분명하게 알 수 있다면 그런 상실이 슬프면서도 이제는 당신 자신이 스스로의 부모가 되어줄 힘이 있다는 것을 깨달을 것이다. 내가 어렸을 때 무슨 말을 들었더라면 좋았을까? 내가 무엇을 받았더라면 좋았을까? 내가 어떻게 사랑받았더라면 좋았을까?

당신이 언제나 부모에게 갈망했던 무조건적인 사랑을 당신 스스로에게 보여줘라. 마음 깊은 곳에서 당신에게 해당되지 않는 이야기라고 믿고 있는 해로운 평가의 말들을 날려보낼 만큼 당신 스스로를 사랑하라. 그런 해로운 말들을 당신의 자아의식에서 없애라. 당신이 늘 원했던 그런 부모가 돼라. 우선 당신 자신에게 그런 부모가 되어주고, 그다음 당신 아이에게 그런 부모가 돼라. 자꾸 되살아나는 잔재를 그런 방식으로 없앨 수 있다.

내가 참여하는 자녀 교육 모임의 한 엄마가 네 살짜리 딸 다시의 이야기를 해주었다. 다시는 밤에 담요를 꼭 끌어안고 손가락을 빨면서 잔다고 했다. 어느 날 밤 다시의 할머니와 할아버지가 잠자리에서 다시에게 책을 읽어주고 있었다. 다시의 엄마 재닛이 이 장면을 보게 되었고, 그녀는 자신의 엄마가 다시의 '성장'을 도와주기 위해 애쓰는 과정에서 수치심을 안겨주는 말을 하는 것을 들었다.

"넌 이제 다 컸으니 담요를 끌어안고 자면 안 돼. 그런 건 애기들이나 하는 짓이야. 너는 다 큰 애잖아. 그런 담요는 필요 없어." 할머니가 단호하게 말했다.

재닛은 딸의 얼굴에 수치심이 나타나는 것을 보았고, 어릴 때 수치심을 느꼈던 자신의 경험이 떠올랐다. 의존하고 싶은 욕구를 보일 때마다 늘 엄마가 언짢아했던 일이 기억난 것이다. 이제는 엄마이기도 한 재닛은 지난 과거가 되풀이되도록 놔두고 싶지 않았다. 그녀가 나섰다.

"엄마, 다시는 담요를 아주 좋아해요. 언제쯤이면 담요를 손에서 놓을 수 있을지 다시가 알 거예요."

다시는 마음이 편해진 것처럼 보였고, 재닛은 자신에게 권한이 있다고 느꼈다. 재닛은 할머니가 원하는 손녀의 모습이 아니라 있는 그대로의 **딸**의 모습을 보았다. 어릴 적에는 자신의 자아를 보호할 수 없었지만 이제 다른 방식으로 그녀는 자신의 아이를 보호했다. 연륜과 지혜를 갖게 된 할머니는 자신이 어떤 잘못을 했는지 깨닫고 딸과 손녀에게 사과했다. 세 사람 모두에게 잘된 일이었다.

몇 달 뒤 다시가 잘 자는지 확인하러 간 재닛은 담요가 침대 끝에 놓여 있는 것을 보았다. 다음 날 밤에는 담요가 벽장에 들어가 있었다. 담요는 지금도 벽장 속에 그대로 있다.

당신 부모의 프로그램화된 교육 방식을 없애기는 쉽지 않다. 그러므로 필요하다면 도움을 구하라. 부모의 잔재에 맞서기 위해 힘겨운 노력을 해나가면 더 이상 당신에게 소용없는 자녀 교육 방식의 유산으로부터 해방될 수 있다. 당신에게 좋았던 점은 그대로 이어받고 나머지는 버려라. 이제는 당신이 부모다. 당신에게는 그런 변화를 꾀할 힘이 있다.

불화와 회복

> 제대로 사과하려면 결코 변명을 해서는 안 된다.
>
> _벤저민 프랭클린

나는 갓난아이와 함께하는 마미앤미mommy-and-me 모임에서 우연히 한 엄마가 아기에게 이렇게 말하는 것을 들었다. "미안해, 우리 아기. 엄마가 깜빡 잊고 기저귀 가방을 안 가져왔어. 네 기저귀를 갈아주어야 하는데 말이야. 엄마는 이런 일에 초보야. 우리가 함께 배워가는 동안 네가 엄마를 좀 참아주면 좋겠어."

한 엄마가 이 말을 듣고 아기 엄마 쪽을 보며 말했다. "난 그런 걱정 안 해요. 아이가 엄마 말을 이해하지 못하고, 이 일을 기억하지도 못할 거잖아요." 아기 엄마가 말했다. "알아요. 하지만 난 앞으로도 어설플 거예요. 아이에게 사과하고, 나 스스로도 여유를 갖는 습관을 들이고 싶은 것뿐이에요."

처음부터 잘하는 부모는 없다. 두 번째도, 세 번째도 마찬가지다. 자녀를 기르는 일은 끊임없는 실습 훈련이다. 깜박 잊고 기저귀 가방을 가져오지 않는 일이 있을 것이고, 성질을 참지 못하고 화를 낼 것이며, 좋지 않은 말을 할 것이고, 실망한 나머지 아무렇게나 말을 내뱉을 것이다. 당황스러운 상황에 놓일 것이고, 마음으로 귀 기울여 듣지 않고 머리로 판단할 것이다.

스스로에게 너무 엄격하지 마라. 자녀를 기르는 일은 늘 곡예를 해야 하고 시간도 부족하며 잠도 부족한, 가장 스트레스가 심한 조건에서 이루어지는 역동적인 과정이다. 우리는 인간이고, 자녀를 기르는 일은 많은 인간적 실수가 따르는 지극히 인간적인 일이다. 다행스럽게도 아이들은 너그럽다. 또한 인간적 실수는 진정으로 가까운 사이가 될 수 있는 멋진 기회를 제공한다. 불화가 생겼다면 다시 회복하라. 사과를 통해 상황을 바로잡아라. 당신의 실수를 인정하라. 그러면 마음이 누그러진다. 아이를 가르치는 일은 아주 멋진 일이기도 하다.

내가 엄마로서 지닌 가장 큰 장점은 스스로를 성찰할 줄 알았다는 점이에요. 실수를 했을 때는 늘 아이에게 내 실수를 인정했고, 마음에서 우러나오는 사과를 했어요. 다음번에는 어떻게 달라질지 이야기했고, 이를 내 사고 과정 속으로 가져왔어요. 아이들뿐만 아니라 나 스스로에게도 연민을 가졌어요.

_두 아이의 엄마

요즘 부모들은 완벽하려고 지나치게 전전긍긍해요(그런데 완벽은 있을 수 없어요). 당신이 무슨 실수를 했는지 깨달으면 그냥 아이에게 터놓고 말하세요. 이것이 아이들에게 뭔가 본보기가 될 거예요. 당신이 완벽했다면 아이들이 결코 알지 못했을 본보기요.

_줄리 제든, 의학박사, 정신과 의사

좋은 부모는 아이와 함께 성장한다. 우리가 엉망이었던 때의 일을 바로잡을 수 있다는 것은 얼마나 멋진 선물인가. 사과한다고 권위가 무너지는 것은 아니다. 오히려 믿음직한 리더라는 신뢰감이 커진다.

자녀 교육의 멋진 점은 상황을 바로잡는 데 공소시효가 없다는 것이다.

"나이가 들고 내 자신이 성장하면서 자녀 교육을 좀 더 잘할 수 있었어요. 하지만 아이들이 어렸을 때 저지른 몇 가지 실수에 대해선 아직도 마음이 안 좋아요." 한 아빠가 말했다.

그는 쌍둥이 아들이 대학 진학으로 집을 떠나기 전 두 아들을 데리고 주말 래프팅 여행을 갔다.

"아이들의 대학 진학을 축하해주기 위한 여행이었지만 화해를 하고 싶은 목적도 있었어요. 아이들을 기르는 동안 가장 좋았던 순간과 좋지 않았던 순간들을 기억해내어 머릿속에서 각본을 썼지요. 우리는 래프팅을 하며 강을 따라 내려갔는데, 나는 겁이 났어요. 그리고 정말 감정적이 되어버렸죠. 아이들에게 너희들의 어린 시절을 생각하면 마음이 너무 안 좋다고 말하면서 운 거예요. 내가 모든 걸 망쳐버렸었거든요. 나는 그 당시 경제적 압박감이 심했고, 이 문제로 자녀 교육에 문제가 있었으며, 이는 잘못된 일이었다고 설명했어요. 아이들이 어렸을 때 나는 몽유병에 걸린 것처럼 뭐가 뭔지 모른 채 아이들을 길렀지요. 하지만 이제는 정신을 차렸어요. 다시 그때로 돌아갈 수 있다면 전혀 다른 아빠가 될 거예요. 매우 미안하게 생각해요. 너무 많이 고함을 지르고 엄하게 벌을 준 것에 대해, 그리고 아이들과 많은 시간을 함께 보내지 못한 것에 대해 사과했죠. 난 아이 엄마와 아이들이 나한테는 세상에서 가장 중요한 사람들이라고, 일부러 상처를 주려고 했던 건 아니라고 말했어요. 우리 셋은 강물을 타고 내려가는 동안 서로 부둥켜안고 울었어요."

어떤 시기가 되었든 사과하고 변화된 행동을 보이면 치유된다.

나와 내 동료들은 지난 몇 년 사이에 부모들이 다 큰 자식들과 만나는 자리를 마련하는 움직임이 일고 있는 것을 알아차렸다. 무슨 이유에선가 껄끄러워진 관계를 다시 가까워지게 할 방법을 찾고자 했던 것이다. 나는 치료에 들어가기 전에 부모들에게 방어적인 태도를 버리고 진심으로 자식들의 이야기를 들으라고 격려했으며,

변명하지 말고 과거의 잘못을 진심으로 사과하라고 권했다. 공감은 마음의 문을 열어 쉽게 받아들일 수 있는 상태로 만들어준다. 이를 이용해 보다 친밀한 관계를 만들어라.

다시 말하지만 관계를 회복하기 위해서는 자기 자신을 알고 기꺼이 스스로를 바꿀 용의가 있어야 한다.

한 할머니는 다 큰 자식들이 과거에 그녀가 얼마나 화를 잘 냈는지 끊임없이 일깨울 때마다 마음이 좋지 않았다. 행여 자신들의 아이가 뭔가를 깨뜨리거나 엎지르기라도 하면 자식들은 마음의 대비를 하곤 했다. 하지만 할머니는 이제 달라지기로 결심했다. "별일 아니야"라는 말이 할머니의 입버릇이 되었다. 손자가 할머니의 값비싼 러그에 토했을 때, 다들 할머니가 버럭 화를 낼 거라고 예상했다. 하지만 할머니는 달라졌다. 할머니는 아픈 손자를 안심시켰다. "이 러그보다는 네가 중요해. 러그는 별로 신경 안 써. 내가 신경을 쓰는 것은 너란다."

할머니의 변화된 모습에 자식들은 놀라면서도 마음이 편해졌다. 문제를 바로잡고 변화된 모습을 보이면 언제든 관계를 회복할 수 있는 기회가 찾아온다는 것을 알았기 때문이다.

자아를 억제하라

자녀 교육을 할 때 당신의 자아와 판단을 배제하는 것은 정말 힘들다. 하지만 이 역시 어른이 되는 과정의 일부다. 비결은 자아를 잘

다스릴 수 있도록 당신의 자아를 정확하게 인식하는 데 있다.

당신의 문제를 제쳐놓으면 아이들을 있는 그대로의 모습으로 볼 수 있는 길이 열린다.

어느 아름다운 가을날, 유치원에서 부모와 아이들의 줄다리기 시합이 열렸다. 한동안 밀고 당기기를 거듭하다 부모들이 마지막에 줄을 놓아준 결과 아이들이 이겼다.

다섯 살 아이들은 환호성을 지르고 흥분하여 펄쩍펄쩍 뛰었다. 그레그만 그러지 않았다. 그레그는 눈물범벅이 된 얼굴로 엄마에게 달려왔다. 그레그의 엄마는 줄다리기 시합에서 이겼는데 왜 유독 자기 아이만 우는 건지 영문을 알 수 없었고, 다른 엄마들의 눈초리와 이런저런 소리에 마음이 불편해졌다. 엄마는 그레그를 다그치기 시작했다. "왜 우는 거니? 다른 애들은 아무도 울지 않는데. 너 때문에 당황스럽잖아."

하지만 엄마는 이내 마음을 가다듬고 아들을 비판하는 대신 이해하는 쪽으로 태도를 바꾸었다. 몇 차례 숨을 고르고는 아이 옆에 무릎을 꿇고 앉아 눈물을 닦아주었다. 엄마가 부드러운 어조로 말했다. "무슨 일인지 말해봐."

그레그가 흐느끼면서 자신의 혼란스러운 마음을 이야기했다. "우린 진짜로 이긴 게 아니에요. 그렇죠, 엄마? 우리가 어떻게 이길 수 있겠어요? 몸집도 엄마들의 반밖에 안 돼요. 내 친구들은 정말로 자기들이 이겼다고 믿는 걸까요?"

"네 말이 맞아, 아들." 엄마는 아들을 달래주었다. "너희는 진짜로 이긴 게 아니야."

"난 혼자가 된 느낌이었어요." 그레그가 말했다.

그레그의 엄마는 재빨리 당혹감을 떨쳐내고 공감하는 태도를 보였다. 진짜 줄다리기 시합은 부모들의 마음속에서 벌어지는 갈등이다. 우리는 있는 그대로의 아이들 모습, 우리와 다른 특별한 그들의 모습을 볼 수 있도록 우리의 자아를 바닥까지 눌러야 한다. 우리식으로 예측한 생각의 줄을 내려놓으면 아이들의 진정한 자아, 아름다운 자아가 환하게 보인다.

그레그의 엄마가 보여준 올바른 행동을 다시 점검해보자.

- 그레그의 엄마는 판단을 내리려는 마음을 억누르고 아이를 진정시키려고 했다.
- 자신의 태도를 바로잡고 아이 옆에 무릎을 꿇고 앉아 아이의 눈높이에서 마주 보았다.
- 아이 편에 섰다.
- 아이의 말을 진심으로 듣고 이해했으며 아이를 바라보았다.
- 상처 입었을 때 엄마에게 가면 안전하다는 확신을 아이에게 심어줌으로써 깊은 신뢰감을 쌓았다.

자녀 교육에 임할 때는 그에 앞서 당신의 자아를 억눌러야 해요.
_고참 교사

어느 부모든 자기감정을 제쳐놓기는 힘들다. 자아도취 성향이 강한 부모라면 더더욱 힘들 것이다. 부모는 아이가 느끼는 기분과 경험을 고스란히 자기 안에 거울처럼 반영해야 한다. 그럴 때 아이는 스스로를 이해하고 정체성을 형성한다. 조화로운 마음을 지닌 부모는 아이를 있는 그대로의 모습으로 본다. 자아도취적인 부모는 자기 욕구 때문에 아이를 제대로 보지 못하며, 아이의 욕구와 감정은 부모의 욕구라는 그늘에 가린다. 그늘 속에서는 건강한 아이가 자라기 힘들다.

자아도취적인 사람은 남들에게 관심과 칭찬을 받고 자신을 확인받고 싶은 욕구가 매우 강하기 때문에 다른 이들의 욕구를 짓눌러버린다. 그들은 모든 것을 자신과 관련짓고 모든 문제를 개인적으로 받아들이는 성향이 있다. 그들은 입버릇처럼 "어떻게 나한테 이럴 수 있어?"라는 말을 자주 한다. 그들은 별것 아닌 것에도 기분 상해하고, 상처를 받으면 화를 내는 경향이 있다.

가족 모두가 자아도취적인 사람의 비위를 맞추는 경우가 많다. 이런 성향을 가진 사람들의 아이는 이들의 불같은 성미를 건드리지 않으려고 조심하게 된다. 통찰력 있는 아이들은 부모가 쉽게 상처받는다는 것을 알아차리면 부모의 버팀목이 되어주려 한다. 이리하여 거울의 위치가 뒤바뀌는 것이다. 부모가 아이의 마음을 반영하는 대신 아이가 부모의 마음을 반영해야 한다.

그런 부모 밑에서 자라는 아이는 부모가 좋은 감정 상태를 유지하도록 신경 쓰느라 정작 자기 욕구는 뒷전으로 미룬다. 또한 간혹 욕구를 드러낼 때도 자신의 행복과 부모의 행복 가운데 하나를 선택해야 하는 처지에 놓인다. 대개는 가정의 평화를 위해 아이의 욕구가 희생된다. 그런 아이는 자기 모습을 그대로 보임으로써 사랑받는

게 아니라 다른 사람의 기분을 맞춰줌으로써 사랑받는다고 배운다.

릴리는 백화점 탈의실에서 댄스파티에 입고 갈 드레스를 입어 보고 있었다. 백화점 폐점 시간이 가까워지고 있었고, 릴리는 엄마가 얼른 드레스를 사서 집에 가고 싶어한다는 것을 바로 알아차렸다. 엄마의 욕구 때문에 특별한 통과의례에서 돋보일 드레스를 찾고 싶은 릴리의 설레는 마음은 꺾였다.

"너한테 딱 어울리는 드레스를 찾았어!" 엄마는 이렇게 말하면서 빨간색과 흰색 스트라이프가 들어간 볼품없는 드레스를 들어 릴리에게 보여주었다. 릴리는 한눈에도 드레스가 마음에 들지 않았다. 하지만 릴리는 실망감을 감추고 일단 드레스를 입어보았다.

"정말 잘 어울린다, 마음에 들어!" 엄마는 릴리의 기분이 좋지 않다는 것을 전혀 눈치 채지 못한 채 말했다. 이제 소녀는 곤경에 놓였다. 릴리는 어떤 거울에 신경을 써야 할까? 댄스파티에 입고 갈 생각을 하니 당혹스럽기만 한 드레스를 비추는 거울에 신경을 써야 할까, 아니면 늘 그래왔듯이 엄마의 기분을 반영하고 맞춰주는 거울에 신경을 써야 할까?

딸의 얼굴에 잠시 불편한 마음이 드러났다. 그러자 엄마가 버럭 신경질을 냈다. 릴리는 반사적으로 어조를 바꾸었다. "엄마 생각이 맞는 것 같아. 잘 어울리네." 릴리가 기운 없이 말했다. 기분이 좋아진 엄마는 미소를 지었다. 그리고 그 순간 릴리도 기분이 좋아졌다. 하지만 정말로 기분이 좋은 것은 아니었다.

댄스파티가 열리는 날 릴리는 부끄러워하며 계단을 내려가 데이트 상대를 맞이했다. 실망한 상대의 첫마디가 튀어나왔다. "빨간색 스트라이프 드레스를 입은 거야?" 릴리는 참담한 기분이었다.

댄스파티 드레스를 벗어버린 게 아주 오래전이었는데도 릴리의 마음속에는 자신의 특별한 밤에 엄마의 욕구에 맞춰주었던 기억이 오래도록 남아 지워지지 않았다. 그날 밤 말고도 그런 밤이 많았다. 20년이 지난 뒤 릴리는 치료를 받으면서 왜 자신이 직감을 따르지 않았던 건지, 왜 진짜 마음을 표현하는 것이 그렇게 어려웠던 건지 물었다.

마침내 릴리는 깨달았다. "나는 엄마의 기분을 띄워주느라 바빴어요. 엄마의 역할은 어디까지인지, 어느 지점부터 내 의견이 더 중요한지 몰랐던 거예요. 나는 한 번도 아이로서 내 목소리를 내본 적이 없었어요."

이런 이유 때문에 자아도취적인 부모의 아이들은 어른이 되어 치료를 받으러 오는 경우가 많다. 진정한 자아를 찾고, 자유롭게 해주려는 것이다. 그들이 견디며 살아온 어린 시절은 부모의 비위를 맞추고 자신을 억누르는 과정이었다. 그들은 현재 맺고 있는 관계에서 자기를 내세우면 사랑을 잃을까봐 걱정한다. 또는 자라면서 그들 역시 자아도취적인 기질을 갖게 된다. 어느 쪽이든 최상의 시나리오는 아니다. 하지만 당신이 자아도취적인 부모 밑에서 자랐더라도 그 유산을 당신 선에서 끝낼 수 있다.

어떻게 하면 더 잘할 수 있을까? 첫째, 흥분될 때 스스로를 점검하라. '내 아이가 어떤 기분인지 알고 있는가, 아니면 내 감정에 너무 붙잡혀 있는가?' 자문해보라. 잠시 속도를 늦추고 성찰의 시간을 가져라. 무엇 때문에 당신 마음이 복잡하게 부글거리는지 이해하면 버럭 화를 내거나 상대를 위축시키는 사랑으로 대응하지 않고 건설적인 지침을 줄 수 있다.

아이는 당신의 확장판이 아니라는 점을 명심하라. 가까운 사이라고 똑같은 것은 아니다. 아이는 독자적인 존재이며 아이의 감정과 행동이 당신의 감정이나 행동과 똑같아야 하는 것은 아니다. 나는 아이를 가리켜 '내 축소판'이라고 말하는 것을 좋아하지 않는다. 당신은 당신이고 아이도 당신이라면, 아이가 자기 자신이 될 여지가 없어지기 때문이다.

애석하게도 자아도취 성향은 여러 세대로 이어진다. 어린 시절에 욕구를 채워본 적 없이 부모가 된 사람은 자기 아이의 욕구를 채워주지 못한다. 부모가 스스로 한 단계 성숙해 이 악순환을 끊지 않는 한 그것은 반복된다.

당신의 감정을 억눌러라

어느 봄날 아침 나는 유치원 벤치에 앉아 멋진 아빠인 케빈과 이야기를 나누고 있었다. 우리가 즐겁게 대화하고 있을 때 케빈의 딸 패티가 울면서 아빠에게 뛰어왔다.

"제나가 이제 나랑 놀고 싶지 않대." 패티는 내 마음까지 울릴 정도로 아주 서럽게 흐느꼈다.

"기분이 나빴겠구나." 케빈이 부드러운 소리로 딸의 감정을 인정해주었다. 그는 딸을 오랫동안 안고 있다가 눈물을 닦아주었다.

"이제 어떻게 할래?" 케빈이 딸에게 공을 넘기며 회복 능력이 있는지 점검했다.

"으음, 갈색 머리에 갈색 눈인 아이와 놀면 될 것 같아요."

"널 말하는 거니?" 아빠가 따뜻하게 물었다.

"네." 패티가 미소를 띠며 말했다.

"좋은 생각이야." 케빈이 대답했고, 패티는 폴짝폴짝 뛰면서 그 자리를 떴다.

"와, 정말 멋지게 정리하셨어요." 내가 말했다. "교과서 같은 멋진 교육이에요."

그러자 케빈이 나를 바라보며 말했다. "제나라는 애, 정말 못됐죠!"

나는 웃느라 하마터면 벤치에서 떨어질 뻔했다. 케빈의 진짜 속마음을 알고는 너무 놀랐다. 그는 패티만큼이나 화가 났지만 그런 마음이 딸에게 도움이 되지 않는다는 것을 알았다. 그래서 패티에게 필요한 차분한 지침을 줄 수 있도록 자기감정을 제쳐놓았다. 그리고 케빈이 그 일을 너무도 훌륭하게 해내는 바람에 나는 그의 진짜 속마음을 전혀 알지 못했던 것이다.

어른다운 성숙한 감정을 지닌다고 해서 당신이 어떤 감정도 갖지 않는다거나 아이의 아픔에 전혀 동요되지 않는다는 의미는 아니다. 아이의 감정에다 당신의 감정까지 보탬으로써 문제를 더욱 복잡하게 만들지 않는다는 의미다.

아이가 토끼 굴 속으로 떨어질 때 나는 아이와 같이 그 속에 떨어지지 않으려고 안간힘을 써요. 하지만 아이의 뒤를 따라 그 속으로 떨어지지 않기란 정말 힘든 일이에요.

_세 아이의 엄마

패티의 아빠는 토끼 굴에 함께 빠지지 않음으로써 딸의 격한 감정을 받아주는 오수 탱크 역할을 할 수 있었다.

당신이 부모로서 해야 하는 중요한 일 가운데 하나가 아이의 감정 코치가 되어주는 일이다. 아이의 감정에 당신의 감정까지 투사해서는 안 되며 아이가 격한 감정을 조절하도록 가르쳐야 한다. 우리는 아이에게 많은 관심을 갖기 때문에 아이의 감정이 격해지면 우리 감정까지 덩달아 격해지는 경우가 많다. 아이가 화가 났을 때 우리까지 같은 마음이 되어 아이의 감정 위에 우리의 화난 감정까지 보태게 된다. 아이와 아이의 감정에만 초점을 맞춰라. 당신의 감정을 위한 시간은 따로 가져라.

자기 자신을 돌봐라

왜 스마트폰은 열심히 충전하면서 우리 자신을 충전하는 데는 신경을 덜 쓰는 것일까? 우리가 스마트폰이라면 배터리의 잔량이 적어지고 있다는 신호에 신경을 쓸 것이다. 새로운 에너지로 부모 역할을 할 수 있도록 당신 자신에게 활기를 되찾아줘라.

어떻게 재시동을 걸어야 하는지 내가 방법을 알려주지는 않을 것이다. 당신이 다시 기운을 차리기 위해 산책을 할지, 친구와 이야기를 나눌지, 음악을 들을지, 명상을 할지, 운동을 할지, 아니면 다른 무엇을 할지는 당신이 알고 있다. 하지만 이런 시간을 가져야 한다는 이야기는 꼭 해야겠다.

자신을 돌보는 것은 이기적인 일이 아니다. 반드시 필요한 일이다. 스트레스는 다른 어떤 것보다 자녀 교육에 지장을 준다. 경제적, 사회적 압박에 직장과 건강 관련 압박들로 당신은 진이 빠진다. 아이는 당신의 에너지 상태가 좋은지 나쁜지 알아차릴 것이다. 그러므로 당신 자신을 위한 시간을 갖는 것은 매우 중요하다.

한 남편이 아내의 신용카드 명세서에 수상쩍은 청구 내역이 있는 것을 보고는 혹시 외간 남자와 관계를 갖고 있는 것이 아닌지 걱정했다. 이 청구 내역이 신용카드 사기라는 것을 금방 알아챈 아내는 다른 관계를 가질 에너지가 자신에게 남아 있을 것이라고 여기는 남편의 터무니없는 생각에 웃음이 터져나왔다.

"다른 남자랑 관계를 갖는 건 꿈도 꿀 수 없어요." 아내가 소리 높여 말했다. "첫째, 시간이나 있겠어요? 둘째, 우리 아이들은 온종일 엄마를 부르면서 이거 해달라, 저거 해달라 하며 나한테 매달려 있어요. 이런 형편에 나를 보듬어주기는커녕 나한테 또 뭔가를 요구하는 다른 사람까지 생기는 건 원치 않아요. 내가 원하는 뭔가 특별한 일이 있다면, 그건 리모컨과 한 무더기의 책을 싸들고 호텔 방에 들어가 내가 거기 있는 것을 **아무도** 모르는 상태에서 혼자 지내는 거예요. 내 말을 오해하지 마세요. 난 남편과 아이들을 사랑해요. 하지만 혼자 오롯이 보내는 밤이 있다면? 내겐 그 정도면 충분히 특별한 일이 될 거예요!"

부모들은 종종 일에 짓눌린 기분이다. 게다가 상황이 더 좋지 않은 때도 있다. 특히 여자의 경우 매달 특정 시기를 겪어야 한다.

생리전증후군, 그리고 이보다 더 심한 형태인 생리전불쾌장애 때문에 엄마들은 그때가 되면 자기가 아닌 것 같은 기분이 든다. 내 진료실에 와서 "꼭 지킬 박사와 하이드가 된 기분이에요"라고 말하는 여자들이 셀 수 없을 정도다. 성차별적 이야기가 아니라 생물학 이야기다. 여자들이 정신과에 입원하는 비율이 가장 높은 시기가 생리를 시작한 이후부터 폐경기에 이를 때까지다. 생식 기간 동안 우울증과 불안증이 가장 높게 발병하는 것이다. 그러므로 좋은 부모가 되기 위해 부단히 애써야 하는 바로 그 시기에 호르몬 변화로 인해 가장 취약한 상태에 놓이게 된다. 이 점을 무시해서는 안 된다.

어른다운 성숙한 감정을 보이기 위해서는 당신이 힘이 빠져 있는 때를 알아야 한다. 엄마 아빠들이여, 당신의 스트레스를 결코 무시하지 마라. 스트레스는 걸핏하면 화내고 조바심치는 모습으로 나타나며, 이는 우리가 부모 역할을 해야 할 때 맞서서 극복해야 하는 모습이다. 마음의 여유를 갖고 어떤 방법이 되었든 당신에게 효과가 있는 방법으로 당신의 배터리를 충전하는 시간을 가져라.

인생 상담 코치인 제임스 라우스는 매일 아침 명상을 하고, 영양가 있는 아침을 먹고, 자연 속에서 운동을 한다. 이 모든 일을 마치고 나서야 딸들이 먹을 팬케이크를 굽고, 책을 쓰고, 세미나를 지도하고, 사람들이 보다 건강한 삶을 살도록 도움을 준다. 대체 이 모든 일을 할 시간이 어디서 나는 것일까?

"시간은 **나는** 게 아니라 **만드는** 거예요." 라우스가 말했다. 이런 이상적인 이야기가 엄두도 나지 않는 일처럼 느껴지는 사람이 있을 것이다. 그럴 때야말로 창의력을 발휘해야 할 때다.

팸은 아이들은 어리고 남편은 일 때문에 집을 비웠을 때 어찌할 바를 몰랐다. 돈도 없고, 베이비시터도 없고, 문밖을 나갈 수도 없었다. 그래서 대학을 마치고 유럽 여행을 떠났을 때 쓴 일기를 손에 들고 읽었다.

"한창 읽고 있을 때 아이들이 어떤 문제로 말다툼을 벌이다가 와서는 문제를 해결해달라고 했어요." 팸이 말했다. "아이들을 바라보며 이렇게 말한 기억이 나요. '엄마는 여기 없어. 엄마는 지금 영국으로 가는 배에 올라 아주 멋진 시간을 즐기는 중이야!' 아이들은 고개를 저으며 서로를 바라보았어요. '엄마는 우리가 생각했던 것보다 더 제정신이 아닌 것 같아' 하는 표정이었죠. 그러더니 싸운 일은 다 잊고 다시 돌아가서 놀더군요."

새로운 기분으로 활기를 찾은 부모가 좋은 부모가 될 가능성이 더 높다. 그러니 마음속 여행일 뿐이더라도 다만 몇 분이나마 혼자 배를 타고 떠나라.

구명 밧줄을 이용하라

아이가 어려움을 겪고 있을 때 때로 우리는 답답한 심정이 된다. 커다란 돌을 밀고 언덕 위로 올라갔지만 결국 돌이 다시 굴러 내려가는 것을 지켜봐야 하는 시시포스의 심정이 된다. 생각해낼 수 있는 모든 해결책을 시도했지만 어떤 효과도 없는 것 같을 때는 참담한 기분에 빠진다. 이제 자녀 교육의 세계에 들어온 것을 환영한다.

이런 일을 혼자 해결하려고 애쓰지 마라. 도움을 구하라. 친구에게 전화를 하라. 전문가에게 물어보라. 아이의 교사를 찾아가라. 소아과 의사에게 말해보라. 치료사에게 전화를 하라. 책을 구해 아이디어를 찾아보라. 훌륭한 보모, 목사, 랍비, 아이의 코치에게 물어보라. 그렇게 손을 뻗어보라. 꽉 막혀 뭘 해야 할지 모를 때는 객관적인 견해가 매우 소중하다. 협력은 언제나 도움이 된다. 필요한 지원을 얻을 수 있도록 당신만의 자녀 교육 연락처를 만들어라.

다른 사람도 같은 문제로 어려움을 겪었고, 결국 헤쳐나갈 길을 찾았다는 것을 알면 안심이 된다. 다른 관점을 갖게 되면 당신이 혼자가 아니라는 기분이 들고, 그럼으로써 당신과 당신 아이에게 변화를 가져다줄 자녀 교육의 진주를 얻을 수도 있다.

자녀 교육에는 많은 역할이 필요하다. 요리사, 운전사, 일정 관리자, 구매 담당자, 개인 위생사, 손톱 깎아주는 사람, 콧물 닦아주는 사람, 예절 지도사, 간호사, 감정 코치, 멘토, 역할 모델, 선지자, 영혼 지도자. 누가 이 모든 일을 혼자 해낼 수 있겠는가?

> 엄마는 우리를 기를 때 아주 힘겨운 시기를 겪었지만 그 자리에 주저앉지 않고 도움을 구했어요. 밖으로 나가 해결책을 구했고, 결국 찾았죠. 엄마가 본보기를 보여주었기 때문에 나 역시 엄마처럼 할 수 있었어요.

_로렌, 두 아이의 엄마

성숙한 감정을 지닌 어른은 도움과 지도를 구한다. 일인극을 하려 하지 마라. 든든한 조연을 등장시켜라. 아이의 인생을 만들어 가는 데 도움이 되도록 구명 밧줄을 이용하라.

거친 파도 헤쳐나가기

좋은 가족, 심지어 훌륭한 가족도 시간의 90퍼센트는 정상 궤도에서 벗어나 있다! 핵심은 그들에게 목적의식이 있다는 것이다. 비전과 계획, 그리고 계속해서 다시 정상 궤도로 돌아오는 용기 속에 희망이 있다.

_스티븐 코비, 『바람직한 가족의 일곱 가지 습관』

부모 역할은 용감한 여정이다. 내가 보증하건대 당신은 선장으로서 거친 바다를 만날 것이다. 이 바다는 너무 험난해서 당신은 균형을 잃고 멀미를 하며 심지어는 육지도 보이지 않는 상황에 놓일 것이다. 아이들은 궤도를 벗어난다. 좌절을 맛보기도 하며 다시 처음부터 시작해야 할 때도 있다. 우리는 아이들의 북극성이 되어야 한다.

발전은 결코 일직선으로 뻗어나가지 않는다. 나의 환자들은 많은 돈을 잃기도 하고 술을 끊는 등 커다란 시련을 헤쳐나오기 위해 애썼으며, 이 과정에서 성공에 이르는 구불구불한 길을 함께 걸어왔다. 정상 궤도에서 벗어났을 때 자기 자신에게 따뜻한 이야기를 해줌으로써 전환점이 마련되는 경우도 종종 있다. 자기 자신에게 연민을 갖고 부분적인 승리를 인정할 때 다시 궤도로 돌아갈 수 있다. 행동 습관을 기르는 과정에서 부분적인 성공이 나타나면 완전한 신뢰를 보여라. 아이는 성장 과정의 다양한 기복을 거쳐가면서 자란다는 것을 이해하라. 예전에 한 의사가 이런 말을 하는 것을 들었다. "걱정하지 마세요. 어떤 여자아이도 입에 공갈젖꼭지를 물고 복도를 다니는 일은 없을 거예요."

하지만 그러한 관점을 유지하기는 힘들 것이다. 우리는 아이들을 너무 깊이 사랑하기 때문에 그들 앞에 놓인 거친 파도가 영영 잠잠해지지 않을까봐 걱정한다. 그래도 균형 있는 관점을 가지면 당신과 아이 둘 다 안전한 항구를 찾는 데 도움이 된다.

정신과 입원 병동에서 일하던 시절 아주 어두운 폭풍우를 목격했다. 나는 아주 힘든 시기를 지내고 있던 사람들에게 따뜻한 공간을 확보해주려고 애썼다. 어느 날 밤 한 엄마가 스물세 살의 딸을 데리고 왔다. 정신병적 징후를 띤 조증 사건이 딸에게 처음으로 나타났던 것이다. 딸은 자신의 전화가 도청당하고 있으며, 그녀가 다니는 로스쿨의 모든 교수를 스파이라고 여겼다.

엄마의 참담한 심정을 충분히 이해할 수 있었다. 딸은 조울증 진단을 받았고, 리튬 치료를 시작했다. 엄마는 정신과 폐쇄 병동을 매일 찾았다. 어느 날 밤 엄마는 나를 찾아와 딸이 변호사가 되어 결혼을 하고 애도 낳는 모습을 보고 싶었는데 모든 꿈이 산산이 깨졌다면서 울었다.

나는 엄마에게 딸이 평생 조울증을 갖고 살게 되더라도 일단 안정기에 들어선 다음 계속 약을 먹으면 다시 로스쿨에 다닐 수 있을 것이라고 말했다. 뛰어난 능력을 발휘했던 유명한 사람 중에 딸과 같은 병을 가진 사람이 얼마나 많은지도 이야기해주었다. 대화가 이어지는 동안 엄마는 손에 묵주를 꼭 쥐고 있었다. 엄마는 마음속으로 그런 멋진 미래로 이어지는 다리를 계속 만들 것이라고 말했다. 우리는 희망의 공간을 확보했다.

몇 년 뒤 이 엄마는 딸이 로스쿨을 졸업하고 약혼을 했다는 내용의 편지를 보냈다. 엄마가 손에 묵주를 꼭 쥐고 있던 그 밤으로부터 얼마나 멀리 나아간 것인가.

당신 아이의 문제에서 아무리 힘든 일을 만나더라도 가장 멋진 모습의 아이를 계속 머릿속으로 그려라. 좋아질 것이라는 믿음을 가지면 정말 상황이 좋아질 때까지 당신과 아이 모두 붙들고 매달릴 수 있는 든든한 힘이 된다.

자녀 교육에 효과가 있는 치료 도구

- 꽃봉오리를 바라보면서 꽃을 보라.
- 자녀의 가장 멋진 자아를 시각화하고, 힘든 시기에 이 이미지를 간직하라.
- 판단하기 위해서가 아니라 이해하기 위해서 귀 기울여 들어라.
- 부정적이거나 격한 감정을 해소할 따뜻한 공간을 확보해줘라.
- 잘 알고 이해해준다고 느낄 수 있는 안전한 곳을 마련하라.

- 말속에 어떤 감정이 들어 있는지 주의를 기울여라.
- 잘못을 시인하고 사과하라.
- 뭔가 놓친 게 있다면 다시 그 지점으로 돌아가라.

치료사들이 자주 듣는 말

- 우리 부모는 사랑을 포기했어요. 내가 실망을 안겨주었을 때 내게 뭐라 하지도 않고, 나를 없는 사람 취급했어요.
- 내가 잘못된 행동을 했을 때 우리 부모는 내게 수치심을 안겨주었어요. 내게 한 나쁜 말이 지금도 머릿속에서 들려요.
- 이랬다저랬다 하는 우리 부모의 변덕스러운 감정 때문에 나는 안전하지 못하다고 느꼈어요.
- 부모의 욕구 때문에 내 욕구가 억눌렸어요. 부모의 욕구가 먼저였어요.
- 부모가 어린애처럼 굴어요. 뜻대로 되지 않으면 소리를 지르고 부루퉁하곤 했어요.
- 내가 다른 의견을 보이면 우리 부모는 흥분하고 기분 나쁘게 받아들였어요.
- 부모와 가까워지려면 그들을 돌보고 나를 억눌러야만 했어요.

치료사들이 좀처럼 들을 수 없었던 말

- 우리 부모는 나를 무조건적으로 사랑해주었어요.
- 우리 부모는 명확하고 일관된 한계를 정했어요.
- 우리 부모는 가치를 가르쳤고, 안 된다는 말을 자주 했어요.

- 우리 부모는 나의 감정적 욕구를 채워줄 수 있도록 자신의 감정적 욕구를 잘 조절했어요.
- 우리 부모는 실수를 인정하고, 실수를 통해 깨우쳤어요.
- 우리 부모는 안전한 안식처였어요. 문제가 생길 때면 언제나 찾아 갈 수 있었어요.
- 우리 부모 같은 사람이 되고 싶다는 생각이 들었어요.

정신과 의사의 메모

성숙한 감정을 지닌 어른 되기

1. 부모의 잔재를 잘 해결해 커서도 이런 잔재가 계속 나타나지 않도록 하라.
2. 당신의 자아를 퇴장시켜라. 나의 문제인지 아이의 문제인지 스스로에게 물어보라.
3. 당신의 실수를 인정하라. 관계에 불화가 생기면 다시 회복하라.
4. 구명 밧줄을 이용하라. 친구에게 전화를 걸고, 전문가에게 묻고, 필요한 지원을 구하라.
5. 스스로를 돌보는 것은 이기적인 일이 아니다. 반드시 필요한 일이다.
6. 미래의 모습과 이어지는 다리를 시각화하라. 균형 있는 관점을 굳게 유지하라.
7. 역할이 뒤바뀌지 않도록 하라.
8. 한 발짝 물러서라. 아이의 격한 감정에 당신의 감정까지 얹지 마라.
9. 당신의 감정을 꽉 붙들어라. 변덕스러운 부모가 되지 말고 일관성을 보이는 부모가 돼라.
10. 아이를 성장시킬 수 있도록 당신 스스로를 성장시켜라.

제5장

상처 주는 말은 하지 마라

"막대기와 돌은 내 뼈를 부러뜨릴 수 있지만 남들의 평판은 나를 상처 입히지 않는다"고 말하는 사람들은 모두 틀렸습니다. 우리 누구나 어린 시절에 무릎이 깨진 적이 있습니다. 그런 상처는 오래전에 잊혔지요. (…) 불같은 화와 모욕은 영원히 기억됩니다. (…) 말의 상처는 깊고 오래갑니다.

_스티븐 레더, 랍비, 2011년 속죄일 설교 중에서

의과대학 입학시험을 준비하던 시절 나는 중서부 지역의 한 초등학교에서 대체 교사로 아이들을 가르친 적이 있다. 어느 날 스피커를 통해 날씨가 몹시 추우니 쉬는 시간에 밖에 나오지 말라는 지시가 아이들에게 내려졌다. 곧이어 한 여자아이가 남자아이에게 소꿉놀이를 하자고 말하는 소리가 들렸다. "내가 엄마 할 테니 네가 아빠 해." 여자아이가 말했다.

아이들이 정말 귀엽다고 생각하는 순간 여자아이가 남자아이의 얼굴 앞으로 바싹 다가서더니 손가락질을 하면서 쏘아붙였다.

"당신의 골프 여행은 이제 지긋지긋하고 신물이 나. 진토닉도 그만 마셔요!"

아내의 얼굴을 멍하니 바라보는 수많은 남편들처럼 남자아이는 이 소꿉놀이가 그다지 재미가 없다고 깨닫고는 어깨를 으쓱하더니 다른 데로 가버렸다.

당신이 어떤 본보기를 보이고 있는지 관찰해보아야 한다는 엄중한 경고성 메시지가 이 이야기에 담겨 있다.

앞서 말했듯이 당신이 집에서 배우자나 아이, 당신 자신에게 쓰는 말이 아이의 머릿속에 녹음된다. 아이는 보고 들으면서 배운다. 그러니 너무 심하게 상처 주는 말은 하지 마라.

NBA 시합에서 팔꿈치로 찌르거나 거친 욕설을 뱉는 것에 대해 말하는 것이 아니다. 우리 가정에서 이루어지는 일상적인 대화를 말하는 것이다. 우리는 자신이 하는 말이 비판적이고 고약하며 거칠다는 것을 알지 못할 때가 많다. 오히려 자신이 교육적이라고 여긴다. 하지만 자신이 하는 말에 귀를 기울이면 그렇지 않다는 것을 알 수 있다. 부드럽게 말하는 습관을 길러야 한다. 그래야 우리가 가장 사랑하는 사람들에게 무심코 부정적인 말을 내뱉지 않는다.

상처 주는 말은 아주 미묘하고, 심지어는 얼핏 상냥한 말처럼 들리기도 한다. 자녀 교육 가족 상담 시간에 부모들은 무엇이 아이들의 마음에 상처를 주었는지 알고는 충격을 받을 때가 있다. 당신 생각에는 그저 눈에 보이는 것을 말했다고 여길지 몰라도 아이에게는 비난하거나 지적하는 것처럼 들린다. 부드러운 말을 골라 쓰는 훈련을 해야 한다.

그러지 않을 경우 우리 아이들, 나아가서 배우자와 우리 자신까지 우리가 내뱉은 부주의한 말의 칼끝에 찔릴 것이다. 데이트하던 때를 생각해보라. 둘 사이에 다정한 눈빛, 밝은 분위기, 매력 같은 것이 흘렀다. 우리는 따뜻한 마음과 사랑을 담아 이야기했다. 그런 관심을 이제 가족에게 가져오자. 가장 가까운 사이이며 가장 사랑하는 사람들이다. 이에 어울리게 대하자.

> 우리 아이들은 18년 동안 머물다 가는 손님이에요. 우리는 극진하게 존중하는 마음으로 손님을 대해야 해요.
>
> _재키, 세 아이의 엄마

배우자나 전 배우자를 험담하지 마라

> 아이들은 작은 것도 놓치는 법이 없는 것 같아요. 가족 역학 관계의 모든 것을 그대로 흡수하죠. 마치 이 관계들을 호흡하기라도 한 듯 모든 걸 보여주고 드러내요.
>
> _벤, 아빠

당신과 배우자 또는 전 배우자가 서로를 대하는 방식도 자녀 교육에서 빠질 수 없는 내용이다. 심지어 아이들은 서로 껄끄러운 사이에서 상대에게 어떻게 말하고, 어떻게 갈등을 풀어가는지를 통해 사랑과 존중을 배운다. 당신이 보여주는 모습이 아이 행동의 본보기가 된다. 이런 것이 가정의 토대가 되어 아이들은 가정을 안전하다고 느끼거나 불안정한 곳으로 느낀다.

> 어렸을 때 나는 삐걱대는 마루를 걸어가는 꿈을 자주 꾸었어요. 어느 날 밤에는 마룻바닥에 발을 딛는데 바닥이 무너져 내가 지하실로 떨어지고, 집 전체가 우르르 무너지면서 내 위로 덮치는 꿈도 꾸었어요.
> _정신과 상담 중에 나온 이야기

정신과 의사가 아니더라도 이 이야기의 의미를 분석할 수 있을 것이다. 이 아이의 집 안에는 평화가 없고, 심지어 꿈에서조차 쉬지 못할 정도로 아이는 부모의 심한 부부 싸움을 보면서 자랐다.

다정한 관계는 아이에게 안전하다는 느낌을 준다. 하지만 당신이 힘든 결혼 생활이나 이혼 문제로 어려움을 겪는 상황에서 바른 길을 가기란 매우 어렵다. 당신은 화가 나고 상처를 입고 감정적으로 몹시 지친 상태다. 이런 당신의 감정으로부터 아이를 보호한다는 것은 지극히 힘든 일이다.

> 이혼을 겪어보지 않은 사람은 그 일이 얼마나 끔찍한지 이해조차 못할 거예요. 어느 날 아침 일어나보면 곁에 아이들이 없고 마치 팔다리가 잘려나간 기분인데, 그런 상황에서도 전 배우자를 상대해야 해요.
> _이혼한 엄마

난 17년 동안 결혼 생활을 했어요. 네 아이를 두었고 아주 힘든 직업을 갖고 있었죠. 어느 날 아내가 나를 떠나 다른 남자에게 가겠다고 말했어요. 나는 뒤통수를 얻어맞은 기분이었어요. 그 순간 내가 사랑했던 모든 것이 사라진 것 같았어요. 깊은 슬픔이 지나가자 커다란 분노가 찾아왔죠. 나는 아이들이 이 모든 것에 영향을 받지 않도록 의식적으로 노력했어요.

_이혼한 아빠

쓰라린 아픔을 겪는 동안 이런 감정이 아이들에게 영향을 미치지 않도록 보호하는 일은 무척 힘들다. 하지만 노력해주기를 당부한다. 아이들은 부모의 갈등에 큰 타격을 입는다. 한 젊은이는 이렇게 설명한 바 있다. "엄마가 아빠를 험담할 때면 마치 내 DNA의 반쪽을 험담하는 것 같았어요."

말과 감정은 입 밖으로 표현하든 그러지 않든 간에 중요하다.

엄마는 사실상 아빠에 관해 나쁜 이야기는 한 번도 하지 않았어요. 그럴 필요가 없었죠. 엄마가 아빠 이야기를 할 때 보이는 곱지 않은 눈빛과 어조가 모든 것을 충분히 웅변해주었어요.

_대학생

말로 직접 표현하든 그러지 않든 전 배우자를 좋지 않게 이야기하는 것은 실은 에둘러서 당신 아이를 좋지 않게 이야기하는 것과 같다.

아이에게는 상상을 초월하는 눈과 귀가 있다. 모든 것을 보고 듣는다. 당신의 마음을 감지하기 힘들 거라고 생각하겠지만 결코 그렇지 않다. 아이의 머리를 뛰어넘지 못한다. 아이가 집에 있을 때 분통을 터뜨리거나, 곱지 않은 눈빛을 보이거나, 배우자 또는 전 배우자의 험담을 해서는 안 된다. 당신의 집 안을 전쟁터로 만들지 말고 성역으로 삼아야 한다.

안타깝게도 집 안에서 전쟁터를 방불케 하는 물리적, 감정적 폭행이 오가는 경우가 있다. 나는 이런 상황을 말하는 것이 아니다. 그런 상황이라면 아이를 안전한 곳으로 옮겨야 하며, 어른들의 그런 행동은 결코 용납될 수 없다는 것, 아이들은 결코 그런 일을 당할 만한 일을 하지 않았다는 것을 이해시켜주어야 한다. 그런 상황이라면 누구나 전문가의 도움이 필요하다.

내가 말하는 것은 관계가 허물어졌을 때, 결혼 생활이 힘들 때, 일상의 욕구불만이 자녀와의 대화에 끼어들 때 일어나는 격한 감정 상태다.

아이의 다른 한쪽 부모에 관해 이야기할 때는 아이에게 직접 이야기하고 있다고 상상하라. 당신 아이가 그 이야기를 듣고 어떻게 느낄지 생각해보려고 애써라. 그러는 동안 잠시 시간을 가질 수 있을 것이다. 솔직하고 직접적인 이야기라고 꼭 아프게 말할 필요는 없다. 그런 이야기도 다정하게 전할 수 있다.

말하기 전에 생각하고, 말을 부드럽게 가다듬는 일은 쉽지 않다. 하지만 당신의 말투와 행동 방식은 아이에게 광범위한 심리적 영향을 미친다.

전남편을 존중해주기가 힘들었어요. 난 그에 대해 험담을 했고, 그건 큰 실수였죠. 나는 지금 할머니가 되었는데, 전남편을 향했던 분노가 다 자란 내 아이들에게 지금까지도 영향을 미치는 것을 깨달았어요. 아이들이 그런 모습을 보지 못하도록 지켜주지 못한 게 너무 후회돼요.

_미키, 할머니

당신의 격한 감정을 아이들이 보지 못하도록 최대한 노력하라. 아이들은 부모 양쪽 모두를 신뢰하고 사랑해야 한다. 아이들은 부모를 이상화하는 경우가 많다. 적어도 사춘기가 되기 전까지는 그렇다. 일반적으로 아이들은 10대에 들어서면서 부모에게 결점이 있다는 것, 좋은 사람이지만 어디까지나 인간이라는 것을 깨닫기 시작한다. 그와 함께 엄마와 아빠는 차츰 신임을 잃어간다.

여기서 핵심적인 말은 '차츰'이다. 우리는 가능한 한 부드럽게, 심지어 우아한 모습으로 높은 자리에서 내려오기를 원한다. 그래야 아이들에게 미치는 심리적 타격을 줄일 수 있다. 또한 아이들을 보호하기 위해 배우자나 전 배우자가 너무 빨리 추락하지 않게 막아주고 싶어한다. 심지어 보다 원초적인 본능이 상대를 강하게 밀쳐내고 싶어할 때도 그런 바람은 있다. 모든 결점을 지적하고, 경멸감을 보이고, 끊임없이 싸움으로써 공동 양육자를 시궁창에 빠뜨릴 필요는 없다.

"엄마에 관해 나쁜 이야기는 절대 하지 않을 거야. 하지만…"이라거나 "네 아빠를 꼭 닮았구나" 같은 말을 할 때 아이들은 당신의 말속에 담긴 뜻을 알아차린다는 것을 깨달아라. 아이들은 이 말이 칭찬이 아니라는 것을 안다.

바른 길을 가기는 힘들지만 그것을 목표로 하면서 노력할 때 모든 사람이 보다 건강해질 수 있다.

> 사실상 삶의 모든 영역에서 아이들을 위태롭게 하는 것은 이혼 그 자체가 아니라 부모들의 갈등이다. 실제로 심한 갈등을 겪지 않은 가정 출신의 아이라고 해서 표준화된 심리 테스트에서 이혼한 부모의 아이보다 더 높은 점수를 받는 것은 아니다. 반대로 부모가 이혼했지만 둘 사이의 갈등을 거의 목격하지 못한 아이들의 대부분은 아무 갈등이 없던 집안의 아이들만큼이나 높은 점수를 받는다.
>
> _M. 게리 뉴먼, 『아이가 부모의 이혼을 극복하도록 돕는 방법-모래성 프로그램 Helping Your Kids Cope with Divorce the Sandcastles Way』

엄마나 아빠가 배우자 또는 전 배우자의 험담을 할 때 아이는 부득이 부모의 다른 한쪽을 방어하게 된다. 가정이 경쟁의 장이 되어 아이가 어느 한쪽을 선택해야 하는 기분을 느끼게 하지 마라. 아이를 상대로 당신이 처한 관계의 문제를 이야기하지 마라. 우리가 부모로서 맡은 가장 중요한 과제는 확고한 애착 관계를 쌓는 것이지 경쟁적인 애착 관계를 만드는 것이 아니다. 당신이 특별한 부모가 되거나 특히 좋아하는 부모가 될 필요는 없다. 가능하다면 확고한 애착 관계가 한쪽에만 있는 것보다는 양쪽에 있는 것이 좋다. 당신 역시 아이가 양쪽 모두의 사랑을 받고 안전하다고 느끼기를 바랄 것이다.

교사로 지내다보면 어느 이혼 가정이 여전히 한 팀을 이루어 협력하는지 바로 알 수 있어요. 그들은 **우리, 우리 아이, 우리 가족**이라는 단어를 씁니다. 부모가 각자 다른 집에 살면서도 함께 아이를 기른다는 것을 뚜렷이 알 수 있어요. 이들은 아이를 위해 자기들 문제를 제쳐놓아요. 이와 상반되는 정반대 모습의 부모도 볼 수 있지요. 이들은 학부모 상담 탁자에 팔짱을 낀 채 앉아 있어요. 이들은 화가 나서 나를 쳐다보며 말하죠. "애 아빠한테 애를 일찍 재우라고 전해주세요." "애 엄마한테 아이가 숙제를 제대로 했는지 확인하라고 전해주세요." 나는 속으로 생각해요. '당신이 전해야죠. 그 사람이 어디 있는지 알잖아요.'

_초등학교 교사

부모는 올바르게 처신하고 싶어해요. 또한 그들은 아이들을 사랑해요. 하지만 개인적인 감정과 문제를 자녀 교육에서 분리시키지 못해요. 그래서는 안 돼요. 둘 사이에 명확한 선을 그어야 해요.

_바버라, 법원 이혼 중재 위원

관계가 소원한 전 배우자든 사랑하는 배우자든 당신 아이들은 장차 이들을 본보기로 따르게 된다. 그러므로 당신을 화나게 하는 문제와 그에 대한 대응을 분리해야 한다. 어떻게 대응할지 스스로 선택하라. 어디선가 한번 들어본 이야기 같지 않은가? 맞다. 앞서 아이가 당신의 감정을 건드릴 때 이런 이야기를 했다.

공동 육아 문제에서 바른 길을 가기로 선택하면 아이에게 감정적인 안정감을 길러주는 데 도움이 된다. 마음 아픈 이혼의 과정을 거치는 동안 이런 선택을 계속 유지하기가 힘들지만 이때야말로 이런 선택이 가장 중요한 시기다.

> 아이들 교육과 관련한 여러 노력이 늘 전남편 때문에 지장을 받는다고 느꼈어요. (…) 난 아이들에게 건강한 음식을 주고, 텔레비전을 많이 보지 않게 하려고 무던히 노력했어요. 하지만 아이들이 주말에 전남편 집에 가면 내내 패스트푸드만 먹고 허접한 텔레비전 프로그램만 보고 왔어요.
> 무수한 밤을 눈물로 지새운 뒤 나는 베가스(애 아빠의 집이 있는 곳)에서 일어난 일은 그냥 베가스에 묻어두기로 마음먹었어요. 아이들이 집에 오면 현관에서 촛불을 켜고 서로 안아주는 의식을 행했죠. 이는 변화를 자연스럽게 받아들이고, 다른 분위기에 다시 적응해야 하는 충격을 줄이는 데 도움이 되었어요.
> _나날이 성장하는 엄마

> 나의 모든 불행을 전남편 탓으로 돌리는 것은 내게 아무 소용 없고 내 아이들에게도 도움이 되지 않는다는 것을 어느 순간 깨달았어요.
> _이혼한 세 아이의 엄마

조용히 입 다물고 있어야 한다고 생각하는 순간에도 정작 그렇게 하기는 힘들다. 한 엄마는 마음속에 질문 목록을 만들었다. "먼저 내 자신에게 이렇게 묻곤 했어요. '내가 화를 내는 것이 아이의

험담을 내뱉지 마라

- 아이가 집에 있을 때 배우자나 전 배우자에 대해 험담하지 마라. 아이들이 당신 이야기를 듣지 못할 것이라고 여겨지더라도 혹시 모를 위험을 감수하지 마라. 아이들은 모든 것을 듣는다.
- 몸짓 언어로 험담하지 마라. 곱지 않은 눈빛을 하거나 화가 나서 씩씩대는 모습을 보이지 마라.
- 사실에 초점을 맞추고 판단은 마음속에 묻어둬라. 아이의 경험을 반영하는 것과 당신의 경험을 반영하는 것 사이에 어떤 차이가 있는지 이해하라.
- 아이에게 어린 탐정 노릇을 시키지 마라. 아빠 집에서 어떤 일이 있었는지 캐묻지 마라. 아무리 궁금해도 "아빠의 새 여자친구는 어떻게 생겼어?" 같은 질문은 던지지 마라. 그래 봐야 불행만 초래할 뿐이다.
- 아이의 애정을 얻으려고 경쟁하지 마라. 어느 쪽도 승자가 되지 못한다. 아이가 부모 모두를 사랑하도록 하는 것이 목표가 되어야 한다.
- 한쪽 부모가 선택한 것에 대해 줄줄이 논평하지 마라. 그들의 집에는 그들의 규칙이 있는 법이다.
- 비난은 발전을 가져오지 않는다.
- 한 지붕 아래 살았을 때도 그 또는 그녀를 바꿀 수 없었으니 지금은 더더욱 그럴 힘이 없다는 태도를 가져라.
- 전 배우자를 험담하는 것은 실은 에둘러 당신 아이를 험담하는 것이다.
- 사랑하는 마음이라면 어떻게 말할까? 사랑하는 마음이라면 어떻게 할까? 이 두 가지 질문을 늘 스스로에게 하라.

성장에 좋을까?' 이 물음으로 잘되지 않으면 다시 물었어요. '사랑하는 마음이라면 어떻게 할까? 그런 마음이라면 화난 상태에서 한 발짝 물러서서 다른 반응을 보이겠지.'"

이혼이 진행되는 중이든 행복한 결혼 생활을 하는 중이든 사랑을 보여줄 여지는 얼마든지 있다. 보다 너그러운 마음과 존중, 감사의 마음을 지니고, 말할 때는 단어를 보다 세심하게 선택하라.

모든 일이 잘되지 않고 아이 앞에서 아무렇게나 행동이 나오려 할 때는 다음에 나오는 엄마의 장기적인 시각을 염두에 둬라. "나는 20년 앞을 생각하고 지금 내가 남편에게 하는 것처럼 며느리가 내 아들에게 한다면 어떤 느낌일지 생각해요. 아마 며느리를 죽이고 싶을 거예요. 내가 남편에게 하루 온종일, 일주일 내내 잔소리를 하는 것을 들으면서 내 아들이 자란다면, 장래의 내 며느리가 그럴 때 탓해야 하는 건 바로 나일 거예요."

아이에게 상처 주는 말을 하지 마라

지난여름 나는 숨 막힐 만큼 아름다운 산 근처에서 기다란 피크닉용 탁자에 앉아 있었다. 부모들이 저녁 식사를 하는 동안 아이들은 숨겨진 요새를 찾으러 산길을 올라갔다. 20분 뒤 기쁨에 들뜬 생기발랄한 일고여덟 살 아이들 한 무리가 모험담을 들려주기 위해 피크닉용 탁자 쪽으로 달려왔다.

흥분한 꼬마 제임스가 어른들의 대화 도중에 끼어들어 말했다.

"엄마, 엄마, 우리가 뭘 봤는지 믿지 못할 거예요."

엄마는 다정하게 미소를 지으며 작은 소리로 말했다. "나도 얼른 듣고 싶구나, 제임스. 하지만 지금은 어른들이 이야기를 하는 중이야. 조금 있으면 잠깐 쉴 거니까 그때까지 기다려줘."

한편 나의 옆자리에 앉은 다른 엄마에게도 한 꼬마가 똑같이 흥분한 얼굴로 뛰어왔다.

"엄마, 엄마, 정말 재미있었어요…."

"엄마 지금 이야기하는 중이야. 방해하지 마." 엄마가 말했다.

"하지만 엄마…."

"조용히 해! 엄마 이야기 중인 거 안 보이니?"

"근데요, 엄마, 우리가 뭘 봤냐면요…."

"입 다물지 못하니, 스티브!" 엄마가 소리쳤다.

내 마음은 무겁게 가라앉았다. 앞으로 어떻게 될지 알았기 때문이다. 내 오른편에 있는 제임스는 마음속에 여전히 흥분을 간직한 채 참을성 있게 어른들의 대화가 끝나기를 기다렸다. 반면 왼편의 스티브는 앞으로 영원히 나누지 못할 비밀 요새 이야기를 가슴속에 품은 채 부끄럽고 거부당한 얼굴로 탁자를 떠나 다른 데로 걸어갔다.

같은 상황인데도 대응 태도는 얼마나 상반되는가. 아이에게 얼마나 뚜렷이 다른 메시지를 전하고 있는가! "잠깐만 기다려줘"와 "입 다물지 못하니"는 발달단계에 있는 아이의 자아의식 속에 들어가 아주 다른 방식으로 자리 잡게 된다.

난 아이의 뇌가 컴퓨터 같다고 생각해요. 나중에 쉽게 지울 수 없는 데이터는 입력하고 싶지 않아요.

_세 아이의 엄마

거친 말은 마음에 남아 반향을 일으킨다. **부끄러운 줄 알아** 또는 **부끄러워해야 해** 등과 같은 말을 당신 사전에서 완전히 없애기로 다짐하라고 했던 것은 이런 이유 때문이다. 수치심은 이후 내면화된 자기 증오로 바뀐다. 나는 부모가 무심하게 던진 말이 머릿속에 맴돌아 심지어 몇십 년이 지난 상태인데도 자아 존중감을 계속 잃어 가는 환자들을 많이 보아왔다. 그러므로 아이에게 지시할 때는 건설적인 효과를 볼 수 있도록 우리 자신을 단련해야 한다. 한 가지 좋은 방법은 아이의 행동 가운데 강화하고 싶은 긍정적인 것을 찾는 것이다. 징징거리거나 말을 잘 듣지 않는 아이와 달리 행동이 바른 아이는 남의 주의를 잘 끌지 않는다. 하지만 이들의 행동을 주의 깊게 보아야 한다.

훌륭한 교사와 부모들은 한결같이 똑같은 조언을 들려준다. 아이가 올바른 행동을 할 때 무심히 넘기지 마라. 이런 올바른 행동을 돋보이게 해주고, 아이에게 고마운 마음을 전하라. 아이가 참을성 있게 기다리는 것을 알고 있다고, 또는 시키지도 않았는데 음식 접시를 치운 것을 알고 있다고 말해줘라. 칭찬하고 강화할 행동을 찾아라. 구체적이고 긍정적인 행동 강화 방법을 사용할수록 아이는 더욱 의욕적으로 변할 것이다. 아이는 부모를 기쁘게 하고 싶어 한다. 그러므로 아이가 올바른 행동을 할 때 이를 바로 포착해 활짝 미소를 보내고 말로 칭찬을 해줘라. 그러면 아이는 다음에도 똑같이 할 가능성이 크다. 부모가 아이의 행동을 알아차리고 제대로 평가하고 크게 칭찬한다는 것을 느끼게 하라. 행동 습관을 들이는 데 이보다 좋은 방법은 없다.

> 나는 늘 세심하게 말을 골라서 하려고 애써요. 비판적인 윗사람이 아니라 다정한 리더로 기억되고 싶어요.
>
> _싱글맘

당신이 비판적인 부모라면 아이는 당신이 내린 판단에 마음이 상할 것이다. 왜 그럴까? 생애 첫 6년 동안 아이는 현실과 상상, 사실과 허구를 잘 구별하지 못한다. 아이는 당신에게 의지해 이를 구별할 도움을 얻는다. 아이의 뇌파는 말 그대로 꿈의 상태에 있다. 이는 매우 흥미로운 신경과학적 사실이다. 아이는 당신이 말해주기 전까지는 이빨 요정이 실재하지 않는다는 것, 괴물이 존재하지 않는다는 것을 알지 못한다. 그렇기 때문에 당신이 아이에게 버릇없는 아이라거나 이기적이라거나 게으르다고 하면 아이는 당신이 하는 말을 그대로 믿을 것이다. 이런 말이 사실인지 거짓인지 의심을 품지 못하는 아이의 머릿속에 내장될 것이다. 또한 아이가 커가는 동안에도 당신이 아이에 관해 한 말은 여전히 중요한 의미를 지닌다. 아이는 당신을 사랑하고 존경하기 때문이다.

> 당신이 하는 말에 주의를 기울여라. 아이들이 귀 기울일 것이다. (…)

> 당신이 하는 이야기에 주의를 기울여라, 그 이야기가 주문이 될 것이다. (…)
>
> 당신이 죽을 때 아이들에게 무엇을 남기는가?
>
> 당신이 아이들의 머릿속에 무엇을 심어놓았든 오직 그것만이 남는다. (…)
>
> _스티븐 손드하임, 〈아이들이 귀 기울일 것이다〉, 《인투 더 우즈》 중에서

아이는 당신 말에 귀 기울이고 당신의 몸짓 언어를 읽을 것이다. 그러므로 당신이 짜증났을 때 아이는 이를 안다. 비판과 무시가 쌓여가면 발전 단계에 있는 아이의 자아는 '나 때문에 엄마 아빠가 얼마나 화났는지 봐. 내가 정말 성가시게 했어'라는 메시지를 받는다. 곱지 않은 눈길과 부정적인 이야기는 아이의 머릿속에 남아 계속 되살아날 것이다.

너무 자책하지 마라. 우리 모두 이런 행동을 보인다! 세상 어느 부모도 늘 참을성을 보이고, 늘 다정한 말만 골라 하지는 않는다. 하지만 우리가 계속 훈련하면 좋은 언어 습관이 생기고, 우리 아이들의 마음속에서는 다정한 목소리가 내면화된다.

유념해서 말을 골라 하는 것이 얼마나 큰 힘을 지니는지 아무리 강조해도 지나치지 않다. 말은 아이들의 기를 살리기도 하고 죽이기도 하며, 감정을 누그러뜨리기도 하고 폭발시키기도 한다. "잠깐만 기다려줘"라는 말은 아이가 장차 참을성 있는 사람이 될 가능성을 높여준다. "입 다물지 못하니"라는 말은 아이를 폐쇄적으로 만든다.

정직함의 본보기가 돼라

오래전 내 비행기 옆자리에 잔뜩 들뜬 한 소녀가 앉은 적이 있다. "몇 살이니?" 내가 물었다. "다섯 살이오. 하지만 이 비행기를 타는 동안에는 네 살이라고 엄마가 말했어요. 비행기에서 내리면 다시 다섯 살이 될 거래요."

비행기 요금을 조금 덜 내기 위한 거짓말은 훨씬 큰 신뢰감을 잃게 한다.

일곱 살의 토니는 친한 친구 제스와 함께 시카고불스 경기를 볼 기회를 얻었다. 주차장이 꽉 차 있었다. 제스의 아빠는 안내원에게 전반전만 보고 가야 하니 차를 빼기 좋은 곳에 주차해야 한다고 말했다. 토니는 눈물을 글썽거렸다. 제스의 아빠가 무슨 일이냐고 묻자 토니가 대답했다. "지금까지 텔레비전에서만 시합을 봤는데 일찍 가야 한다니 너무 슬퍼요." 제스의 아빠가 말했다. "경기 끝날 때까지 있을 거야. 좋은 자리를 얻으려고 그렇게 말한 거뿐이야."

그다지 해가 될 것 같아 보이지 않는다. 하지만 이는 짧은 생각이다. 당신이 아끼게 될 몇 푼의 돈이나 몇 분의 시간이 정말 대단한 가치가 있는 것일까? 그러는 과정에서 당신이 어떤 메시지를 전하고 있는지 생각해보라.

이런 술수는 커다란 감정적 대가를 치른다. 속임수의 본보기를 보이면 아이의 정직성을 길러주기 힘들다. 신뢰할 만한 리더가 되어야 한다. 말과 일치하는 행동은 아이에게 안전감을 주고 관계를 강화한다.

정직한 아이를 원한다면 악의 없는 거짓말을 하지 말고 돈 미겔 루이스가 『네 가지 약속』에서 말한 대로 행해야 한다. "당신의 말에 거짓이 섞여서는 안 된다. 진실하게 말하라. 당신의 진짜 생각만을 말하라."

이어 돈 미겔은 진실함은 온전한 상태 또는 깨지지 않은 상태를 말한다고 단어의 정의를 인용한다. 이 정의에 관해 생각해보라. 아무리 작은 거짓말이라도 당신의 온전한 상태를 조금은 갉아먹으며 당신의 자존감을 무너뜨린다. 말과 행동에서 늘 진실한 모습을 보이는 것이 훨씬 건강하다.

아이가 험담하지 못하게 하라

한 레스토랑에서 여자아이가 물을 쏟았다. 이 아이는 사과를 하거나 쏟아진 물을 닦을 생각은 하지 않고 엄마를 쳐다보고는 이렇게 쏘아붙였다. "엄마 때문이야!" 어떻게 이럴 수 있는지 상상해보려 하는데 여자아이가 계속 말했다. "엄마 때문에 웃음이 나와서 내가 물을 쏟았잖아!"

나는 여자아이가 농담으로 그러는 줄 알았다. 하지만 엄마는 생각이 달랐고, 여자아이에게 물을 닦으라고 했다. 여자아이가 말했다. "엄마는 정말 못됐어."

자기 잘못을 인정하지 않는 태도는 참아주기 힘들다. 부모는 "부탁해요"와 "고맙습니다" 같은 말을 잊지 않아야 한다고 엄격하게 가르친다. 그럼에도 "엄마 때문이야", "엄마 미워", "엄마는 못됐어" 같은 말에는 머리칼이 곤두서는 기분을 느끼지 않는 것 같다. 사실 부모는 아이가 무례한 말을 내뱉을 때 별생각 없이 그러려니 하는 태도를 보이는 경우가 종종 있다.

내 말을 오해하지 마라. 나는 자기감정을 표현하는 것에 대찬성이며, 부탁한다거나 고맙습니다 같은 말에 대해서도 같은 의견이다. 그러나 아이가 잘못을 인정하도록 가르치는 일에 대해서도 마찬가지로 단호한 입장을 갖고 있다. "엄마 때문이야"는 근본적으로 자기가 책임을 지지 않으려는 태도다. 장차 커서 어떻게 될지 생각해보자. 배우자나 친구, 윗사람이 문제를 엉망으로 만들어놓고는 "내 잘못이 아니야"라고 말한다고 생각해보자. 남 탓을 하면서 끊임없이 자기방어를 하는 사람은 피해자가 된다. 상황을 보다 나은 방향으로 바꿀 힘이 없어지는 것이다. 당신이 아는 사람 중에도 몸만 어른이지 정신은 어린애 같은 사람이 있을 것이다. 당신 아이가 이런 사람이 되기를 원하는가?

우리는 다들 실수를 한다. 실수를 인정하고 그에 대해 책임지면 힘이 길러진다. 또한 책임지는 태도는 호감을 준다.

어느 슈퍼볼 파티*에서 아홉 살 아이가 엄마에게 와서 이렇게 말했다. "물어보지도 않고 케이크를 두 조각 먹었어요. 죄송해요. 다시는 안 그럴게요." 옆에 있던 한 이혼 여성이 이 말을 듣고 농담을 했다. "결혼이라도 하려는 건가요?" 아이의 엄마가 미소를 지으

* 친구나 친척 등이 한 집에 모여 슈퍼볼 경기를 시청하며 즐기는 파티를 말한다.

며 말했다. "아이에게 잘못을 하는 건 전혀 부끄러운 일이 아니지만 대신 잘못에 대해서 책임을 지라고 가르쳤어요."

아이가 자신의 말과 행동에 책임을 지도록 가르쳐라. 예전에 당신 부모가 "엄마 미워"나 "엄마는 못됐어" 같은 말을 들었다면 즉각 당신에게 물로 입을 깨끗이 씻으라고 했을 것이다. 그건 있을 수 없는 일이기 때문이다. 자기감정을 표현하도록 격려하는 오늘날의 부모는 아이의 입에서 나오는 말은 뭐든 존중한다. 혹은 갈등을 피하려는 마음에서 그냥 내버려둔다. 하지만 어느 쪽이든 이는 "네 입에서 무슨 말이 나오든 나는 괜찮다"는 메시지를 전하는 셈이다.

나는 아이가 **어떤 식으로든** 자기감정을 표현할 수 있어야 한다고 말하는 문화에 동의하지 않는다. 이런 문화는 요즘 나타나는 비정상적인 경향의 한 부분이다. 예전의 아이들은 부모에게 솔직한 감정을 말하는 것을 두려워했다(이는 결코 좋은 일이 아니다). 하지만 지금은 그에 대한 반발로 설령 아이들이 적절하지 않은 방식으로 표현하더라도 원하는 것은 뭐든 말할 수 있다는 입장이 나타나고 있다.

새로운 중용의 태도가 있다. 어떤 감정이든 환영하지만 모든 감정 표현을 환영할 수는 없다는 입장이다.

당신 아이에게 모든 감정을 말해도 좋다고 허용하라. 단 욕을 하거나 책임을 전가하는 것은 안 된다는 선에서만 허용하라. 아이는 화가 날 때 화를 내야 한다. 사실 프로이트에 따르면 분노를 너무 오래 억누를 경우 우울증에 걸린다고 한다. 분노는 상처를 막아주는 방어벽이다. 부모인 당신은 화난 상태의 열기를 식혀주고, 상처에 진지하게 관심을 기울여야 한다. 아이가 정말 무엇 때문에 화가 났는지 알아내어 아이들에게 필요한 설명을 해주어야 한다. 문제의 근원에 가 닿으면 보다 명확하면서도 부드럽게 표현할 수 있는 길이 열린다.

"엄마는 못됐어"라는 소리를 듣는 순간 아이의 감정이 어떤 것인지 명확히 짚어보고, 이를 보다 건설적으로 거울처럼 비추어 보여줘라. "파티 자리를 일찍 떠나게 되어 실망이 크다는 거 이해해. 하지만 욕을 하는 것은 좋지 않아"라고 말하라. 아이가 "형 미워"라고 말하는 것을 들으면 "형이 장난감을 빼앗아가서 네가 정말 화가 났겠구나"라고 말할 수 있다. 화가 나 있는 이차적인 상태 말고 상처받은 진정한 일차적 감정에 대처하라. 아이의 이야기를 연민이 담긴 의사표현으로 다시 바꾸어줘라.

잘못을 시인하는 방법을 아이에게 가르쳐라. **엄마 때문이야** 같은 말을 하지 못하도록 하라. 감정을 상대에게 솔직하게 전달하고 다른 사람을 방패막이로 내세우지 않는 방식으로 감정을 표현하도록 도와줘라. 이는 정말 값진 선물이 될 것이다! 하지만 단어가 전부는 아니다. 어떤 어조로 말하는가에 따라 말이 다르게 전달된다.

모든 사람이 레니네 아이들에게 감탄한다. 이 아이들의 입에서는 결코 징징거리는 소리를 들을 수 없다. 어떻게 그런 버릇을 끊을 수 있었는지 레니에게 묻자 그녀는 이렇게 말했다. "우리 집에는 한 가지 모토가 있어요. '징징거리면 아무것도 얻지 못한다.'"

레니가 아이들을 보며 물었다. "징징거리면 어떻게 되지?" 아이들이 입을 모아 합창하듯 대답했다. "징징거리면 아무것도 얻지 못해요."

레니의 방식에서 가장 좋은 점은 일관되게 지킨다는 것이다. 징징거리는 소리에 대해서는 조금도 아량을 보이지 않으며 "그런 식으로 말하면 네 말이 하나도 들리지 않아" 같은 문구로 대답한다. 레니가 이따금씩 이 원칙을 지키지 않았다면 그 정도의 효과를 보지 못했을 것이다. 일관되게 원칙을 적용한 결과 그녀는 집에서 징징거리는 소리를 완전히 없앨 수 있었다. 얼마나 평화로운가.

> 우리 집에서는 무슨 일이 있어도 존중하는 태도로 말해야 해요. 나는 존중하는 태도를 보여주고, 아이들에게도 이런 호의에 답해야 한다고 가르치죠.
>
> _두 아이의 엄마

꼬리표와 한계선

외래 진료실에 있는데 정신과 레지던트가 갓 아이를 낳은 엄마의 이력을 가져왔다. 인터뷰를 하는 동안 엄마는 신생아 딸을 품에 안고 있었다. "우리 아들은 천사예요." 그녀가 활짝 웃으며 말했다. "태어났을 때부터 그랬어요. 정말 귀엽고 다정해요. 아주 멋진 아이죠. 하지만 딸은 이기적이고 거만해요. 이마에 말썽쟁이라고 쓰여 있어요. 고등학교에 가면 공포의 대상이 될 거예요."

나는 헷갈리는 부분을 정리하기 위해 중간에 끼어들어야 했다.

"아이가 셋인가요?" 내가 물었다.

"아니요. 아들과 딸, 둘뿐이에요." 엄마가 대답했다.

"그럼 지금 말썽쟁이라고 한 게 품에 안고 있는 그 아기를 두고 한 말이에요?"

딸은 이제 태어난 지 겨우 3주밖에 안 되었는데 이 엄마는 벌써부터 지워지지 않는 마커 펜으로 아이에 대한 부정적인 이야기를 쓰고 있었다. 상황을 반전시키는 유일한 방법은 이 엄마의 자기 인식을 강화시키는 것이었다. 레지던트와 나는 시도해보기로 마음먹었다.

몇 가지 치료 노력을 기울인 결과 이 엄마는 자신의 엄마와 사이가 끔찍하게 나빴으며, 무의식적으로 이를 반복하고 있다는 것을 깨달았다. 또한 그녀는 대체로 여자들과의 관계에도 문제가 있었다. 치료 과정에서 그녀는 여자들이 "복잡하고 술수를 잘 부리며 늘 당신을 실망시킬 것"이라고 말하곤 했다.

그녀는 자신이 원하는 엄마를 두지 못한 것에 대한 슬픔을 극복해야 했다. 또 자신도 모르는 사이에 자기 엄마의 패턴을 반복하는 스스로를 용서해야 했다. 그래야만 보다 나은 엄마가 될 수 있도록 자신을 놓아줄 수 있었다. 초기에 개입해 자기 이해를 높인 덕분에 이 엄마는 개선되었다. 또한 이기적이지도 않고 거만하지도 않은 그녀의 딸도 상황이 좋아졌다.

우리의 아이를 이해하려는 시도, 나아가 아이들이 스스로를 특별한 존재로 느끼게 하려는 시도로 우리는 아이들에게 꼬리표를 붙인다. 이런 꼬리표 중에는 **이기적이고 거만하다**는 꼬리표에 비해 거칠지 않은 것도 있지만 그런 꼬리표 역시 오랫동안 사라지지 않는다. 이 아이는 수학 천재이고, 저 아이는 책을 아주 잘 읽는다. 이 아이는 아주 사랑스럽고, 저 아이는 한 번도 귀여운 적이 없다. 왜 그래야 할까? 누군가는 수학을 잘하면서 **또한** 책도 잘 읽을 수 있지 않을까? 또는 두 아이 모두 두 가지 다 잘할 수도 있지 않을까?

당신 아이에게 혹시 편견을 씌우지 않았는지 잘 살펴라. 그런 편견이 어디서 생겼는지, 어떻게 하면 편견을 버릴 수 있을지 알아보려고 노력하라. 꼬리표와 비교는 아무 도움이 되지 않는다. 긍정적인 꼬리표가 붙은 경우에 아이는 이를 잃을까봐 늘 두려워할 것이다. 부정적인 꼬리표가 붙은 경우에는 그 안에 갇혀 살아갈 것이다.

우리가 아이들에 관해 어떤 시나리오를 쓰고 있는지 잘 관찰해야 한다. 내 아들은 천사, 내 딸은 이기적이고 거만한 애. **그럼 정말 그렇게 된다**. 아이에 대해 갖고 있는 생각이 실제 모습을 왜곡한다. 아이가 게으르고, 겁쟁이고, 구제 불능이라고 생각하면 당신 생각이 옳다는 것을 입증하는 사례를 찾을 것이다. 그리고 당신 생각이 옳게 된다. 꼬리표는 그대로 실현되는 예언이 된다.

> 당신은 당신에게 보이는 모습대로 그 사람을 대할 것이고, 그는 당신이 대하는 그 모습대로 될 것이다.
>
> _요한 볼프강 폰 괴테

꼬리표를 붙이면 아이가 어떤 사람이 될지에 대한 모든 가능성에 상한선을 두게 된다. 하지만 꼬리표를 떼면 아이의 무한한 잠재력이 마음껏 발산된다.

> 내 아들은 미식축구로 대학 장학금을 받았어요. 4학년 때까지는 들에서 데이지 꽃을 따던 아이였죠. 꽃은 필 때가 되면 피어요. 때로는 꽃이 활짝 피어나는 것을 보고 놀라게 될 거예요.
>
> _이스트코스트에 사는 엄마

편을 가르지 마라

꼬리표와 관련된 마지막 주의 사항. 꼬리표는 가능성을 막는 것 외에도 형제자매 간의 경쟁을 낳는다. 비교는 경쟁을 가져온다.

> 엄마는 언니는 똑똑하고 예쁜 아이, 나는 창의적인 아이라고 말하곤 했어요. 예쁘고 똑똑한 건 미리 정해진 건가요? 나는 실망스러웠어요.
>
> _정신과 상담 중에 나온 이야기

형제자매 간의 경쟁은 대다수 가족에서 나타난다. 편애하고 비교하는 태도로 경쟁을 부추기지 말자. 한 아이를 모범으로 정하면 다른 아이는 반감이 생긴다. "오빠가 야채를 얼마나 잘 먹는지 봐"라고 이야기한다고 해서 여동생에게 야채를 먹고 싶은 마음이 생기지는 않는다. 오히려 식탁 밑에서 발로 오빠의 다리를 차고 싶은 마음만 생길 것이다.

삼각 구도를 만드는 것 역시 형제자매 간의 경쟁을 부채질하므로 가급적 삼가야 한다. 한 아이에게 화가 난 것을 다른 아이에게 이야기하면 결국 더 큰 갈등만 낳으며, 문제는 전혀 해결되지 않는다. 이런 것이 삼각 구도를 만드는 것이다. 이미 감정이 격해진 상황에 다른 사람의 감정까지 섞이면 긴장만 높아진다. 문제가 있을 때는 일대일로 얼굴을 맞대고 해결하는 것이 가장 좋다.

수술실을 떠올려보자. 외과의사는 환자가 감염되지 않도록 소독 과정을 거친다. 가족 내에서는 한쪽 관계가 다른 관계에까지 영향을 미치지 않도록 반드시 경계선이 필요하다. 그러므로 경계선을 넘지 마라. 한 자녀와의 사이에 속상한 일이 생겼다고 이를 다른 자녀들에게 말해서는 안 된다. 당신과 한 자녀 사이의 문제가 형제자매들 간의 관계에 끼어들지 않도록 분리시켜야 한다.

한편 두 가족이 합친 경우 당신이 쓰는 단어 때문에 거리가 생기지 않도록 해야 한다. 혼합 가족과 관련된 단어들은 종종 의도치 않게 소외감을 불러온다.

> 재혼해서 둘째 아들이 생기자 첫째 아들이 계속 "라이언은 내 이복동생이야"라고 말하더군요. 나는 첫째 아들에게 라이언은 하나뿐인 형제이며 우리 집안에서는 이복이라는 말을 쓰지 않는다고 말해주었어요. "상상하기 힘들다는 거 알아. 하지만 기저귀를 차고 있는 이 아이는 앞으로 평생 네 형제이고, 또 친한 친구이고, 분명 네 결혼식의 들러리를 서게 될 거야."
>
> _재혼 가정의 엄마

오래전부터 나는 외래환자들에게 "제 딸과 의붓아들이에요"라고 말하지 말고 "우리 가족이에요"라고 말하도록 권해왔다. 한 가족이 되겠다는 마음이 있다면 모든 가족을 한데 어우를 수 있는 말을 써라.

이복이라는 말을 쓰지 말고 온전한 가족이 돼라.

각자에게 맞는 교육 방식을 찾아라

꼬리표를 붙이려는 마음은 없더라도 아이들 각자가 다르고 그에 맞게 대해야 한다는 것은 이해해야 한다. 자녀 교육에서는 같은 사이즈의 옷이 모든 아이에게 맞을 수 없다. 아이에게 꼭 맞도록 맞춤 방식으로 교육해야 한다.

> 아들이 둘인데, 아주 딴판이에요. 큰애는 자기 자신에게 비판적이에요. 아주 멋진 미식축구 시합을 하고 와서도 플레이 하나 때문에 자책해요. 나는 그 애가 멋진 플레이를 얼마나 많이 보여주었는지 늘 말해주죠. 작은애는 반대되는 문제를 안고 있어요. 일전에는 자신이 터치다운을 네 개나 기록했고, 그 덕분에 팀이 승리할 수 있었다고 말하더군요. 나는 그 애가 득점할 수 있도록 방어를 잘해준 동료 선수와 그 애가 승리의 터치다운을 기록하도록 공을 잘 던져준 동료 선수에 대해서는 어떤 생각을 하는지 물었어요.
>
> _세 아이의 아빠

아이를 여럿 둔 부모라면 형제자매가 얼마나 다른지 증언해줄 것이다. 한 아이에게 매우 효과적이었던 자녀 교육 방식이라도 다른 아이에게는 참담한 실패로 끝날 수 있다.

한 가지 불편한 비밀을 털어놓으려고 한다. 특정 부모를 놓고 볼 때 기질적으로 더 잘 맞는 자녀가 있다. 부모와 자녀가 체질적으로 자연스럽게 잘 맞으면 보다 쉽게 관계를 이어간다. 별 노력을 들이지 않고도 튼튼한 애착 관계가 형성된다. 부모와 자녀가 잘 맞지 않을 때 또는 가슴 아프게도 익숙한 닮은꼴을 보일 때 자녀 교육은 더 힘들어지기도 한다.

> 나는 수줍음을 많이 타지만 큰딸은 매우 사교적이고 늘 낙천적이었어요. 그 애와 있으면 정말 재미있어요. 작은딸애는 신중하고 수줍음을 정말 많이 타요. 그 애가 다른 사람과 함께 있는 모습을 지켜보면 마음이 힘들어요. 같이 공원에 나가면 "너도 어울려서 놀아. 다른 애들이 노는 걸 보고만 있지 말고"라고 소리치고 싶어요. 그 애한테 아빠 노릇 하는 게 힘들어요. 음과 음이 만난 거죠. 나는 음과 양이 만나는 관계가 더 좋아요.
>
> _자신을 알고 있는 아빠

사람 사이의 화학작용은 그처럼 딱 꼬집어 말할 수 없는 미지의 요소다. 하지만 왜 그런지 우리는 자녀와의 관계에서는 화학작용이 자연스럽게 일어날 것이라고 생각한다. 우리가 낳은 자식이니 무리 없이 잘 맞을 것이라고 여기는 것이다. 그렇게만 된다면 얼마나 좋겠는가?

현실을 받아들이는 것이 우리 아이에 맞게 자녀 교육 방식을 조정하는 데 도움이 된다. 특히 기질적으로 서로 맞지 않아 관계가 어려울 때는 당신 안에 들어 있는 편견을 잘 살펴야 한다. 우리 마음속에 들어 있는 판단이 실제 관계를 맺는 데 끼어들기 때문이다.

매일 아침 나는 버스 정류장에서 불편하지만 아주 흔한 모습을 보았다. 한 엄마가 두 딸 중 한 아이에게는 환하게 웃으며 인사하면서도 다른 아이에게는 그런 모습을 보이지 않았다.

"제이미, 이쁜 딸, 멋진 하루 보내! 잘 갔다 와. 이제 타." 아이가 알아야 할 모든 것이 이 인사로 전해진다. 아이들이 버스에서 내릴 때는 더 심했다. 엄마는 제이미를 보고 활짝 웃으며 달려가 입을 맞추었고, 이어 타라에게는 "안녕"이라고 말하면서 등을 한 번 토닥였다.

이처럼 사이를 갈라놓는 관계 양상을 매일 보면서 점점 마음이 아팠다. 보통은 버스 정류장에서 진료를 보는 일이 없지만 이 엄마가 좋은 기회를 제공했고 나는 이를 받아들였다. 사실 많은 이야기를 할 필요도 없었다.

"제이미는 너무 귀엽고 사랑스럽고 편해요. 하지만 타라는 늘 어려웠어요." 버스가 떠난 뒤 엄마가 말했다. "타라는 너무 부정적이에요. 솔직히 말하면 타라 때문에 괴로워요."

"제이미를 볼 때는 환하게 웃으시더군요." 내 의견을 말했다.

"맞아요." 엄마의 눈이 반짝거리며 빛났다.

"제이미를 그렇게 사랑스럽게 바라볼 때 분명 제이미도 그 환한 얼굴을 볼 거예요." 내가 말했다.

다행스럽게도 엄마는 이해가 빠른 사람이었다. "타라를 볼 때는 그렇게 환하게 웃지 않는다는 걸 타라도 알고 있을 거라고 생각하시는 거죠?"

마음속에 후회가 가득한 그녀가 스스로 답하면서 질문을 던졌다. "당연히 그럴 거예요! 어떻게 하면 내가 바뀔 수 있을까요?" 그러고는 다시 스스로 답을 내놓았다. "그래요, 될 때까지 억지로라도 환한 모습을 보여야겠어요. 일주일 동안 타라에 대해 비판적인 말도 전혀 하지 않고요. 그리고 타라와 단둘이 외식을 하러 가야겠어요. 한 번도 그래본 적이 없거든요."

정말 멋진 변화였다! 이후 몇 달에 걸쳐 달라지는 모습을 지켜보는 동안 무척 흐뭇했다. 처음에 타라는 이런 변화를 믿어도 될지 확신하지 못한 채 혼란스러워하는 눈치였다. 하지만 몇 달이 지나자 타라는 사랑이 자신에게 전해지는 것을 깨닫고 엄마의 미소에 환하게 웃는 얼굴로 답하며 버스에 오르게 되었다. 우리의 태도를 바꿀 수 있고, 그럼으로써 보다 일찍 상처를 치료할 수 있다는 것을 아는 것은 얼마나 좋은 일인가.

아이들은 살면서 부모의 눈빛이 반짝거리는 것을 본다. 이런 눈빛을 볼 때 아이들은 자신이 사랑받고 있으며, 소중한 존재로 여겨진다는 느낌을 받는다. 그러므로 당신의 얼굴을 환하게 만들어줄 특별한 자질을 아이들 한 명 한 명에게서 발견해야 한다.

아이에 대해 연구할 때는 머리로만 하지 말고 마음으로도 연구하라.

몸에 관해 좋지 않은 이야기를 하지 마라

한 엄마가 다섯 살, 일곱 살의 두 딸과 놀고 있었다. 아이들이 엄마와 함께 웃으면서 농담을 하고 있었다. 보기 좋은 장면이었다. 두 딸 중 한 아이가 엄마의 배를 간질이려고 엄마의 셔츠를 들추었다. 엄마의 납작한 배는 꼭 에어브러시로 수정 작업을 한 잡지의 광고 사진 같았다. 그런데도 엄마는 얼른 셔츠를 내렸다. "사람들이 엄마의 뚱뚱한 배를 보게 하면 안 돼." 엄마가 화난 목소리로 말했다.

나는 두 가지 점에서 놀랐다. 우선은 그녀가 자신의 몸에 대해 갖고 있는 왜곡된 이미지 때문이었고, 이보다 더 나쁜 것은 그녀가 어린 딸들에게 전하고 있는 분명한 메시지 때문이었다.

우리 몸에 대해 비판적으로 이야기하는 것은 우리 아이들에게도 그러라고 가르치는 셈이다. 당신의 결점을 이야기하는 것은 무의식적으로 아이들의 결점에 확대경을 들이대는 것이다. 당신은 몇 가지 결점만으로 어떤 결론을 내리지 않을지 몰라도, 장담하건대 아이들은 그렇다.

> 10대 시절 엄마에게 왜 소매 없는 셔츠를 입지 않는지 물은 기억이 나요. 엄마가 말했지요. "소매 없는 옷을 입을 수가 없어. 팔이 너무 굵어서." 그날 밤 나는 거울을 보면서 생각했어요. 내 팔이 굵은가?
>
> _정신과 상담 중에 나온 이야기

한 엄마는 올리브색 얼굴빛을 지닌 세 아이와 얼굴이 흰 아들을 두었다. 그녀는 별생각 없이 얼굴이 흰 아이에게 이렇게 말하곤 했다. "아빠와 난 얼굴이 검은데 넌 어쩜 이렇게 얼굴이 흰지 모르겠구나." 어느 날 엄마가 얼굴이 흰 아이에게 자외선 크림을 발라주고 있는데 아들이 엄마에게 그만 바르라고 했다. 아이는 얼굴이 검게 타기를 원했다. 엄마는 본의 아니게 아들에게 "넌 우리와 달라"라고 이야기했던 것이며, 아들은 이를 '부족하다'는 의미로 받아들였던 것이다. 엄마는 곧바로 실수를 깨달았다. "아들", 엄마가 말했다. "엄마는 네가 자외선 크림을 발랐으면 좋겠어. 그래야 너의 아름다운 흰 피부를 보호하지. 엄마는 너의 흰 피부가 너무 좋아."

우리가 하는 말이 발달단계에 있는 아이들의 심리를 보호해줄 자외선 크림이라고 생각한다면 아이들이 자기 피부에 대해 보다 편하게 느끼도록 도와줄 수 있다.

당신의 생각은 결정적 경계선

당신 아이를 따뜻하게 대하고 싶은 만큼 당신 자신을 따뜻하게 대하려고 노력하라. 긍정적인 자기 대화를 하는 것, 아울러 부정적인 자기 대화를 멈추는 것은 정신 건강에 매우 중요하다.

언젠가 한 환자가 이런 말을 했다. "내가 변해야 한다고 생각했어요. 마음속으로 내 자신에게 하는 말을 다른 누군가의 입을 통해 똑같이 듣고 싶지 않았거든요."

마음속으로 두려운 이야기를 계속하면 불안해질 것이다. 마음속으로 자기비판적인 이야기를 하면 우울해질 것이다. 내가 지나치게 단순화시키고 있지만 신경과학이 이를 뒷받침한다. 긍정적인 생각은 긍정적인 신경화학 작용을 가져오는 반면 부정적인 생각은 기운을 빠지게 한다. 실제로 좋은 생각은 세로토닌 수치를 높이기도 하며, 세로토닌은 당신을 보다 차분하고 행복하게 해준다.

> 지난 20년 동안 심리학 연구에서 내놓은 것 가운데 가장 의미 있는 발견의 하나는 개인이 사고방식을 선택할 수 있다는 사실이다.
>
> _마틴 셀리그먼 박사, 긍정심리학의 창시자

보다 다정하고 온화한 화법이 아이들의 머릿속에 프로그래밍되도록 가르치고, 대화가 부정적으로 흐를 때 채널을 돌리는 방법을 가르쳐라. 만일 당신 아이들이 친구를 바보라고 하면 당신은 당장 아이들을 혼낼 것이다. 그만큼 정신을 바싹 차리고 아이들이 언제 스스로를 바보라고 하거나 다른 경멸적인 말로 부르는지 주의를 기울여라.

한 훌륭한 교사가 수업에서 가르치는 원칙이 있다. "'난 이걸 이해하지 못하겠어'라고 말하면 안 됩니다. '아직은 이걸 이해하지 못하겠어'라고 말해야 해요. '아직은 이걸 이해하지 못하겠어'라는 말은 포기하지 않고 자신에게 믿음을 가지는 변화입니다. 나는 이 작은 변화를 요구합니다. 왜냐하면 이는 자신을 어떻게 바라보는가 하는 심리의 큰 변화를 상징하기 때문이죠. 이는 전혀 다른 이야기를 써나가는 데 도움이 됩니다."

우리의 정신이 우리의 삶을 만들어간다. 우리는 생각하는 대로 된다.
_붓다

한 고등학교 농구 선수가 시합에서 자신이 부진해 팀을 실망시키고 있다고 느꼈다. 그는 점점 더 스트레스를 받았고, 동작 하나하나에서 좌절감을 느꼈다. 자신에 대한 비판이 심해질수록 경기는 더 엉망이 되었다. 전반전이 끝난 뒤 그는 180도 달라졌고, 그의 태도가 변화하면서 경기 양상도 달라졌다. 그의 아버지가 어떻게 된 일인지 묻자 그가 말했다. "계속 마음속으로 못하고 있다고 생각하니까 점점 더 긴장되고, 경기도 점점 엉망이 되었어요. 그래서 마음의 여유를 갖자고 생각했어요. 나를 질책하는 대신 느긋하게 마음을 먹기로 했어요. 마음속으로 말했어요. '잊어버려, 다음 기회가 있어. 걱정할 거 없어'라고요."

부정적인 화법을 그만두면 스포츠에서든 삶에서든 흐름을 바꿀 수 있다.

바로 이 문제를 전문적으로 다루는 심리학 분야로 인지행동 치료가 있다. 생각을 바꿔라. 그러면 감정과 행동을 바꿀 수 있다. 생각에는 좋은 에너지든 나쁜 에너지든 에너지의 진동이 들어 있다. 그러므로 우리가 마음속으로 하는 이야기는 정신 건강에 영향을 미친다.

자 이제, 마음속에서 오가는 부정적인 이야기를 삭제하는 버튼을 눌러라. 비판적인 생각을 버리고 보다 따뜻한 생각으로 채워라. 여기에는 훈련이 필요하다. 하지만 커다란 보상이 따른다. 이런 훈련을 반복하면 뇌의 기능이 실제로 향상되고 행복감이 커진다. 따뜻하고 다정한 자기 대화법을 익혀 당신 아이들에게 물려줘라.

체로키족의 전설 가운데 할아버지가 모닥불 옆에서 손자에게 가르침을 주는 이야기가 있다.

"내 안에는 늑대 두 마리가 서로 싸우고 있단다. 한 늑대는 분노, 비통, 자기 연민, 질투, 슬픔이고, 또 다른 늑대는 사랑, 믿음, 희망, 평화, 용서, 기쁨이지. 두 늑대 모두 힘이 세고, 격렬하게 싸운단다. 내 안에서만 그런 게 아니라 모든 사람, 그리고 네 안에서도 싸움이 벌어지지."

소년이 잠시 생각하더니 물었다. "할아버지, 어느 늑대가 이길까요?"

현명한 할아버지가 대답했다. "네가 먹이를 주는 늑대가 이기지."

정신과 의사의 메모

상처 주는 말은 하지 마라

1. 배우자 또는 전 배우자를 좋지 않게 이야기하는 것은 실은 에둘러 당신 아이를 좋지 않게 이야기하는 것이다. 말로 표현하는 것도, 말이 아닌 방식으로 표현하는 것도 피하라.
2. 세심하게 말을 골라 하라. 부정적인 화법을 떨쳐내는 일은 힘들다.
3. 비판적인 자기 대화를 버리고 따뜻한 자기 대화를 하라.
4. 긍정적인 면을 강조하라. 아이가 잘하는 것을 칭찬해줘라.
5. 남 탓을 하거나 욕을 하지 않고 자기감정을 표현하는 법을 가르쳐라.
6. 화난 상태의 열기를 식혀주고 상처에 진지하게 관심을 기울여라.
7. 잘못을 시인하는 법을 가르쳐라. 이는 피해자가 되는 데서 벗어나 힘을 기르는 변화이다. "너 때문이야"라는 말을 하지 못하게 하라.
8. 꼬리표는 파일에 붙이는 것이다. 아이에게는 꼬리표를 붙이지 마라. 꼬리표는 아이를 한계 속에 가둔다.
9. 당신이 아이의 머릿속에 어떤 자료를 입력하고 있는지 잘 살펴라. 이렇게 입력된 자료는 당신이 죽은 뒤에도 계속 아이의 머릿속에 남아 있다.
10. 스스로에게 물어라. 같은 이야기라도 더 많은 사랑을 담아 말할 수 있을까?

명품 자녀

인간끼리의 경주가 정말 있을까? 곳곳에서 경주가 벌어지고 있는 것일까?
나는 준비운동과 스트레칭을 하고 있는가? 훈련과 연습을 하고 있는가?
나를 지도하는 코치가 있는가? 내게 배정된 레인이 있는가? (…)
그저 최선을 다해야 하는 것 아닌가?
다른 사람을 이기는 것보다 그게 더 중요하지 않을까?
끝에 가서 뒤돌아보며 당신이 어떤 도움을 주었는가 하는 점으로 당신의 경주를 판단해야 하는 것 아닐까?
_제이미 리 커티스, 『인생은 달리기 시합인가요?』

나는 한 남자에게서 전화를 받았다. 그의 딸은 '모두가 가고 싶어하는 인기 있는' 유치원에 남들보다 1년 일찍 입학 허가를 받았다. 딸이 같은 반 아이에 비해 나이가 어리므로 그는 1년 더 기다렸다가 유치원에 보낼지 아니면 가을 학기부터 바로 보낼지 조언을 구하기 위해 전화를 한 것이다. 그가 불안해하는 것 같아 나는 그에게 무엇을 걱정하는지 물었다. 그가 말했다. "이번 결정으로 아이가 스트립걸이 될지, 예일대학교에 들어갈지 커다란 차이가 생기는 게 아닌가 해서요."

우리 두 사람 모두 이 농담 속에 진짜 걱정이 들어 있다는 것을 느끼면서 웃었다. 요즘 부모들은 매번 결정을 내릴 때마다 고민한다. 모든 선택 하나하나를 대가가 지휘하는 오케스트라처럼 조직해 아이가 포춘 선정 상위 500대 기업이나 NBA에 들어가지 못하는 일이 없도록 미연에 방지해야 하는 것이다. 맙소사, 우리에게 대단한 힘이 있다고 생각하는 것이다.

오늘날에는 불안이 뚜렷한 모습으로 곳곳에 퍼져 있다. 우리는 아이의 미래를 단계별로 차례차례 쌓아나갈 수 있다는 착각에 빠져 있다. 애석하게도 성취에 초점을 맞추는 우리의 근시안적인 태도에 가려 장차 모든 능력이 활짝 피어난 아이의 모습을 보지 못하고 있다. 우리가 세운 목표에 지나치게 시선이 고정되어 있어 아이의 진정한 욕구를 보지 못하는 것이다.

자녀 교육에서 아이가 '이기는 것'에 너무 중점을 두면 사랑에 조건이 따른다고 느낀다. '좋은 성과를 얻는 경우'에만 부모의 사랑을 얻는다고 믿게 되면 아이는 온전한 사랑을 받고 있다고 느끼지 못하며 불안정해진다.

전문직 여성이 프로 엄마가 되면서 그들은 아빠와 마찬가지로 자녀 교육에서도 직업적인 실적을 기대하게 되었다. 하지만 일터의 방식은 자녀 교육에서는 통하지 않는다. 일터에서 성공을 거두는 데 도움이 되었던 능력이 아동기의 본질적인 측면과 충돌을 빚기 때문이다. 일터에서는 일정을 세우고 서로 경쟁하며 체계적 질서 속에 빠른 속도로 일을 처리한다. 하지만 아동기는 느리고, 뒤죽박죽이며, 마감이나 스프레드시트도 없이 흘러간다.

일터의 체계를 적용하려고 하면 자녀 교육의 재미를 느끼지 못한다. 자녀 교육이 관계의 문제로 다가오지 않고 하나의 프로젝트가 된다. 그렇게 되면 아이의 아동기는 얼마나 많은 성과를 거두는가의 문제가 되며, 사랑 속에서 걱정 없이 자라는 아이로 키우는 문제가 되지 못한다.

학교 성적이 얼마나 좋은지, 얼마나 많은 트로피를 받는지를 기준으로 성공 여부를 판단하는 것은 진정한 아동 발달을 방해한다. 우리는 아이의 내적 자아를 희생시켜 외적 스펙을 쌓는 데 치중하고 있다. 아이의 자존감을 키워주는 대신 자아가 약한 아이로 기르고 있다. 우리는 완전히 퇴보하고 있다.

> 우리는 아이들에게 지나치게 많은 것을 기대하는 잘못을 저지르고 있어요. 그저 아이가 행복해지기를 원할 뿐이라고 말하지만 사실은 우리가 정해놓은 성공의 기준대로 아이가 살면서 행복해하기를 원하는 거죠.
>
> _초등학교 관리자

아동기는 이러한 압박을 견뎌야 하는 시기가 아니다. 이러한 어린 시절의 스트레스로 인한 영향에 그대로 노출되는 어린아이들의 마음이 염려된다.

아이 주변을 맴돌면서 세세한 일까지 관리하고 아이에게 과중한 계획을 세우는 부모는 아이 일에 깊이 관여하는 것처럼 보인다. 하지만 성과에만 초점을 맞출 때 아동 발달의 가장 본질적인 부분, 즉 진정한 관계를 맺는 일은 위태로워진다.

> 예전에는 아이들이 눈앞에 있어도 그들의 말을 듣지 않았다면 오늘날에는 아이들의 말을 들으며 주변을 맴돌아요. 하지만 여전히 아이들을 실제로 보고 있지는 않아요. 오늘날의 부모들은 완벽한 아이를 원해요. 당신은 명품 구두를 가질 수 있어요. 그런데 요즘 부모는 명품 자녀를 원해요.
>
> _리젯 데이비슨, 의학박사, 소아정신과 의사

경쟁 세계에서 앞서가도록 손으로 아이의 발을 받쳐주고, 완벽한 아이로 만들기 위해 많은 시간을 쏟는 과정에서 우리는 아이의 정신 건강을 위태롭게 하고 있다. 아이에게 높은 기준을 정해주는 것은 좋은 일이지만 성과에 집착하면 불안을 낳는다. 아이에게 어린 시절을 되돌려주자. 아이에게 무조건적인 사랑을 주고 깊은 관계를 맺는 것이야말로 최고의 디딤대다. 하지만 지금 세대는 아이 주변을 맴도는 것이 사랑이라고 혼동하고 있다.

> 아이는 신경을 써주기를 원하는 것이 아니라 사랑을 원한다.
>
> _지그문트 프로이트

아이 주변을 맴도는 정도가 너무 심해지면 간섭이 된다. 아이의 모든 활동에 관여하면 아이가 능력을 키우는 데 방해된다. 숙제를 고쳐주고, 경기 때마다 찾아가 팀 주변에서 어정거리면 아이는 스스로 성취하고 자신의 열정을 발견하는 법을 배우지 못한다. 자립성이 지금 시대에 맞지 않는 것처럼 보이겠지만 결코 그렇지 않다. 자립성은 아동 발달에 매우 중요하다. 대처 능력 역시 마찬가지로 중요하다. 하지만 우리는 이런 특성을 도외시한 채 강도 높은 학업이나 운동 쪽으로 무턱대고 아이를 내몰고 있다. 불을 잘 피우겠다고 태풍 같은 바람을 퍼붓는 셈이다.

게다가 우리는 결코 관리할 수 없는 것을 관리하겠다는 희망으로 이러한 압박을 가하고 있다. 아이의 미래를 설계해서 실현할 수 있다는 잘못된 생각에 빠져 있다. 마치 불안에 떨고 있는 비행기 승객 꼴이다. 좌석을 꽉 움켜잡고 두 발로 상상 속의 브레이크를 밟는다고 비행기가 안전하게 착륙하지는 않는다. 이는 많은 점에서 아이의 미래와 닮았다. 당신은 말을 조종하는 기수가 되고자 하지만 아이는 가고 싶은 대학에 들어가지 못할 수도 있다. 당신이 보내고 싶은 대학에도 들어가지 못할 수 있다. 매년 많은 수석 졸업생이 입학을 거절당하며, 뛰어난 성적을 거둔 학생들 가운데서도 대학 장학금을 받는 경우는 많지 않다. 고등학교에서 선수 생활을 했던 아이들이 대학에서 뛰는 일은 더 적으며, 프로 선수가 되는 일은 더더욱 적다.

가장 중요한 일, 즉 아이와 깊고 다정한 관계를 쌓아가고 멋진 성격을 길러주는 일에 노력을 기울여라.

명품 학교

우리는 고카페인 에너지 음료를 마신 상태로 자녀 교육을 하고 있다. 우리의 불안은 고질병에 가까워서 태아 단계에서부터 대학 입학의 압박을 느끼고 있다.

> 내가 나쁜 엄마처럼 느껴져요. 임신했을 때 아이에게 한 번도 태교 음악을 들려주지 않았거든요. 태아에게 마음을 진정시키는 음악을 들려주면 태아가 자극을 받고 심지어 IQ 지수도 올라간다는 글을 인터넷에서 읽었어요. 내 아기에게 그렇게 해주지 못해 죄의식을 느껴요.
> _한 살 아기의 엄마

엄마들은 아기가 태어나기 전부터 너무 많은 걱정을 한다. 발달단계에 있는 태아나 자라나는 아이에게는 엄마의 불안이 훨씬 큰 위험 요인이라는 사실을 너무 많은 엄마들이 모르고 있다. 캘리포니아대학교 로스앤젤레스 캠퍼스의 여성생활센터에서 우리는 이러한 기분 장애로 인해 태아 건강이 위협받지 않도록 임신 기간의 우울증과 불안증을 치료하고 있다. 이러한 여성들에게는 불안감을 줄여주는 것이 모차르트 음악을 들려주는 것보다 훨씬 큰 도움이 된다. 아이가 자궁 안에 있을 때나 자궁 밖에 있을 때 모두 해당되는 이야기다.

하지만 불안이 사회 분위기 전반에 깔려 있고, 부모들은 자신이 일정 기준에 모자란다고 걱정한다. 불안은 임신 기간 중에 태교 음악을 들려주는 것에서 시작되어 유아기로 오면 단어 카드와 교육용 비디오로 이어진다. 비디오를 보는 것이 지능 발달에 도움이 된다는 생각은 과학적 사실과 완전히 어긋난다. 실제로 소아과 의사는 2세 이하의 아이에게 영상물을 보여주지 말라고 권장한다(내 입장에서는 두 살도 너무 낮은 기준이다). 뇌의 뉴런은 부모와 아기가 서로 상호작용할 때 자극을 받는다. 갓난아기의 몸짓에 반응을 보여주면, 예를 들어 아이의 몸짓을 그대로 따라 하거나 다정하게 속삭여주거나 아이를 토닥여주면 아이의 뇌가 환하게 빛나며, 이는 수동적인 영상물을 보여주는 것으로는 불가능하다.

우리는 어린 시절에 실제로 이루어지는 학습에 관해 오해하고 있다. 모든 상황에서 벌어지는 상호적인 인간 경험이 언제나 소비재 상품보다 훨씬 좋다. 우리는 부모로서 아이에게 최첨단 학습 기회를 제공하는 것을 우선순위로 삼아야 한다고 믿어 엉터리 상품으로 우리 자신을 속여왔다. 자녀 교육의 진정한 핵심, 즉 아이와 든든하고 다정한 관계를 맺는 것에서 벗어나 있다. 이 핵심이야말로 모든 부모가 아이에게 줄 수 있는 최고의 시작 프로그램이다!

하지만 거대 기업들이 잘못된 생각을 부추기고 부모들의 걱정을 악용하고 있다. 한 학습 센터의 상업 광고에서는 여름방학 동안 아이의 뇌에 정보가 가득 차서 흘러넘치는 이미지를 보여준다. 여기에는 메시지가 담겨 있다. 자전거를 타거나 호수에서 수영하는 것은 잊어라, 아이들은 여름 동안 갖가지 지식을 반복 학습해야 한다, 그러지 않을 경우 배운 것을 모두 잃을 것이다, 라는 메시지다. 웃기는 이야기다. 의과대학에 다닐 때 뇌에 여닫이 뚜껑이 있다는 이야기는 배운 기억이 없다.

우리는 믿음이 아니라 두려운 마음으로 자녀 교육을 하고 있다. 마케팅 담당자들은 이러한 걱정을 이용하고 있으며, 이 때문에 적정한 교육을 하는 것이 어려운 도전이 되고 있다. 실제로 몇몇 학습 센터는 아예 드러내놓고 노골적인 명칭을 붙이고 있다.

한 걸음 앞서(누가 뒤처지고 싶겠는가?)

가장 먼저 배우자(2등이 될 것인가? 절대 그럴 수 없지!)

제대로 시작하자(난 우리 아이를 잘못된 출발점에 세운 걸까?)

이제 걷기 시작한 유아를 둔 많은 부모들이 내게 이런 이야기를 한다. "이런 것들을 다 하지 않으면 우리 아이가 뒤처질까봐 두려워요." 무엇에 뒤처진다는 것일까? 정신 바짝 차리자. 당신 아이는 아직도 우주복을 입고 잔다.

내가 인터뷰했던 교사는 하나같이 부모가 시작부터 완벽한 학업 성적을 바라는 터무니없는 비현실적 기대를 품고 있다고 말했다.

아이는 몸집이 작은 완벽한 사람이 아니에요. 2학년 아이에게 대학 준비를 시켜서는 안 돼요.

_초등학교 교사

이제는 유치원이 초등학교 1학년이 되었고, 고등학교는 대학교가 되었어요. (…) 정말 미친 짓이지요! 부모는 아이가 완벽한 성적표를 받기를 원하고, 그러지 못하면 공황 상태에 빠져요. 부모들은 모두 A학점을 받았었나요? 아이를 가르치는 교사가 모두 A학점을 받았었나요? 우리는 아이에게 너무 많은 것을 기대하고 있어요. (…) 학교에서 심리학자를 초빙해 우리가 목격하는 모든 불안을 어떻게 해결할지 교사에게 가르쳐야 할 상황이에요.

_초등학교 교육자

너무 심한 압박과 스트레스는 어른에게도 좋지 않으며, 자라나는 아이들한테는 말할 것도 없다. 의학적으로 말해서 스트레스는 투쟁 도주 반응을 불러온다. 위험을 감지하면 교감신경계에서 아드레날린과 코르티솔을 분비하기 시작한다. 심장 박동이 빨라지고 혈압이 올라가며 근육이 긴장하는 등 모든 신체가 살기 위해 달릴 준비를 갖추는 것이다. 곰을 피해 빨리 도망가야 하는 경우라면 도움이 될 것이다. 하지만 시험 준비를 위해 공부하는 경우라면 그럴 필요가 없다.

심리적인 것이든 신체적인 것이든 스트레스는 우리 몸에 영향을 미친다. 작은 스트레스는 능률 향상에 도움이 될 수 있지만 매일매일 이어지는 만성적 스트레스는 사람을 황폐하게 만든다. 실제로 기억이 저장되는 뇌의 일부분(해마)이 위축될 수도 있다. 만성적 스트레스는 두통, 위궤양을 일으키고 면역 기능을 떨어뜨리며 자기면역 질환을 유발할 수도 있다. 또한 스트레스는 모든 정신 질환을 악화시킨다.

아이가 학교에서 좋은 성적을 거두도록 뒷받침하고자 할 때 분명 이런 것을 목표로 하지는 않는다. 하지만 우리는 세심하게 신경써야 하며 아이가 재주 부리는 원숭이가 되지 않도록 해야 한다.

> 문득문득 우리 부모는 나를 슈퍼히어로나 로봇으로 착각하고 있다는 생각이 들어요. 늘 모든 것을 완벽하게 잘해야 한다는 압박감을 느끼며 지내요.
>
> _고등학생

> 고등학교를 다니는 내내 과제를 수행하고 대학 진학에 유리한 준비를 했어요. 내가 좋아서가 아니라 장차 입학사정관이 좋아할 거라는 이유로 각종 활동에 참여했어요.
>
> _고등학교 3학년 학생

부모들이 아이의 학업 문제에 지나치게 개입해 있다. 한 엄마가 다른 엄마에게 함께 외식을 하자고 연락했다. 친구가 대답했다. "그러면 좋겠는데 우리는 대학 지원 문제로 정신이 없어." 외식 이야기를 꺼냈던 엄마는 생각했다? **우리**라니, 누굴 말하는 거지? 또 다른 한 엄마는 법학 교수에게 전화를 걸어 아들의 학점에 대해 불만을 토로했다. **로스쿨**에서 있었던 일이다! 이 엄마는 변호사 시험에 대해서도 아들을 대신해 이의를 제기할 것인가?

우리는 아이들이 성공하기 위해서는 우리가 필요하다고, 아이들은 우리가 없으면 안 된다고 아이들에게 가르치고 있다. 이런 방식은 의존성을 낳는다. 부모의 역할이 지나치게 커지면 아이의 능력은 작아진다.

엄마가 교사에게 아이의 성적에 관해 이야기하거나 아빠가 에세이 문제에 이의를 제기하면 아이는 이런 일을 스스로 할 수 있는 능력을 기르지 못한다. 아이는 독자적으로 이런 일을 해결해야 한다. 부모가 아이를 대신해서 모든 일을 해주면 아이는 심리적으로 허약해진다. 부모가 모든 것을 해결해주겠다고 달려들지 말자.

> 지난 10년 동안 신입생 부모를 상대로 아이의 일에 개입하지 말아달라고 부탁하는 연설을 해야 했어요. "저는 소년을 어엿한 남자로 만들고자 합니다. 하지만 제가 그럴 수 있도록 여러분이 도와주실 때만 가능합니다. 교사들에게 이메일을 보내지 마세요. 아이들의 숙제를 고쳐주지 마세요. 우리 아이들에게 강인한 성격을 길러줄 경험의 기회를 가로막지 않겠다고 협정을 맺었으면 합니다."
>
> _가톨릭 학교 교사

우리는 아이의 힘을 길러주는 대신 어린애 취급을 하고 있으며, 그래 놓고 아이가 작은 성인처럼 능력을 발휘하기를 기대한다. 아이가 일을 처리할 수 있도록 심리적 회복 능력을 길러주지는 않은 채 계속 압박을 가하는 것이다. 아이스크림에 들어 있는 작은 쿠키 덩어리가 싫어도 참고 먹을 수 있게 놔두지 않는다면 어떻게 맞춤형 교육과정을 세 개나 소화할 수 있겠는가?

경고가 될 만한 이야기를 하나 소개한다. 나는 최근 한 '명품 자녀'를 평가하기 위해 만났다. 스테이시의 부모는 모든 혜택을 주었다. 유치원에 들어가면서부터 가정교사를 붙였고, 강화 수업을 시켰으며, 엄청난 '신경'을 썼다.

"5학년이 되면서 불안을 느끼기 시작했던 것 같아요." 스테이시가 말했다. "하지만 부모님이 내 성적표와 수영 실력을 너무도 자랑스러워했기 때문에 내 속마음을 털어놓아 그분들을 실망시키고 싶지는 않았어요."

스테이시와 그녀의 부모, 그녀를 맡았던 가정교사 팀이 노력한 결과 스테이시는 국내에서 가장 명망 있는 아이비리그 학교 가운데 한 곳에서 입학 허가를 받았다. 내가 스테이시를 만난 것은 불안과 우울증으로 심신이 지쳐 어쩔 수 없이 학교를 그만둔 뒤였다.

이러한 모든 압박이 역효과를 낳고 있다. 아동과 10대 청소년들의 우울, 불안, 약물 남용, 자살률이 늘고 있다. 도움을 구하기 위해 정신과 의사를 찾는 부모도 많아졌다. 이들이 찾아오면 나는 환경 변화를 꾀하도록 권유한다. 학업 부담을 줄이고 자유 시간을 늘리며 가족 시간을 갖는 데 우선순위를 두라고 한다. 아이에게 절실히 요구되는 균형을 찾아주기까지 먼 길을 가야 할 수도 있다.

안타깝게도 많은 부모와 학생들은 우선순위를 다시 점검하고 스트레스의 근원을 이해하기보다는 그저 약물 치료에 의존한다. 약물 치료를 처방하지 않을 때도 그들 스스로 먼저 이를 요청한다. 주의력결핍과잉행동장애를 치료하기 위해 필요한 자극제는 환자들의 삶의 질에 큰 변화를 가져다주기도 한다. 하지만 요즘은 주의력결핍과잉행동장애 치료약을 '공부 잘하게 하는 약'으로 쓰기 위해 요구하고 있다. 이제 선을 그어야 한다.

몇몇 학생들에게 들은 내용대로라면 어느 때고 밤에 대서양 연안의 대학 도서관에 가면 한 알에 8달러를 주고 자극제를 구할 수 있다고 한다. 한 학생이 약의 효능에 대해 설명해주었다.

"말 그대로 도서관에서 학생들이 약을 팔아요. 저는 졸업반이고, 약물을 복용한 적이 없고 어떤 약도 먹지 않아요. 하지만 그때는 학기말 시험 때였고, 너무 피곤해서 한 알을 구입했지요. 정말 놀라웠어요! 책과 내가 하나가 되는 느낌이었어요. 새벽 3시까지 잠을 자지 않았는데, 눈은 말똥말똥했고, 정말 미친 듯이 집중이 잘 되었어요. 화학 시험을 아주 잘 보고는 생각했지요. '와우, 이 약을 전부터 먹었다면 최우등 졸업도 할 수 있었겠군.'"

나는 애더럴을 어떻게 그렇게 쉽게 구할 수 있는지 그 학생에게 물었다. 그녀의 말에 따르면, 학생들이 구글에서 주의력결핍과잉행동장애 증상을 검색한 다음 정신과 의사를 찾아가 그대로 이야기하면 약을 처방해준다고 했다. 또한 학생들이 아무 생각 없이 약물을 복용하고 팔기도 한다고 했다.

> 4년에 걸친 대학 생활 동안 학생의 3분의 2 정도가 비의학적인 용도로 자극제 처방을 받고 있다.
>
> _「대학 생활 기간 동안 비의학적인 용도의 자극제 처방」, 『미국 대학 건강 저널』, 2012년 3월호

처방약의 남용은 결코 사소한 문제가 아니다. 자극제는 불안 증상, 기분의 급격한 변화, 심계항진, 식욕 감퇴, 수면 장애를 일으

킬 수 있다. 의사는 자극제를 처방하기 전에 환자의 병력을 꼼꼼하게 확인하며 더러는 심장 질환의 가능성을 배제하기 위해 검사를 권하기도 한다. 확신하건대 도서관에 심전도 검사 기기가 비치되어 있지는 않을 것이다.

자극제를 복용하면 뇌의 도파민 분비가 늘어나고, 과도한 도파민은 정신 이상을 일으킬 수 있다. 정신 이상은 현실과의 단절이다. 의사의 지시 없이 이러한 약물을 복용하고 있다면 우리는 하나의 문화로서의 현실과 단절되어 있었던 것이다! 자극제는 식욕과 수면 시간을 줄이는데, 이 두 가지는 건강한 성장기의 신체에 필수적인 요소다. 키가 2.5센티미터 덜 클 수도 있다. 이러한 약물을 복용해 대학에 들어가거나 대학에서 좋은 학점을 얻는 것은 근시안적이고 무책임한 행동이다.

하지만 학생들은 그렇게 생각하지 않는다. 나는 해밀턴대학의 한 졸업반 학생에게 자극제 복용의 유해한 영향에 대해 학생들이 걱정하지 않는지 물었다.

"몸에 좋은지 나쁜지를 생각해 결정을 내리는 대학생을 마지막으로 본 게 언제예요?" 그녀가 웃으며 말했다.

바로 이런 이유 때문에 큰 그림을 그려 자녀들이 약물 의존성을 키우지 않게 도와줄 부모가 필요한 것이다.

> 우리는 대학 운동선수들이 스테로이드제를 복용하지 않는지 수시로 테스트해요. 이제 불공정한 방법으로 학업 능력을 향상시키는 것에 대처하기 위해 도서관과 기숙사에 있는 학생들을 대상으로 약물 검사

를 실시해야 하는 건가요?

_걱정스러운 아빠

역설적이게도 '학업 능력을 향상시키는 것'들은 모두 우리가 아이들에게 길러주고 싶은 자존감을 해친다. 학업을 수행하기 위해 약물이 필요하다고 생각하는 아이의 삐뚤어진 심리를 생각해보라. 우리는 아이들에게 약물에 의존해서가 아니라 자기 자신의 힘으로 살아가라고 가르쳐야 한다.

최근에 대학을 졸업한 한 학생이 농담처럼 내게 자극제 처방을 요구했다. "학교 다니는 내내 약을 먹는 게 몸에 배었는데 앞으로 어떻게 약 없이 직장에서 열두 시간 동안 일에 집중할 수 있겠어요?"

멈춰야 한다. 아이들의 스펙 쌓는 일을 그만두고, 그저 아이와 즐거운 시간을 보내는 삶으로 돌아가야 한다. 아이들을 압박하지 말고 그들을 얼마나 마음 깊이 사랑하고 받아들이고 있는지 보여줘라.

아이의 학습 성과를 올리는 데 너무 많은 것을 투자하지 말고 아이가 배움의 과정 자체를 즐기도록 해야 한다. 아이들이 놀고, 탐색하고, 꿈꾸는 시간을 가짐으로써 스스로 발견하도록 격려하라.

나는 한 학회에서 중국의 교육자 자오 융의 말을 들은 적이 있다. 그는 중국이 시험 점수에서 미국을 큰 격차로 앞선다고 했다. 하지만 혁신과 지도력 문제에 이르자 이렇게 덧붙였다. "우리는 아직도 중국의 스티브 잡스가 나오기를 기다리고 있어요."

다시 말해서 과중한 숙제, 과도한 계획표, 기계적 암기를 통해 일벌은 키울 수 있을지 몰라도 미래의 기업가를 키우기는 힘들다.

또한 이는 아이의 심리적 행복을 가져다주는 방안도 아니다.

완벽한 성적표와 수백 시간의 '강화' 교육이 어떤 것도 보장하지 않는다는 것을 기억하자. 이런 것들은 우리 아이가 정신과 의사의 진료실을 찾는 걸 막아주지 못한다. 서류상으로는 아주 훌륭하지만 내면은 공허한 수많은 환자가 전국의 치료사를 찾고 있다.

트로피와 좋은 성적이 자존감을 높이는 방안이라면 많은 치료사가 일자리를 잃을 것이다. 우리 모두 다 함께 숨을 고르고 '내 아이가 뒤처지고 있다'는 심리를 떨쳐내야 한다. 이제 가정은 학교와 스포츠의 압박에서 벗어나 휴식 공간이 되어야 하며, 결코 그 압박의 연장선상에 놓여서는 안 된다.

한 엄마는 두 자녀가 자기 자신을 너무 심각하게 받아들이고 있다는 사실을 깨달았다. 두 아이 모두 자신이 저지른 실수에 대해 과도하게 비판적이었고, 완벽주의적 성향을 키워가고 있었다. 걱정이 된 이 엄마는 엉망진창 모임을 만들었다. 매일 밤 저녁 식사 자리에서 그녀와 남편은 그날 있었던 가장 어처구니없는 실수를 이야기했다. 곧 아이들도 따라 했다. 그들은 서로의 실수를 비교 평가했고, 그중 가장 멍청한 실수를 저지른 사람을 승자로 뽑았다. 아이들이 서로 엉망진창상을 타려고 열을 올리며 경쟁하는 동안 웃음이 터져나왔다. 이제 어른이 된 아이들은 이 모임이 즐거움과 자유로운 느낌을 가져다주었다고 깨닫고 각자의 집 저녁 식사 자리에서 엉망진창 모임을 이끌어가고 있다.

실수를 포용해주면 아이는 잘해야 한다는 압박감에서 놓여나 위험을 감수하고 새로운 것을 시도한다. 실수를 해도 다시 회복해

다음번에는 더 높이 올라갈 수 있다고 생각한다. 그래도 아이를 닦달하고 몰아쳐야 한다고 느낀다면 다음에 인용하는 부모들의 말에서 교훈을 얻어라. 이들은 느긋하게 지내도 괜찮다는 걸 알고 있다.

> 나는 딸이 균형 있는 관점을 가질 수 있도록 도와주기 위해, 오로지 성적만을 외치는 요즘 학교에서 우등생이 되는 것보다는 인생의 우등생이 되는 게 훨씬 낫다고 말해줘요.
>
> _웨스트코스트에 사는 엄마

> 어릴 때 나는 《우주 가족 로빈슨》이라는 드라마를 몇 시간이고 보고 또 봤어요. 지금은 뇌 외과의사가 되었죠.
>
> _시카고에 사는 아빠

> 내 아이들이 약간 평범한 정도가 아니라 정말로 보통 수준의 평범한 아이가 되는 것을 목표로 삼았어요. 그러면 슈퍼키드들이 모두 힘이 빠져 나가떨어질 때 우리 아이들은 시동을 걸고 시작하게 될 거예요.
>
> _코네티컷에 사는 세 아이의 엄마

명품 스포츠

오늘 어디가 됐든 경기장 스탠드에 가보라. 아이들이 얼마나 심한 압박을 받고 있는지 실제로 보게 될 것이다. 예전의 스포츠는 신선

한 공기를 마시며 몸을 단련하고, 팀워크를 기르고, 그저 재미있게 노는 활동이었다. 그때는 에너지를 모두 쏟아내며 스트레스를 날려버렸다. 하지만 지금의 스포츠는 유치원 운동장에서 대학 장학금을 받기 위한 전략을 세우는 부모들 덕분에 압력밥솥 같은 교실과 하나도 다를 게 없어졌다.

다시 말하지만 시작할 때의 의도는 훌륭했다. 우리는 우리 부모들이 결코 해주지 못했던 방식으로 아이들 일에 관여함으로써 우리의 사랑을 보여주고 있다고 생각한다. 얼핏 좋아 보인다. 하지만 부모들이 진정으로 자신들의 모습을 보고 자신들이 하는 말을 들어본다면, 그리고 무슨 수를 써서라도 이기자는 정신 때문에 아이들이 어떤 피해를 보고 있는지 이해한다면 아마도 타임아웃을 외칠 것이다.

우선 신체적인 피해를 살펴보자. 많은 정형외과 의사들이 어린 아이들이 단체 운동에서 부상을 입는 일이 늘어나는 것을 목격하고 있다. 반면 여가 활동 스포츠로 인한 부상은 줄고 있다.

"메시지는 하나일 겁니다. 아이들을 그냥 밖에 나가 놀게 하라는 거지요." 쉬탈 파리크 박사가 『신시내티 인콰이어러』에서 한 말이다. "너무 어린 나이의 아이들에게 단체 운동을 시킬 필요는 없어요."

또 다른 의사 역시 이와 동일한 우려를 표명한다.

> 많은 아이가 과도한 운동으로 부상을 입고 있어요. 나는 엘보 증상*이 있는 리틀 리그 아이들을 치료하고 있어요. 아동 카시트 없이 자

기 아이를 자동차에 태우려는 부모는 없을 겁니다. 그러면서 팔꿈치 나 어깨 부상을 입은 아이들에게는 계속 공을 던지게 하고 있어요.
_앤드루 와이스, 의학박사, 정형외과 의사

아직 신체적인 부상밖에 이야기하지 않았다. 아이들의 마음은 또 얼마나 지치고 상처받았을지 생각해보라.

나는 일전에 한 농구 시합에서 여덟 살짜리 선수들이 4쿼터까지 12득점을 뒤지자 더할 나위 없이 다정했던 아빠 지킬이 코치 하이드로 변신하는 것을 본 적이 있다.

"너희들 **승자**가 되고 싶어, 아니면 **패배자**가 되고 싶어?" 아빠가 소리쳤다. "지금 너희들은 패배자의 모습이야!"

아들의 참담한 표정에 아빠가 자신도 모르게 아들에게 준 고통이 그대로 나타났다. 이런 언어는 상처를 입힌다. 코치는 아이들의 자신감을 북돋우고 길러주는 대신 **이번** 시합에 이기지 못하면 인생의 패배자가 되는 거라고 말하고 있었다. 겨우 여덟 살밖에 안 된 아이들에게!

또 다른 시합이 끝난 뒤 나는 한 아빠가 아들보다 4, 5미터쯤 앞서 걸어가면서 시합을 어떻게 했어야 하는지 이야기하며 아들을 꾸짖는 것을 보았다. 아이는 '시합을 잘하지 못하면 아빠가 더 이상 날 사랑하지 않을 거야'라는 훨씬 해로운 메시지를 마음에 담았을

* 어린 선수가 야구공을 계속 힘차게 던졌을 때 투구하는 팔의 힘줄이 당겨 팔꿈치에 심한 고통이 따르는 부상을 말한다.

것이다. 이 아빠가 아들과 나란히 걸으며 시합에 대한 소감을 물었다면 훨씬 좋았을 것이다. 가능성이 희박한 운동선수로 만들기 위해 아이들을 훈련시키는 일은 그만두어야 한다. 당신이 마음속에 그리는 스타 선수가 아니라 아이들에게 가능한 미래의 모습에 투자하라.

우리 아이들, 심지어 다른 사람의 아이들에게까지 과중한 메시지가 전달되고 있다. 한 농구 시합에서 내 옆자리에 앉은 한 엄마는 상대 팀이 트래블링이나 다른 반칙을 범해 공을 빼앗기면 큰 소리로 환호성을 질렀다. 그다음은 더 꼴불견이었다. 긴장한 열 살의 상대 팀 선수가 자유투 라인 가까이 다가가자 체육관 안은 조용해졌는데, 이 엄마가 침묵을 깨고 소리치기 시작했다. "**실패해! 실패해!**"

우리는 여기서 어떤 스포츠 정신을 보여주고 있는가? 이봐요, 모든 사람은 이기는 걸 좋아해요, 신나잖아요! 경쟁은 열심히 노력하고 실력을 향상하고 싶은 욕구를 불러일으킨다. 하지만 이제껏 우리는 경쟁이 곧 **이겨야 한다**는 명령이라고 혼동했다. 이는 아이와 부모의 행동에 끔찍한 영향을 미쳤다. 나는 자기 아이들의 축구 경기를 놓고 서로 옥신각신하는 아빠들을 목격한 일이 있다. 또한 심판을 비난하다 경기장에서 쫓겨나는 부모들도 본 적이 있다. 부모들의 잘못된 행동 때문에 아이들의 기쁨이 슬픔으로 바뀌는 일도 너무 많이 보았다.

균형 있는 관점을 갖자. 이 아이들이 어느 날 정신과 상담 의자에 앉아 과거를 회상할 때 무엇을 떠올릴 것이라고 생각하는가? 어느 경기의 점수를 떠올릴까, 아니면 아빠가 싸움을 벌이던 모습을

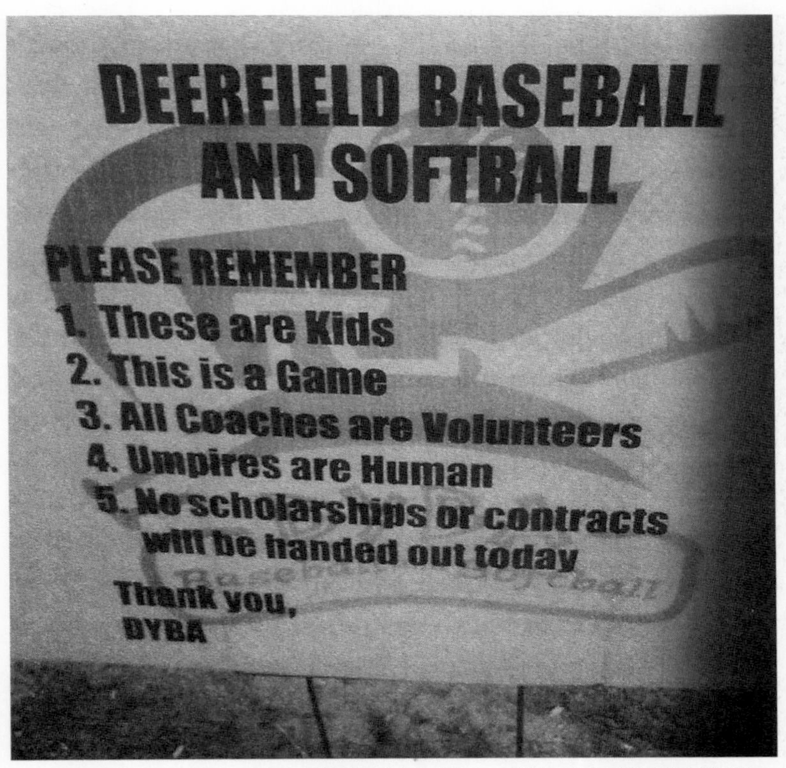

"명심해주세요. 1. 아이들입니다. 2. 이것은 경기입니다. 3. 코치는 모두 자원봉사자입니다. 4. 심판은 사람입니다. 5. 오늘 장학금 수여자를 선정하거나 계약을 맺는 것이 아닙니다. 감사합니다. 디어필드청소년야구및소프트볼협회." 일리노이 디어필드청소년야구장에 걸려 있는 게시판.

떠올릴까? 아이들에게 필요한 부모는 아이들의 격한 감정에 불을 붙이는 부모가 아니라 균형을 잡아주는 부모다.

> 우리는 관중석에 앉아 미친 듯이 화를 내는 모습을 보여주고 있어요.
>
> _두 아이의 아빠

경기장 뒤편이라고 해서 더 나은 행동을 하는 것도 아니다. 캘리포니아에 사는 한 아빠는 여덟 살 아들의 플래그풋볼 팀을 정하기 위해 드래프트 현장에 갔다. 그는 선수 선발을 놓고 격렬한 논쟁이 벌어지는 가운데 아이들의 실력이 어느 정도인지 다른 코치들이 알지 못하도록 아빠들이 자기 아이를 바깥에 앉혀놓거나 아이들에게 테스트 조작을 지시하는 광경을 보고 큰 충격을 받았다. “내 눈을 믿을 수가 없었어요.” 그가 내게 말했다. “부모들이 여덟 살짜리 아이들을 뽑는 드래프트에서 부정 행위를 저지르고 있었던 거예요!”

부모가 기꺼이 속임수까지 쓸 정도로 아이의 승리 실적에 많은 것을 쏟아붓는 것과 아이들의 삶에 관여하는 것은 엄연히 다르다. 우리가 정작 책임져야 할 아이들의 도덕 발달을 우리가 훼손시키고 있다! 속임수는 어쨌든 진정한 승리가 아니다. 선심 쓰기 식으로 주는 트로피가 자존감을 높여주지 않듯, 속임수로 얻은 승리도 자존감을 높여주지 않는다. 열심히 노력해 진정으로 승리를 얻을 때 아이는 성취감을 느낄 수 있으며, 장차 어려운 과제를 앞두었을 때 이런 성취감이 버팀대가 된다. 송별 선물로 트로피를 건네거나 부모가 속임수로 승리를 얻어주는 것은 아이를 속여 승리의 만족감을 빼앗는 것이다. 앞서도 말했듯이 자존감은 숙달된 능력에서, 즉 자신의 유능한 실력을 느끼는 데서 일정 부분 생긴다. 이것이 진정한 상이다.

하지만 우리의 자아가 방해가 되고 있다. 아이는 우리를 닮은 반짝이는 대상이 아니라 자기만의 이야기를 가진 존재이다. 우리가 아이들에게 우리 자신을 투영하는 일에 사로잡혀 있다면 아이가 자기만의 이야기를 펼치도록 도와줄 수 없다.

> 부모들은 아이를 통해 대리 만족을 느끼는 삶을 사느라 바빠 옳은 판단을 하지 못해요.
>
> _세 아이의 아빠

> 우리 자신의 어린 시절을 다시 살려내고 싶은 거죠. 이것이 진정 우리 아이에 대한 것일까요, 아니면 우리 자신의 문제일까요?
>
> _카라 내터슨, 의학박사, 소아과 의사이자 작가

다시 명품 자녀 문제로 돌아가자. 우리는 완벽한 성적과 승리 전적을 설계해 대학 장학금을 받으려고 애쓰고 있다. 그럴 가능성이 없다고 걱정하지 말자. 우리 아이 그리고 부모인 우리가 그 과정에서 잃어버린 온갖 좋은 것에 대해서도 걱정하지 말자. 이것이 정신 건강을 돕는 방법이 아니라는 점도 신경 쓰지 말자.

한 아빠는 아들이 속한 팀이 경기에서 지자 눈에 띌 정도로 흥분했다. "아들 때문에 너무 화가 나요." 그가 내게 말했다. "아들은 지는 걸 정말 싫어하거든요."

나는 열 살짜리 아들을 흘긋 쳐다보았다. 아이는 친구와 웃고 떠들면서 즐겁게 놀고 있었다. 패배를 걱정하는 것이 정작 누구인지 분명히 하자. 우리가 세워놓은 계획의 렌즈를 통해 우리 아이들을 바라보는 것은 이제 그만두어야 한다.

사랑은 상대를 바라보고 이해하고 받아들이는 것임을 기억하자. 이 아빠가 앞으로도 계속 자신의 감정을 아이에게 투사한다면 아들의 경험과 관점을 제대로 보지 못하고 놓쳐버릴 것이다. 그러면 관계를 쌓아가고자 하는 지점에 장벽이 쌓일 것이다. 또한 성과를 사랑으로 연결시키면 아이들은 그 사랑이 조건적인 것이라고 느끼게 된다. 아이들은 일찌감치 이런 메시지를 알아차린다.

사랑받고 있다고 느끼는 때가 언제인지 묻는 질문에 한 1학년 학생은 이렇게 대답했다. "엄마가 내게 입을 맞추고 안아줄 때요. 그리고 우리 아빠는요? 내가 시합에서 이겼을 때요."

여섯 살의 나이에 사랑을 얻기 위해 이겨야 한다면 어떤 기분일지 상상해보라.

무조건적인 사랑이야말로 아이에게 진정한 자신감과 자존감을 심어준다. 아이는 임의의 어떤 기준을 충족했기 때문이 아니라 자기 모습 그대로 사랑받는다고 믿게 된다. 부모를 기쁘게 하기 위해 성과를 내어야 한다면 진정한 자아의 한 부분을 억눌러야 한다. 이는 부모 자식 관계를 훼손하고 아이의 정체성을 손상시킨다.

> 3학년 졸업반 때 내 마음속에 물음표가 떠오르기 시작했어요. '내가 정말 배구를 좋아하기는 하는 걸까? 좋아한 적은 있었던가? 아니면 그저 아빠를 행복하게 해주기 위한 것이었을까? 아빠가 들인 그 모든 시간을 보람 있게 해야 한다는 죄의식을 느끼며 대학 가서도 계속 배구를 해야 하는 걸까?'
>
> _고등학교 때 운동선수였던 여자

그녀의 부모가 단계별 계획표를 접고 딸이 처한 상황을 직시했다면 딸이 얼마나 덜 힘들었을지 상상해보라.

> 훌륭한 부모는 정말 존경스러워요. 아이의 일에 관심을 갖지만 끼어들어 강요하지는 않지요. 아이의 홍미가 다른 것으로 옮겨가면 같이 옮겨가요.
>
> _조시 앤더슨, 캔자스 주 올해의 교사

한 엄마는 일곱 살짜리 아들의 생각을 알고 나서 깨달음의 순간을 맞았다.

> 아들을 시합에 데려가기 위해 차에 태우고 도시 여기저기를 다녔어요. 어느 날 다른 엄마들과 수다를 떠는 대신 집중해서 아들이 경기하는 모습을 지켜보다가 깨달았어요. 아들이 경기를 즐기는 것처럼 보이지 않는다는 것을요. 그래서 집으로 돌아오는 길에 아들에게 농구를 좋아하는지 물었어요. 아들이 말했어요. "정말 좋아해요, 엄마. 하지만 내가 공을 잡았을 때는 농구가 싫어요. 공 문제만 빼면 농구가 좋아요." 나는 웃으며 생각했지요. '다음 시즌에는 등록하지 말아야지.'
>
> _세인트루이스에 사는 두 아이의 엄마

부모는 아이가 운동을 하면 스스로에 대해 기분 좋게 느끼고, 경쟁 상황을 잘 헤쳐나가는 가르침을 얻을 것이라고 생각한다. 하지만 운동에 홍미가 없다면 아이는 자신이 하는 일을 기분 좋게 느끼지 못할 것이다. 만약 당신이 아이가 해야 한다고 여기는 것을 제쳐놓고 마음으로 아이를 연구한다면 **아이**가 어떤 사람인지, **아이**가 무엇을 좋아하는지 알 수 있을 것이다.

나 역시 내 아이들이 일찍부터 운동을 하면 훌륭한 선수가 될 것이라는 사고의 덫에 빠져 폴이 네 살 때 축구 교실에 보냈어요. 폴의 첫 경기 때 몹시 설렜는데, 폴이 공을 차는 대신 나비를 쫓아다니는 것을 보았죠. 나는 소리를 질렀어요. "시합을 해야지, 폴!" 나는 무슨 짓을 하고 있었던 걸까요? 폴은 기저귀를 뗀 지 1년밖에 안 되었어요! 나비를 쫓아다녀야 했던 게 아닐까요?

_필라델피아에 사는 엄마

깨달음이 찾아오는 순간은 매우 놀랍다. 하지만 이 깨달음의 전등에 불이 켜지려면 도움이 필요한 부모들도 있다. 우리가 주의를 기울인다면 종종 아이들이 길을 비춰주기도 한다.

나는 자녀에게 지나치게 관심을 쏟는 한 아빠가 관중석 위쪽에서 열두 살 된 아들 제프리가 플레이를 할 때마다 큰 소리로 지시를 내리는 것을 본 적이 있다. "뭐 **하고** 있는 거니? 공을 패스해야지! 슛! 아니, 그렇게 하면 안 되지!" 그러더니 낙담하여 두 손으로 머리를 감싸쥐었다. 그가 쏟아내는 부정적인 말들 때문에 나는 정신이 사나워 경기에 집중하기가 힘들었다. 제프리가 어떻게 경기에 집중할 수 있을지 의문이었다. 아마 집중하지 못했을 것이다.

제프리가 타임아웃을 외치더니 관중석으로 걸어와 아빠에게 말했다. "그만하실 수 없어요, 아빠? 아빠 때문에 당황스러워요. 이건 NBA가 아니에요. 열두 살 애들이 하는 농구 경기라고요."

잘했어, 얘야.

또 다른 아빠 크레이그는 자신이 어릴 때 테니스 레슨을 한 번도 받지 못한 게 후회되어 딸은 그러지 않기를 바랐다. 그래서 켈리를 공원으로 데리고 가서 테니스를 가르치기로 했다. 주말마다 나가서 공을 친 지 한 달이 지나자 여섯 살의 켈리가 물었다. "아빠, 왜 제게 테니스를 하라는 거예요?"

켈리가 공으로 아빠의 머리를 쳤더라면 더 좋았을 것이다. 크레이그는 테니스는 딸이 원하는 것이 아니라 충족되지 못한 자신의 욕구와 관련이 있었다는 것을 얼른 깨달았다. 그는 공을 던져버렸다. "넌 공원에서 뭘 하고 싶니?" 그가 물었다. 켈리의 얼굴이 환해졌다. "술래잡기 어때요?"

만약 우리가 성장하는 자신을 받아들인다면 아이들이 우리가 어디로 가야 할지 이끌어주기도 한다. 훌륭한 코치는 늘 도움이 된다.

예전에 대학 운동선수였던 트레이시는 학부모들의 끊이지 않는 간섭 속에서 여자아이들에게 축구를 가르치느라 점점 지쳐갔다. 관중석에서 지시하지 말아달라고 여러 차례 호소했음에도 아무 소용이 없자 그녀는 강도 높은 조치를 취했다. 토요일 아침 훈련을 소집했고, 부모들도 운동복과 운동화 차림으로 오라고 한 것이다. 그러고는 아이들을 관중석에 앉힌 뒤 부모들에게 경기를 하라고 했다. 그리고 아이들에게는 그 경기를 보면서 부모들이 보여주었던 것과 똑같은 행동을 하라고 지시했다. 부모들이 경기를 시작하자

아이들이 소리를 지르기 시작했다. "공을 차세요! 뛰세요! 얼른요! 거기로 들어가세요! 발을 움직이세요! 지금 뭐 **하시는** 거예요?"

아이들은 매우 즐거운 한때를 보냈다. 아이들에게는 속이 후련한 시간이었고, 부모들에게는 정신이 번쩍 드는 시간이었다. 그리고 트레이시에게는 고마운 시간이었다. "다음 경기 때 한번 와보시면 부모들이 소리를 지르려다가 갑자기 멈추고, 심지어 웃기도 하는 모습을 보실 수 있을 거예요. 부모들이 이해한 거죠!" 부모들은 아이들이 줄곧 알고 있던 것을 이해한 것이다. 그것은 부모들의 경기가 아니었다. 결코 그들이 치르는 경기가 아니었다. 그 시절은 지나갔다. 이제 부모는 뒤로 물러나 아이들이 그들의 경험을 하고, 운동에 대한 그들의 열정을 발견하도록 놔두어야 한다.

> 부모는 경기가 숨을 쉴 수 있게 해주어야 해요. 오늘날 아이들은 과도하게 지도를 받고 있어서 타고난 본능을 잃어버렸어요. 가르치는 사람이 아무도 없을 때 아이들은 가장 잘 배워요. 부모가 아이들의 운동 체험에 너무 밀착되어 있어요. 요즘 아이들이 많이 달라진 게 아니에요. 부모들이 달라진 거죠.
>
> _수 엔퀴스트

요즘 부모는 말콤 글래드웰의 '아웃라이어'를 너무 문자 그대로 받아들이는 것처럼 보인다. 글래드웰의 책에서는 어떤 일이든 성공의 열쇠는 1만 시간의 실행이라고 말한다. 이 이야기가 유효하더라도 균형 잡힌 아동기를 위한 처방은 아니다. 혹은 균형 잡힌 뇌

여덟 살 아이의 실제 야구 계획표

날짜	요일	유형	시작 시간	종료 시간	운동장
6월 7일	목요일	훈련	오후 6:00	오후 8:15	B운동장
6월 8일	금요일	훈련	오후 3:30	오후 5:45	A운동장
6월 9일	토요일	훈련	오전 11:00	오후 1:00	A운동장
6월 10일	일요일	훈련	오후 4:00	오후 6:15	B운동장
6월 11일	월요일	훈련	오후 6:00	오후 8:15	B운동장
6월 13일	수요일	몸 풀기	오후 4:45	오후 5:30	A운동장 실내 연습장
6월 13일	수요일	시합	오후 6:00	오후 8:30	A운동장
6월 14일	목요일	훈련	오후 6:00	오후 8:15	B운동장
6월 15일	금요일	시합	오후 6:30	오후 8:30	A운동장
6월 16일	토요일	훈련	오전 11:00	오후 1:00	A운동장
6월 17일	일요일	훈련	오후 6:00	오후 8:15	A운동장
6월 18일	월요일	훈련	오후 6:00	오후 8:15	B운동장
6월 20일	수요일	훈련	오후 6:00	오후 8:15	B운동장
6월 21일	목요일	시합	오후 6:30	오후 8:30	A운동장
6월 22일	금요일	훈련	오후 6:00	오후 8:15	B운동장

를 위한 것은 아니다. 연구에 따르면 이미 익숙하게 잘하는 것을 계속 실행할 때 뇌는 그 부위가 지나치게 발달해 한쪽으로 치우치게 된다. 잘하지 못하는 것을 할 때 뇌의 덜 발달된 부위가 자연스럽게 강화된다. 이런 이유 때문에 아이들은 다양한 활동과 주제를 전반적으로 맛보아야 한다.

오리건의 한 아빠는 글래드웰의 책을 덮었다.

난 운동을 좋아해요. 대학 때 운동선수로 뛰었죠. 하지만 아홉 살짜리 내 아이의 야구 계획표를 보았을 때 웃기다는 느낌이 들었어요. 내 아들에게서 운동 경기에 대한 사랑을 빼앗고 싶지 않았어요. 그래서 이듬해 봄 우리는 단체 운동에 등록하지 않았지요.
나는 시간을 내어 아들을 지도할 생각이었지만 마음을 바꾸어 아들과 아이의 친한 친구들을 데리고 공원에 갔어요. 나는 공과 배트, 미식축구 공과 축구공을 가져온 뒤 벤치에 앉아 아이들이 노는 것을 바라보았지요. 자주는 아니었지만 아이들이 도움을 청할 때는 끼어들고요. 요즘의 기준으로 볼 때 내 아이가 '뒤처지고 있다'는 생각과 씨름했어요. 1만 시간의 실행을 빼앗았지만 대신 아이답게 지낼 수 있는 1만 시간을 돌려주고 있다고 믿었어요. 마음속으로 내가 옳은 일을 하고 있다고 믿었어요.

_로저, 아빠

품성

아이들이 학업이나 운동, 경제적 성취만이 아니라 친절, 사려 깊은 생각, 사람을 보살피는 마음으로 칭찬받는 날이 오기를 꿈꾼다. 내게는 이런 세상이야말로 진정으로 꿈꿀 가치가 있는 세상이다.

_스티븐 카 루벤 박사, 『품성 좋은 아이Children of Character』

당신이 그려야 할 큰 그림이 있다. 친절, 연민 그리고 품성은 훌륭한 삶을 살기 위한 열쇠이다. 이러한 자질은 어떤 경기의 승리보다, A학점보다 가치 있다. 그리고 부모가 가장 많은 영향을 미칠 수 있는 두 가지가 관계와 품성이다. 트로피는 딸 수도 있고 놓칠 수도 있다. 학점은 오르기도 하고 떨어지기도 한다. 하지만 관계와 품성은 아이가 평생 지니고 살아간다.

그렇다면 어떻게 품성을 길러줄 것인가. 아이가 지닌 품성을 강화함으로써 가능하다. 좋은 품성이 드러나는 순간을 보면 이에 관해 이야기하라. 당신 아이가 친절을 베풀고 옳은 일을 할 때 높이 평가해주고 칭찬해줘라. 그 같은 일을 한 사람에 대해 좋게 말하라. 무엇보다도 당신 스스로 훌륭한 윤리적 선택으로 모범을 보여라. 품성은 어떤 일에 대해 칭찬을 듣기 위한 것이 아님을 아이들이 알게 해야 한다. 품성은 지켜보는 사람이 없을 때도 옳은 일을 하는 것이다. 그럴 때 진정으로 자기 자신에 대해 좋게 느끼며 온전해진 느낌을 갖는다. 이는 자존감에서 매우 큰 부분을 차지한다.

한 소년과 그의 친구가 초등학교 1마일 경주에서 1등을 차지하기 위해 경쟁하고 있었다. 우승자는 체육관 벽에 이름이 걸릴 것이다. 조와 잭은 치열한 접전을 벌이며 마지막 한 바퀴를 돌고 있었다. 그때 조가 발이 걸려 넘어졌고, 잭이 가장 먼저 결승선을 통과할 가능성이 높아졌다. 하지만 잭은 달리기를 멈추고 친구가 일어나도록 도와주었다. 그러면 1등 자리를 놓친다는 것을 알면서도 그렇게 한 것이다. 결국 다른 아이들이 이들을 앞질러 우승은 다른 아이가 했다. 하지만 잭은 그보다 훨씬 큰 상을 얻었다. 자신이 따뜻하고 연민을 가진 친구임을 입증해 보인 것이다. 이것이야말로 승리다.

윤리를 실천하는 것도 마찬가지다. 한 아버지 코치가 꼼수를 쓸 기회를 얻었다. "드래프트에 정말 강력한 세 명의 라크로스 선수 이름이 올라 있는 것을 알았어요. 하지만 우리는 애초 두 명만 데려갈 생각이었죠." 다른 많은 아버지들 같았으면 팀을 보강하기 위해 나머지 한 명도 데려갔을 것이다. 하지만 이 아버지는 그러지 않았다. 한 선수는 포기했다. 팀을 진정한 승리로 이끄는 행동이었다.

또 다른 한 아빠는 아들에게 겸손과 연민을 가르치기 위해 경기 도중 아들을 불러들였다. 여덟 살인 칼은 축구 경기에서 전반전 15분 만에 네 골이나 기록했다. 시즌 내내 한 경기도 이기지 못한 상대 팀은 이미 패배의 분위기가 역력했다. 코치를 맡고 있던 칼의 아빠는 칼을 벤치로 불러들였다. 칼은 다시 경기를 뛰게 해달라고 울며 매달렸다. 칼의 아빠는 참을성 있게 받아주었지만 애초 정한 방침을 그대로 밀고 나갔다. "네가 뛰고 싶어하는 거 알아, 칼. 하지만 저 아이들은 한 골도 넣지 못했잖아. 넌 네 골을 넣었는데. 저 아이들에게도 기회를 줘. 옳은 일을 하는 것이 때로는 기분 좋지 않을 때도 있어. 하지만 그래도 옳은 일이잖아."

옳은 일을 하는 것은 큰 가치를 지닌다. 6학년을 맡은 한 교사는 학생들이 부정 행위를 했다는 사실에 실망하고는 그들이 도덕적인 선택을 하는 데 도움을 주고자 했다. 그녀는 교사의 채점 실수로 학생이 점수에 이익을 보았을 때, 성적이 떨어질 것을 알면서도 이 실수를 지적하면 학급 전체에 포상할 것이라고 말했다. 이후 자진해서 채점 실수를 알려주는 일이 늘었으며 부정 행위도 줄었다. 이로써 아이들은 피자 파티도 열었을 뿐 아니라 무엇보다도 정직의 중요성을 배웠다.

> 품성character이라는 단어는 옛 프랑스어인 caractere*에서 왔으며 이 말은 영혼에 새겨진 각인을 의미해요.
>
> _마이클 버나드 벡위드, 영적 지도자이자 작가

당신은 아이의 영혼에 무엇을 새기고 싶은가? 부모는 아이의 미래를 생각할 때 그들이 정말 좋은 사람이 되기를 꿈꾼다. 아이에게 품성을 가르쳐라. 이것이야말로 당신이 관심을 쏟아부을 만한 최고의 대상이다. 아이에게 윤리적 선택을 이야기해주고, 당신이 진정 무엇을 높이 평가하는지 말해줘라. 훌륭한 선택은 또 다른 훌륭한 선택으로 이어진다는 것을 아이에게 가르쳐라. 아이에게 윤리적 기준, 영혼의 나침반을 줘라. 아이의 자아 형성에 품성이 깊이 배어들도록 하라.

텍사스 주 고등학교 농구 시즌의 마지막 시합이 열리고 있었다. 코치는 점수 차가 어떻게 되든 마지막 몇 분 동안은 주장 미첼을 출전시키기로 했는데, 미첼은 농구를 무척 좋아하지만 발달 장애를 지닌 아이였다. 팀원들이 미첼에게 공을 던져주었지만 그는 번번이 골을 넣지 못했다. 경기 종료 10초 전, 미첼이 던진 공이 라

* '기질'이라는 뜻을 가지고 있다.

인 밖으로 나갔고, 이제 상대 팀 선수인 조너선은 이 공을 팀원에게 패스해야 했다.

하지만 미첼에게 눈길이 간 조너선은 그에게 공을 패스했고, 마침내 미첼은 득점을 기록했다. 관중은 열광했다. 미첼의 득점이 관중에게 짜릿한 감동을 안겨주었던 것이다. 하지만 조너선의 행동 역시 그에 못지않게 감동적이었다. 그가 보여준 따뜻한 마음과 연민이 관중을 사로잡았고, 이후 이 장면을 담은 영상이 사람들 사이에 퍼지면서 전국의 사람들을 감동시켰다. 한 CBS 기자가 공을 미첼에게 던진 이유가 무엇인지 조너선에게 물었다. "내가 대접받고 싶은 대로 다른 사람을 대접하라고 배우며 자랐거든요." 그가 대답했다. 이처럼 단순한 것이다. 또한 이처럼 대단한 것이다.

기자는 이 일의 중요성과 삶의 교훈을 정확하게 포착했다. "그것은 경기를 승리로 이끈 슛이 아니었습니다. (…) 하지만 조너선의 어시스트와 미첼의 골로 시합의 성과는 결정적으로 달라졌습니다. 모든 시합은 이런 스포츠 정신으로 이루어져야 합니다. 양 팀 모두 이기는 것이죠."

정신과 의사의 메모

명품 자녀

1. 자녀 교육은 프로젝트가 아니라 관계의 문제다. 우리는 잘못된 방향으로 너무 많은 시간을 쏟고 있다.
2. 균형 있는 관점을 가져라. 우리의 목표는 따뜻하고 도덕적인 아이를 기르는 데 있다. 행복은 궁극적으로 사람들과 맺는 관계에서 생긴다.
3. 근시안적으로 '성공'에 초점을 맞춘 결과 우리 아이들이 진정 어떤 사람인지 보지 못해 아이들과의 관계를 망치고 있다.
4. 자존감이 경기의 승리와 완벽한 학점을 통해 길러진다는 생각을 버려라. 외적인 스펙을 쌓는 데 연연하지 마라. 명품 자녀 같은 것은 없다.
5. 아이에게 필요한 것은 사랑이지 간섭이나 참견, 치밀한 관리가 아니다. 우리는 균형 감각을 보여주어야 하며 불안감을 조장해서는 안 된다.
6. 당신의 불안을 없애는 것이 낱말 카드나 태교 음악보다 훨씬 많은 이점을 가져다준다.
7. 아이들을 너무 심하게 압박한 결과 아이들이 자극제에 의존해 공부하고 있다. 우리는 너무 많이 나갔다. 자극제는 주의력결핍과잉행동장애를 치료하기 위한 약이지 학업을 돕는 약이 아니다.
8. 성과에 집착하면 사랑에 조건이 붙는다고 느낀다. 아이로 하여금 경기 점수가 어떻든, 어떤 대학에 입학하든 관계없이 당신이 자신을 사랑할 것이라고 믿게 해야 한다.

9. 관중석에서 아이들의 경기를 볼 때는 응원을 하라. 절대 질책하거나 코치를 해서는 안 된다.
10. 훌륭한 행동으로 모범을 보이고, 이런 행동을 높이 평가하라. 훌륭한 사람이 되는 것이 다른 무엇보다 중요한 성취가 되도록 해야 한다.

제7장

미디어 사용을 줄여라

시간을 절약해 삶을 확장해주는 기기에 열광하던 우리는 겨우 한 세대도 지나지 않아 이제 그런 기기를 멀리 하려고 애쓰고 있다. 그것은 보다 많은 시간을 확보하기 위해서이다. 우리가 접속해야 하는 것들이 많아질수록 필사적으로 그 연결선을 끊으려는 사람들이 점점 늘고 있다.

_피코 아이어, 작가

시카고에 위치한 한 대학의 교수인 리타는 문자 메시지와 이메일이 시도 때도 없이 오가는 강의실에서 학생들의 주목을 집중시키면서 강의하느라 정신없이 한 학기를 보낸 뒤 작은 평화를 찾고자 불교 수행을 떠났다. 사람들은 호흡법을 배우고 불경을 외우고 명상을 했다. 특별히 깊은 명상에 잠겨 있던 리타가 살며시 눈을 떴다. 그녀의 시선이 천천히 어린 수도승에게로 향했다. 오렌지색 승복을 입은 네 살짜리 아이가 빡빡 깎은 머리를 숙인 채 햇빛 속에 앉아 있었다. 리타는 어린아이가 그토록 열심히 기도하는 모습을 보고 놀랐다. 하지만 아이는 기도를 하고 있는 것이 아니었다. 아이는 게임보이를 하고 있었다.

테크놀로지는 도처에 퍼져 있으며, 지금까지 우리에게 많은 혜택을 가져다주었다. 예전에는 상상도 할 수 없었을 만큼 빠르고 효율적으로 전 세계 사람들을 연결했으며 교육, 의료, 기업, 예술에서 놀라운 발전을 이룩했다.

하지만 발전의 이면에는 어두운 그늘도 있다. 우리가 부모로서 해야 하는 일의 하나는 아이들의 삶에 어떤 테크놀로지를 들여놓았는지 깊이 생각해보는 것이다.

새로운 기기와 앱들이 빠른 속도로 잇달아 생활 속으로 유입되는 현실에서 이는 매우 힘든 일이다. 우리는 새로운 전자 기기나 앱, 소셜 미디어가 어떤 영향을 미칠지 깊이 생각하지 않은 채 우리 삶에 들여와 사용하고 있다. 하지만 전자 기기는 애초 도구여야 하며 그 자체가 생활 방식이 되어서는 안 된다. 부모들은 미디어와 전자 기기가 아이들의 삶의 풍경을 어떻게 바꾸고 있는지 깊이 생각할 시간을 가져야 한다.

10년 터울의 자녀를 둔 한 엄마는 지난 10년간 일어난 변화를 몸으로 느끼고 있다. "예전에는 마리오 카트 게임을 하는 문제로 큰애와 다투곤 했어요. 그때는 집 안에서만 싸우면 되었죠. 하지만 아이폰에 게임이 생기자 작은애들과의 싸움은 그 끝을 알 수 없게 되었어요."

미디어가 어디에나 널려 있다. 『내셔널지오그래픽 키즈』에 따르면 1년 동안 팔린 아이폰과 아이패드를 한 줄로 늘어놓으면 지구

반 바퀴 길이라고 한다.

또한 전자 기기의 휴대성도 자녀 교육에 커다란 변화를 몰고 왔다. 예전에는 안테나와 전원선이 달려 있는 바위덩어리 크기의 텔레비전을 저녁 식사 자리까지는 가져올 수 없었다. 물론 벽에 부착된 전화기도 가져올 수 없었다. 하지만 이제 스마트폰과 태블릿이 생기면서 어디를 가든 다들 이 기기에 넋이 빠져 있는 것처럼 보이다. 심지어는 유아를 화장실로 데려가야 하는 고충을 덜기 위해 아기가 게임을 하면서 배변할 수 있게 해주는 아이패드 달린 배변기 아이포티까지 등장했다. 이제 애플사가 만든 변기에서 용변을 보아야 하는 것인가?

이러한 전자 기기의 행렬이 전속력으로 질주하고 있다. 우리는 《젯슨 가족》* 같은 삶을 살면서 이것이 아이들의 삶의 질에 어떤 영향을 미칠지 고려하지 않고 있다. 그러는 사이 점점 많은 부모가 아이나 뇌 발달에 미치는 영향을 알지 못한 채 아이들에게 스마트폰의 앱 사용을 허용하고 있다. 이를 해롭지 않다고 여기는 이들이 너무도 많으며, 아이들이 경쟁적인 전자 방식의 세상에서 뒤처질까 두려운 마음에 아이들의 미디어 이용을 합리화하고 있다.

하지만 아이들은 빛의 속도로 컴퓨터 사용 기술을 따라잡을 수 있다. 반면 다른 인간과의 상호작용을 통해서만 개발될 수 있는 정서적, 사회적 능력은 따라잡기가 훨씬 힘들다. 이 나이에는 모래 놀이통에서 공동 장난감을 어떻게 함께 사용할지 협상하는 법을 배우

* 1960년대 나왔던 미국의 공상 과학 애니메이션.

는 것이 좀비로부터 가상의 정원을 지켜내는 법을 배우는 것보다 훨씬 더 중요하다.

자녀 교육을 할 것인가, 적당히 달래줄 것인가

나는 우체국에 갔다가 엄마를 따라온 활달한 세 살짜리 여자아이를 보았다. 이 아이는 우체국이 어떻게 운영되는지 알고 싶은 마음에 엄마에게 질문을 하기 시작했다. 엄마는 몇 번인가 대답을 해주고는 다시 소포에 주소를 쓰기 시작했다. 이후에도 딸의 질문은 계속 이어졌다. 엄마는 점점 짜증을 내더니 결국 아이에게 쏘아붙였다. 여자아이가 울기 시작했다. 엄마는 딸에게 위로와 사과 대신 휴대폰을 꺼내 건네고는 말했다. "자, 앵그리버드 하고 놀아." 아이는 즉시 조용해졌다.

나는 어린 딸이 헤쳐나가야 하는 감정을 무시한 채 게임을 이용해 딸을 진정시키려는 엄마의 반사적인 반응에 놀랐다. 게다가 이 방법이 효과가 있다는 데 더 큰 당혹함을 느꼈다.

우리가 부모로서 해야 하는 가장 큰 역할의 하나가 감정 코치이다. 이 여자아이는 알고 싶은 것이 많았지만 엄마가 관심을 보이지 않자 낙담했다.

엄마는 인내심의 모범을 보이고 딸에게 만족을 지연시키는 법을 가르칠 기회가 있었다. 하지만 그냥 적당히 달래주었다. 딸이 울었을 때 엄마는 다시 관심을 보이며 딸이 자기감정을 이해하도록 도와줄 기회를 놓쳤다. 대신 딸의 감정을 마비시켰다. 그리고 이 방법은 효과가 있었다. 마치 딸의 눈앞에서 마술 지팡이를 휘두른 것처럼 게임이 꼬마 소녀에게 최면을 걸었다. 딸은 버릇 나쁜 새를 녹색 돼지에게 던지는 화면에 완전히 빠져들었다.

엄마의 역할이 필요한 순간에 게임을 이용하는 행동이 낳는 영향력은 실로 엄청나다. 나는 환자들이 과도한 노동이나 술, 음식 등으로 애써 무시하거나 잠재웠던 감정을 되살리도록 돕는 데 많은 시간을 쓰고 있다. 이러한 습관은 깨기 힘들다. 아이가 자기감정을 이해하고 다룰 수 있게 가르치는 대신 '편리한' 전자오락으로 감정을 마비시키면 이다음에 성인이 되었을 때도 이와 동일한 충동을 따르는 습관이 생긴다. 간청하건대 손쉬운 방법을 멀리하고 이러한 순간을 잘 헤쳐나가길 바란다.

어떤 전자 기기도 인간의 상호작용을 대신할 수는 없다. 전자 기기는 정서적 능력을 길러주지 못하지만 다른 사람들과 소통하는 동안에는 이런 능력이 길러진다. 우리 뇌는 구조적으로 유대 관계를 맺도록 만들어졌다. 명심하라, 당신은 뇌의 회복 능력을 키우고 정신 건강을 기르기 위해 애쓰고 있다. 하지만 우리는 늘 갖고 다니는 스마트폰을 반사작용처럼 자녀 교육의 지지대로 사용하는 것을 알아차리지 못하고 있다. 나는 어쩌다가 한 번씩 전자 기기를 베이비시터로 활용하는 것에 관해 말하는 것이 아니다. 휴식이 필요할 때 많은 부모가 전자 기기에 의존하고 있다. 비행기에 탑재되어 있는 태블릿은 구세주나 다름없다. 부모와 아이의 애착 관계를 전문적으로 다루는 훌륭한 치료사들조차 내게 이렇게 말했다. "어린아이가 두 명 있는데, 저녁 식사를 준비하는 동안 텔레비전을 켜놓아요. 하지만 이런 것은 엄마 역할이 필요할 때 대신 테크놀로지를 이용하는 것과는 다른 거예요."

나는 타깃* 매장에 갔다가 엄마와 함께 온 여자아이를 만났다. 20개월쯤 되어 보이는 딸이 카트에서 짜증을 내고 있었다. 엄마는 아이를 달래기 위해 휴대폰을 쥐여주었다. 잠시 효과가 있었지만 딸은 휴대폰으로 게임을 하는 데 서툴렀다. 아이는 휴대폰을 계속 바닥에 떨어뜨렸다. 엄마가 자랑스럽게 나를 보면서 말했다. "엄마를 위한 최고의 발명품이 생각났어요. 타깃은 쇼핑 카트에 아이패드를 설치해야 해요. 아이를 돌볼 수 있는 멋진 아이디어로 어때요?"

저기요, 상대를 잘못 고르셨어요.

우리의 뇌는 구조적으로 인간 간의 상호작용을 위해 만들어졌다. 우리는 감정이 없는 컴퓨터가 아니다. 격한 감정을 피하지 않고 처리할 수 있을 때 아이는 자기 자신에게 편안한 느낌을 갖는다. 시간이 지나면서 아이의 마음속에는 보살펴주고 적절하게 대응하는 부모가 내면화되며, 이런 과정을 통해 아이는 궁극적으로 자기감정을 진정시키는 법을 배운다.

컴퓨터는 이를 가르쳐주지 못한다. 컴퓨터는 그저 적당히 달래줄 뿐이다.

다섯 살의 헤일리는 분리 불안 문제를 갖고 있어, 부모들이 약

---

* 미국의 세계적 유통 기업.

속을 정해 아이들이 함께 모여 노는 자리에서도 엄마가 옆에 없는 것을 싫어했다. 헤일리는 친구와 함께 보드게임을 하는 동안에도 계속 엄마가 옆에 있는지 확인하기 위해 엄마 쪽을 보곤 했다.

"엄마가 볼일이 있어. 금방 갔다 올게." 엄마가 말했다. 헤일리는 엄마가 문 쪽으로 가려 하자 눈에 띄게 불안한 모습을 보였다. "좋은 생각이 있어. 차에서 아이패드를 가져올게. 그러면 게임을 할 수 있을 거야."

"그냥 있어, 엄마." 헤일리가 눈물을 글썽이며 간청했다.

잠시 후 엄마가 돌아와 아이패드를 툭 던져주었다. 그러자 헤일리는 얼른 보드게임을 그만두었고, 헤일리는 물론 헤일리의 친구까지 보드게임을 끝내려고 판을 흐트러뜨리기 시작했다. 헤일리는 이내 아이패드에 푹 빠졌고, 엄마는 살그머니 빠져나갔다. 아, 맙소사. 헤일리의 감정은 어디로 간 걸까? 분리 불안을 잘 해결하지 않으면 이 불안이 기적적으로 사라지는 일은 없다. 계속 다시 살아난다.

큰 그림을 생각해보자. 다섯 살의 헤일리가 유치원에 처음 가던 날 아마 힘들었을 것이다. 이는 지극히 정상적이며, 분리 공포를 잘 헤쳐나가는 법을 배울 좋은 기회다. 하지만 불편한 마음을 끝까지 견디며 해결하는 법을 배우지 않는다면 계속 원점으로 돌아가게 된다. 그러다 스물다섯 살이 되었을 때 무의식적으로 남자에게 매달리게 되고, 그러면 남자는 도망갈지도 모르고, 분리 불안의 악순환은 계속될 것이다. 아이가 스물다섯 살이 되고, 서른다섯 살이 되고, 마흔다섯 살이 되었을 때도 계속 이 문제와 씨름하지 않도록 다섯 살 때 해결하도록 도와주고 싶지 않은가?

가상 세계 중독

염소 살균 수영장에서 친구들과 수영을 마치고 나온 열한 살의 제이크가 자신에게 허락된 두 시간의 테크놀로지 타임을 이용해 엑스박스 게임을 해도 되는지 엄마에게 물었다. 그리고 이제 시간이 다 되어 엄마가 허락한 두 시간이 다 지났다고 알려주자 제이크가 소리 내어 울기 시작했다. 엄마는 제이크가 5분만 더 놀게 해달라고 간청하는 것을 익숙하게 봐왔지만 이번에는 뭔가 달랐다.

"왜 그러니?" 엄마가 물었다.

"눈이 계속 너무 따가웠어요. 뿌옇게 흐리고요." 제이크가 흐느끼며 말했다.

"왜 말 안 했어?"

"그러면 엄마가 엑스박스 그만하라고 하셨을 거잖아요."

시야가 뿌옇고 눈이 따끔거리고 아픈데도 제이크가 기꺼이 이를 참고 견디면서 게임을 한 사실은 어느 엄마에게든 경종을 울릴 것이다. 그러나 다시 말하지만 대부분의 비디오 게임은 중독성을 갖도록 설계되어 있다.

"중독이라고 하면 대개 알코올 중독이나 약물 남용 같은 것을 떠올려요." 『아이브레인』의 저자 게리 스몰 박사가 내게 말했다. "게임을 하는 동안 뇌에서 도파민이 분비되는데, 이 도파민이 강한 쾌감을 불러오지요." 전자 기기는 그 정도로 "중독성이 있고, 잠재적인 파괴력을 지니고 있어요".

전 세계적으로 속속 테크놀로지 해독 센터가 생기는 것은 전혀 이상한 일이 아니다.

> 비디오 게임은 사탕 같다고 생각해요. 부모들은 사탕이 아이에게 좋지 않다는 것을 알고 있어요. 사탕은 안 된다고 금지하면서도 비디오 게임에 대해서는 혼란스러워해요. 그러면 안 되죠.
>
> _몰리, 열두 살

아이들을 저녁 식사에 초대해보면 밖에 나가 놀던 아이와 비디오 게임을 하며 놀던 아이 사이의 질적인 차이를 발견할 수 있다. 두 유형의 아이들 모두 몇 분 더 놀게 해달라고 청하지만 비디오 게임을 하면서 놀았던 아이들은 종종 더 불안한 모습을 보인다. 계속 놀고 싶은 강박적인 욕구를 느끼는 것처럼 보인다.

"엄마한테 이 이야기를 한 번도 한 적이 없는데, 사실 어렸을 때 비디오 게임을 하면 흥분되는 느낌이었어요. 적어도 한 시간 정도 게임을 하지 않으면 잠을 잘 수 없었어요." 한 대학교 졸업반 학생이 엄마에게 털어놓은 말이다.

실제로 아이들은 비디오 게임 때문에 잠을 잘 자지 못하기도 한다. 연구에 따르면, 잠들기 전 몇 시간 동안 밝은 화면을 보면 수면을 돕는 화학물질인 멜라토닌 분비가 22퍼센트 감소한다.

밝은 화면은 낮 시간에도 다른 것에 집중하지 못하게 한다.

다음 이야기를 곰곰이 생각해보자. 유타에 있는 산에 온통 흰 눈이 뒤덮여 햇빛이 반짝거리고 있었다. 나는 한 10대 소년과 함께 리프트를 타고 가는 동안 계속 감탄사를 연발했다. "스키 타기에 정말 좋은 날이구나."

"네, 그렇네요." 소년이 대답했다.

"조금 전에 네가 스키를 타고 내려오는 모습 봤어. 정말 잘 타더구나."

"감사합니다."

"스키 타는 거 좋아하니?"

"네, 하지만 오늘은 이만하면 됐다고 얼른 아빠가 말해주면 좋겠어요. 그래야 콘도로 돌아가 비디오 게임을 할 수 있거든요."

이런 대답이 나올 줄은 몰랐다. 눈부신 날과 산이 가져다주는 설렘이 내게는 깊은 인상을 주었지만 아이에게는 그 어떤 것도 비디오 게임의 격렬한 흥분을 능가하지 못했다.

> 내 아이들은 거의 무조건 비디오 게임을 하는 쪽을 택할 거예요!
>
> _부모들이 보편적으로 하는 한탄

아이가 그저 해롭지 않은 판타지를 즐길 뿐이라고 생각하겠지만 뇌와 신체는 다른 이야기를 하고 있다. 뇌는 실제 삶과 가상의 삶을 구별하지 않는다. 슈퍼 악당의 허를 찔러 이기는 것을 흉내 내거나 코비 브라이언트를 따돌리고 덩크 슛을 넣을 때 신체는 이를 실제로 일어나는 것처럼 느낀다. 심장 박동이 빨라지고 숨이 짧아지고 얕아진다. 신경 체계는 가상 세계를 실재로 받아들인다.

신체는 당신이 급박한 상황에 놓여 있다고 생각해 자동으로 코르티솔을 분비한다. 또한 비판적 사고와 판단을 담당하는 전두엽 대신 뇌의 보다 원시적인 부분인 편도가 밝게 빛난다. 정녕 아이의 깊은 사고를 담당하는 뇌가 투쟁 도주 반응을 담당하는 원시적인 뇌에 지속적으로 장악되기를 바라는가?

연구 활동이 테크놀로지의 폭발적 증가를 따라가지 못하고 있다. 하지만 우리가 알고 있는 사실만 보아도 신중한 주의가 필요한 상황이다. 우리는 뇌가 환경에 적응하는 방향으로 진화한다고 알고 있다. 그리고 게임은 이미 아이들의 뇌 구조를 바꾸고 있는 것처럼 보인다.

하버드대학교 병원 소아과 의사이자 미디어아동건강센터 책임자인 마이클 리치는 『뉴욕타임스』에서 이렇게 말했다. "아이들의 뇌는 같은 과제를 계속 반복하는 데 대해서는 보상을 받지 못하고 다른 것으로 넘어갈 때 보상을 받아요. 걱정되는 것은 우리가 다른 뇌 구조를 가진 아이들을 기르고 있다는 것이에요."

요즘에는 모든 것이 짧은 한마디, 한 음절의 문자 또는 1분 분량의 유튜브 이야기로 되어 있는 것 같다. 온라인 사전에서 단어 하나를 찾아보려고 해도 영상 광고가 시끌벅적하게 주목을 끈다. 오늘날의 환경은 온갖 것에 산만하게 주의를 쏟고 소비지상주의를 실현하도록 프로그래밍되어 있으며, 문자 메시지와 이메일이 수시로 날아와 이를 확인하지 않을 수 없게 만들고 있다. 이 모든 자극이 집중력과 끈기를 발휘하는 능력에 영향을 미치고 있다.

교사들도 물론 이를 느끼고 있다.

요즘은 학생들이 수업에 열중할 수 있도록 계획을 세워야 해요. 예전처럼 45분 수업을 할 수 없고, 15분 단위로 끊어야 해요.

_중서부 지역의 교사

교사들은 주의가 흐트러지는 것을 막기 위해 수업 도중에 더 자주 쉬고, 주제도 더 자주 바꿔야 한다. 그렇게 해도 아이들은 쉽게 주의가 산만해진다.

예전에는 아이들이 책을 읽고 있는 교실에 조용히 들어가면 내가 거기 있는 것을 아무도 알아채지 못하곤 했어요. 요즘에는 교실에 두 발을 다 들여놓기도 전에 아이들이 여기저기서 고개를 들어요.

_오랫동안 재직한 교장

어릴 때 집중하는 법을 배우지 못했는데 이다음에 커서 기적처럼 집중력이 생기는 일은 없다. 하지만 오늘날 아이의 관심을 붙들 수 있는 것은 오로지 전자 기기밖에 없는 것 같다.

기기를 켜놓은 채 다른 사람의 말을 듣지 않는다

바닷가 식당이 손님들로 가득 차 부산스럽다. 잔을 부딪치는 소리와 경쾌한 음악을 배경으로 사람들은 음식을 먹으면서 웃고 이야기를 나누었다. 어쨌든 이는 어른들의 풍경이다. 나는 시선을 돌려 탁자 끝에 앉은 10대 아이들을 보았다. 모두 고개를 숙이고 있었다.

이야기를 하는 아이도, 눈을 맞추는 아이도 없었다. 모두들 정신없이 움직이는 손가락 위로 고개를 처박고는 심오할 것이 분명한 생각들을 타이핑하고 있었다. 아마도 '헐' 그리고 '대박' 같은 문자들일 것이다.

안타깝게도 이러한 비사교적 장면을 너무도 흔하게 볼 수 있다. 10대 아이들은 눈 맞추기, 표정 읽기, 억양으로 판단하기 등과 같은 사회 능력을 훈련해야 한다. 하지만 그들은 자기만의 세계에 빠져 주변 사람들과의 사이에 가상의 벽을 쌓고 있다. 버릇없는 행동이지만 이보다 더 나쁜 것은 관계를 단절하고 있다는 것이다.

비단 아이들만 기기에 빠져 있는 것도 아니다. 오늘날에는 가족 다섯 명이 탁자에 둘러앉아 서로 이야기를 나누는 모습 대신 각자의 휴대폰이나 게임 기기를 들여다보고 있는 풍경을 흔하게 볼 수 있다. 가족의 저녁 외출이 요즘 들어 이런 식으로 왜곡된 모습을 보이면서 함께 시간을 보낸다는 원래의 목적을 잃고 있다. 부모들의 관심이 이미 딴 데 가 있는데 아이들이 뭐하러 관심을 보이겠는가?

주로 애착 관계를 다루는 치료사 데브러 그린은 아이 주변의 오락 거리들이 정서적 위험성을 안고 있다고 경고한다. "애착 관계를 형성하기 위해서는 곁에 있으면서 반응을 주고받아야 해요. 고개를 파묻고 다른 것에 빠져 있다면, 이것이 유대 관계에 어떤 영향을 미칠지 걱정스럽습니다."

내가 앞서 말했듯이 유대 관계는 사회적, 정서적 발달 과정에 없어서는 안 되는 필수적인 부분이다. 아이는 일차적으로 자신을 돌보는 사람이 따뜻하고, 반응을 주고받고, 언제든지 옆에 있어줄 때 안전하고 연결되어 있는 느낌을 받는다. 하지만 요즘 부모는 아이보다 휴대폰에 더 긴급하게 반응하는 경우가 너무 자주 있다.

시도 때도 없이 불쑥 끼어들어 방해하고 정신을 산만하게 하는 일이 끊임없이 이어질 때 어른들도 얼마나 짜증나는지 생각해보라. 이제 당신이 부모의 온전한 관심을 갈구하고 열렬하게 환영하는 아이가 되었다고 상상해보라. 어느 누구도, 특히 아이는 문자 메시지보다 못한 취급을 받는 것을 원치 않을 것이다.

여섯 살의 샬럿은 중개인인 아빠가 추수감사절 식탁에서 거래 업무를 보는 것을 지켜보면서 점점 짜증이 나기 시작했다. 그래서 다른 방으로 가 전화를 걸었다. 아빠에게 거는 전화였다. “아빠 칠면조 요리는 어때요?”

> 아이가 차에 올라타는 동안 우리는 아이와 인사를 나누는 대신 휴대폰으로 통화를 해요. (…) 전화를 받지 말고 아이가 부르는 소리에 응답해주세요. 그러면 아이는 중요한 사람이 된 느낌을 받고 소중한 사람으로 사랑받고 있다고 느낄 겁니다.
>
> _베스 에커, 노스다코타 주 올해의 교사

다시 말해 디지털 기기 때문에 소중한 순간을 놓쳐서는 안 된다는 것이다.

나는 유아기의 한 아이가 카페에서 세상을 발견해나가는 모습을 지켜보고 있었다. 아이는 탐색을 하면서 단어를 이용해 사물들을 연결시키고 있었다. 아이가 또박또박 말했다. "나무. 나무. 나무가 브로컬리와 닮았네!"

아이의 엄마는 문자 메시지 보내던 일을 잠시 중단하더니 간신히 "어, 그래" 하고 중얼거리고는 그만이었다. 아이는 계속 즐겁게 조잘거리며 말했다. 하지만 자기 말이 엄마의 관심을 끌지 못하자 엄마의 눈을 가리고는 소리쳤다. "우우."

나는 엄마가 고개를 들고 "아, 까꿍놀이 하고 싶어?"라고 말하는 것을 듣고는 안도했다. 이제 엄마가 휴대폰에서 눈길을 떼고 딸과 소통을 하려니 생각했다. 하지만 엄마는 태블릿을 꺼내 "여기 있어, 까꿍놀이 하고 놀아" 하고 말했다. 나는 크게 낙담했다. 엄마가 딸에게 태블릿을 건네주었다. 하지만 아이는 그것을 옆으로 밀쳐놓았다. 그러고는 눈길을 바깥으로 돌려 3차원의 실제 세상을 바라보았다. 엄마는 딸이 고개를 숙인 채 평평한 스크린에 몰두하기를 바랐지만 이 작은 아이는 그저 엄마와 즐거움을 나누며 이야기하고 싶었을 뿐이다. 하지만 엄마는 전자 까꿍놀이에 아이를 볼모로 맡기고 싶어했다.

우리는 왜 생명력 없는 물건이 우리 자리를 대신해주기를 바라는가? 더욱이 10대와 어른 모두 이미 테크놀로지에 실망감을 느끼고 있는데 왜 어린아이를 이런 테크놀로지에 빠져들게 하려는가?

부정하고 싶겠지만 사람들은 그러고 있는 것처럼 보인다. 한 엄마는 컴퓨터가 네 살짜리 아들에게 책을 읽어줄 수 있다는 사실을 알고는 흥분했다. "밤에 너무 피곤하고 바빠서 책을 읽어주지 못할 때가 있어요. 그래서 나 대신 컴퓨터가 책을 읽어주게 해요."

아이쿠! 침대에서 책을 읽어주는 일은 단지 이야기를 들려주는 것 이상의 것을 함께 나누는 시간이다. 침대에서 서로의 몸을 밀착시키고 책을 읽는 것은 따스함을 나누고, 아울러 당신을 함께 나누는 것이다. 이 소중한 관계의 시간을 깊이 맛보라. 컴퓨터는 결코 실제의 친밀감을 대신할 수 없다. 침대에 누운 아이뿐만 아니라 온라인에서 관계를 찾고자 하는 10대 아이에게도 그것은 마찬가지다.

비사교적인 네트워크

나는 한 커피 전문점에서 10대 여자아이가 "오늘 팔로워가 일곱 명이나 떨어져나갔어" 하고 한탄하는 소리를 들었다. 안 그래도 남의 시선을 많이 의식하는 10대들은 이제 팔로워 수가 늘어나고 줄어드는 것을 기준으로 스스로를 평가한다. 이 팔로워 중 상당수는 그들이 잘 알지도 못하는 사람들이다.

트위터, 페이스북 등등이 아무리 대중적 인정을 얻고자 하는 놀라운 욕구에 만족감을 제공해주고 있더라도 진정한 자존감은 일군의 팔로워가 당신을 어떻게 생각하는가의 문제가 아니라 당신이 스스로에 대해 어떻게 생각하는가의 문제다. 팔로워의 수가 많으면 기운이 날 수도 있지만 이런 좋은 기분은 잠시뿐이며 끊임없이 더 강한 것을 찾게 된다.

한 고등학교 2학년 학생은 내게 10대들이 자기만족을 얻기 위해 얼마나 많은 전략을 세워야 하는지 알려주었다.

"금요일 5시까지 기다렸다가 페이스북에 사진을 올려요. 그 시간에는 친구들이 모두 학교를 마치고 집에 와 있거든요. 그렇게 하면 '좋아요'의 수를 더 많이 늘릴 수 있어요."

"뭘 올리는데?" 나는 세대 차이를 느끼며 물었다. "내 사진요." 그녀는 내가 디지털 문외한인 것을 우스워하며 대답했다.

그녀는 생각이나 감동적인 글을 다른 사람들과 공유하는 것이 아니었다. 멋진 사진을 공유하고 있었다. 그녀가 친구들의 반응을 보여주었다. **너무 예쁘다. 눈부시다. 정말 좋아. 정말 좋아. 완벽해. 굉장히 멋지다. 정말 좋아. 정말 좋아. 진짜 아름답다.**

"기분이 좋아요." 그녀가 내게 말했다. "친구들이 그런 말을 해주면 내가 소중한 사람이 된 느낌이 들어요."

치료사인 나는 이 여자아이가 정말로 찾고 있는 것이 무엇인지 알았다. 소중한 사람으로 사랑받고 있다고 느끼고 싶은 것이다. 그녀에게는 균형 있는 관점을 제시해주고, 페이스북의 '좋아요' 수나 외모에 대한 칭찬으로 진정한 가치가 올라가고 내려가는 것이 아니라는 점을 깨닫게 해줄 부모가 필요했다.

> 요즘 아이들은 사진 찍을 기회를 만들기 위해 나가요. 멋져 보이고 싶어하죠. 가치 있는 시간을 갖는 데는 별 관심이 없고 남들에게 가치 있는 시간을 갖는 것처럼 보이는 데 더 관심이 많아요.
>
> _그레이엄, 대학교 2학년 학생

다시 말해서 아이들은 행복한 순간을 기록하느라 바빠서 정작 그 행복한 순간들을 살지 못한다. 삶을 담은 온라인상의 이미지를 만드느라 시간을 보내면서 진짜 삶으로부터 멀어지는 것이다. 끊임없이 포토샵으로 자기 사진을 꾸며 올리다보면 완전히 새로운 차원에서 자기 개입이 이루어지는 것은 말할 것도 없고 자꾸 남의 시선을 의식하게 된다. 이쯤에서 부모가 개입해야 한다. 부모는 아이가 화면에서 시선을 떼고 실제 삶을 바라보도록 해주어야 한다. 가상세계에서 평가받기 위해 분투하는 대신 몇 안 되더라도 서로를 보살피는 진정한 우정을 쌓아야 인생이 훨씬 풍요롭다는 것을 깨닫게 도와주어야 한다.

하지만 친분을 쌓으며 상호작용하는 법을 알지 못한다면 진정한 우정을 만들어가기 힘들다. 대니얼 골먼은 획기적인 저서 『EQ 감성지능』에서 정서적, 사교적 기술은 성공을 예측할 수 있는 큰 가치를 지닌다고 지적한 바 있다. 또한 감성지능은 IQ보다 훨씬 중요할 수도 있다고 말했다. 영아기에서 대학까지 뇌가 형성되고 가장 유연할 때 이러한 기술을 기를 수 있는 중요한 창이 열려 있다. 우리 아이들이 배경 조명으로 밝혀지는 스크린의 짤막한 암호 언어에만 한정되지 않고 얼굴 표정이나 어조 등과 같은 사교적, 정서적 뉘앙스를 이해할 수 있도록 해주자. 요즘에는 이를 배우기가 매우 힘들다.

> 두 딸이 문자 메시지로 껄끄러운 상황을 해결해보려고 시도하는 모습을 그냥 옆에서 지켜볼 때가 너무 많아요. 때로는 아이들에게 제안해보기도 하죠. "그냥 전화를 걸어. 그 편이 덜 복잡하지 않겠니?" 돌아오는 대답은 늘 "아니요"예요. 그와 동시에 어떤 이모티콘으로도 효과

적으로 전달할 수 없을 것 같은 짜증스러운 표정이 얼굴에 나타나요.

_프랜 래스커, 심리 치료사

의사소통은 매우 미묘한 것이다. 어른들조차 이 미묘함 때문에 어려움을 겪는다. 아이는 이러한 기술을 훈련해야 하지만 요즘은 그럴 기회를 만들기가 더 어려워졌다.

내가 자랄 때는 유선방송이 없었어요. 텔레비전에서 방영되는 것도 뉴스와 몇몇 프로그램뿐이었지요. DVD도, 온라인 스트리밍 서비스도, 컴퓨터도, 이메일도, 문자 메시지도 없었어요. 함께 얼굴을 보면서 이야기하는 수밖에 없었죠. 그걸 매우 고맙게 생각해요.

_교육자

테크놀로지의 잠재적 부작용

바깥에서 노는 시간이 줄어든다.	앉아서 생활하는 시간과 비만이 늘어난다.
사회적 기술을 기를 시간이 줄어든다.	단절과 외로움이 늘어난다.
수면 시간이 줄어든다.	짜증이 늘어난다.
공감 능력이 줄어든다.	둔감해진다.
주의력/기억력이 떨어진다.	바이트 단위의 단편적인 생각이 늘어난다.
학업 수행 능력이 떨어진다.	중독성이 높아진다.

감시자로 나서라

나는 책을 읽지 않은 상태에서 영화 《헝거게임》을 보러 갔다. 영화 리뷰도 읽지 않았고, 이 영화가 무슨 이야기인지도 알지 못했다. 내 앞에는 어린 아들과 함께 온 아빠가 앉아 있었다. 그들은 영화가 시작되기 전 사탕을 먹으면서 농담을 주고받았다. 아이가 사탕 상자를 떨어뜨렸고, 나는 의자 밑에 떨어진 사탕 상자를 주워주었다.

"몇 살이니?" 내가 물었다.

"일곱 살요." 아이가 웃으며 대답했다.

영화가 시작되자 그제야 나는 이 영화가 숲 속에서 서로를 죽이는 10대들의 이야기라는 것을 알았다. 오직 한 명만이 살아남는다. 가슴이 철렁했다. 그러니까 저 일곱 살 아이를 포함해 우리 모두는 두 시간 이십 분 동안 10대 아이들이 인간 사냥을 하면서 서로를 찔러 죽이는 것을 지켜보게 될 것이었다.

나는 영화를 보는 내내 편치 않았고, 일곱 살 아이에게 신경이 쓰였다. 다른 아이들을 두들겨 패서 죽이는 충격적인 장면들은 내게도 잊히지 않을 것 같았다. 사실과 허구를 구분하는 데 여전히 어려움을 겪는 아이에게 저 장면들이 얼마나 끔찍할지 상상이 되지 않았다. 영화에 담긴 보다 복잡한 주제가 저 어린아이에게 전달되지 않을 것이라는 점은 분명했고, 잔인한 장면이 고스란히 전달될 것이라는 점 역시 분명했다.

극장에 불이 켜지자 겁먹은 아이의 슬픈 표정이 내 마음을 흔들었다. 자리에서 일어서는 동안 아이는 아빠의 손을 꼭 붙잡고 매달렸다. 극장 안에는 어린아이가 그 아이뿐이 아니었다. 나는 마음 속으로 생각했다. 왜? 대체 왜 어린아이들에게 이런 심한 폭력을 보여주는 거지? 왜 어린 마음에 이런 폭력적인 장면을 심어주는 거지? 나는 아이들이 어떤 악몽을 꾸게 될지 궁금했다.

부모가 아이를 보호하는 일은 매우 중요하다. "그저 영화일 뿐이야"라고 속으로 말할지도 모르겠지만 그럼에도 아이를 지키는 일은 중요하다. 위스콘신의 미디어 전문가 조앤 캔터 박사의 연구에 따르면, "영화나 텔레비전 장면에서 느낀 두려움은 유난히 오래 지속되며, 좀처럼 없어지지 않는다".

영화 《죠스》가 나온 지 40년이 되었지만 지금도 바다가 안전하지 않다고 생각하는 사람들이 있다. 그 후로 더욱 정교해진 시각 효과는 보다 사실적이고 무서운 영상을 만드는 방향으로만 발전되어 왔다.

그런 장면들을 보지 못하게 막으려고 애쓰는 동안에도 당신의 감시망을 몰래 빠져나가는 것들이 있다.

> 올림픽 경기 중계 때 광고가 나오면 말 그대로 여섯 살 아이의 눈을 손으로 가려야 하는 때가 있어요. 충격적인 연소자 관람 불가 영화 예고편들이 시도 때도 없이 불쑥불쑥 튀어나와 너무 화가 나요. 이제 가족용 프로그램은 더 이상 없는 걸까요?
>
> _고충을 겪고 있는 엄마

뉴스도 그에 못지않게 불안한 실정이다. 한 엄마는 아이가 학교 총기 사건 보도를 보지 못하게 하고 싶었다. 심지어는 광고 시간에 행여 나올지도 모르는 뉴스 속보를 보지 못하게 하려고 아들이 보고 싶어하는 미식축구 경기를 녹화하기도 했다. 이렇게 주의를 해도 모자랐다. 경기가 시작되자마자 비극적 사건으로 죽은 아이들의 명단이 화면 밑에 자막으로 지나갔다. 어쩔 수 없이 엄마는 아들과 같은 아홉 살 아이들이 때로 죽음을 당하는 일이 있다고 설명해줄 수밖에 없었다. 엄마는 이렇게 설명을 해주긴 했지만 아들이 놀라고 겁먹었을 거라는 걸 알았다.

요즈음에는 끔찍한 장면에 우연히 노출될 위험이 높으며, 상시적으로 폭력적인 장면을 보는 것은 아이의 정서 건강에 해롭다. 무분별한 폭력에 대한 뉴스를 보고 있으면 얼마나 절망적인 기분이 드는지 생각해보라. 절망감과 무력감은 우울증의 증상으로 우리는 아이의 마음속에 이런 감정이 자리 잡는 걸 원치 않는다. 하지만 비극적인 일에 만성적으로 노출되면 연민이 무뎌지고, 이는 무서운 결과를 가져온다.

저명한 소아과 학술지 『피디애트릭스Pediatrics』에 실린 2007년의 한 기고문에 따르면, "미디어 폭력에 노출될 경우 불안과 두려움, 수면 장애, 인간의 고통에 대한 무감각, 공격적인 생각과 행동이 증가할 수 있다는 것을 보여주는 거의 만장일치의 증거가 미디어아동건강센터에서 연구한 과학 논문 956편에 나와 있다".

우리는 아이가 따뜻하고 다른 사람을 보살피며 낙천적인 사람으로 자라기를 바란다. 그렇다면 아이가 무엇을 보는지 살펴야 한다. 냉소주의뿐만 아니라 폭력성, 성적인 것도 살펴야 한다.

아이는 많은 정보를 처리할 정신적 능력을 가지고 있지 않다. (…) 특히 그들이 참고할 수 있는 범위를 넘어서는 문제나 일에 대한 정보는 더더욱 그렇다. 너무 많은 정보는 아이가 복잡한 세상을 살아가기 위해 '준비'하는 데 도움이 되지 않는다. 오히려 아이를 마비시킨다.

_킴 존 페인, 『내 아이를 망치는 과잉 육아』

지금과 같은 디지털 시대에… 인터넷 포르노물을 피하기는 거의 불가능하다. 아이는 호기심이 많고, 6세 이상의 아동이 가장 많이 찾는 인터넷 검색어에 '포르노'가 5위에 올라 있다.

_제임스 P. 스타이어, 『페이스북에 말대꾸하다Talking Back to Facebook』

여섯 살의 아이는 여전히 이빨 요정을 기다린다. 아이들은 자신이 보고 있는 것의 시각적 특성을 분별할 정도로 정신적, 육체적, 정서적으로 준비되어 있지 않다.

너무도 소중하고 너무도 빨리 사라져버리는 아동기의 순수성을 부모가 지켜주고 길러주어야 한다. 엔터테인먼트 사업이 우리를 대신해서 이 일을 해줄 것이라고 기대해서는 안 된다. 할리우드의 한 거물은 사업을 할 때와 자기 아이를 대할 때 전혀 다른 기준을 갖고 있다고 말했다. "나는 내 아이의 아빠이며 아동용 등급을 믿지 않아요. 우리(동종 업계에 있는 사람들)는 관객을 가장 많이 끌어들이고 돈을 가장 많이 벌어들일 수 있는 등급을 받으려고 로비를 해요. 아이들에게 정말 적합한 것을 보여주기 위해 로비를 하는 게 아니에요."

그러므로 아이의 성격 형성 기간에는 우리가 아이의 수호자가 되어야 한다.

모니터의 역할

아이가 어릴 때는 바람직하지 않은 생각이나 이미지를 접하지 못하도록 보호하는 일이 훨씬 쉽다. 이때는 아이를 가장 잘 통제할 수 있고, 아이가 접하는 것들의 양과 내용을 제한할 수 있다. 아이가 전자 기기를 접하는 시기를 오래 늦출수록 아이의 순수함을 더 잘 보호할 수 있고, 어린 시절의 경이로움을 더 오래 누리게 할 수 있다. 이런 것들은 보호할 만한 가치가 아주 크다!

서서히 미디어를 접하게 하면서 적절한 속도로 늘려나가라. 아이에게 좋은 자극을 주는 프로그램을 찾아라. 긍정적인 것에 더 중점을 두고 부정적인 것은 최소한으로 줄이려고 노력하라.

예를 들어 《오프라 윈프리 쇼》 종영 방송은 오프라 윈프리가 모어하우스대학에 입학한 415명에게 장학금을 제공한 사실을 강조했다. 황폐한 동네 모습이 배경으로 깔리는 가운데 차례로 등장한 사람들은 오프라의 선물이 자신들에게 인생을 바꿀 기회를 주었다고 이야기한다. 이제 그들은 모두 교육받은 계층이 되어 자신의 행운에 보답하기 위해 전념하고 있다. 장학금을 받았던 사람들은 손에 촛불을 들고 "우리는 당신을 알았기 때문에 영원히 바뀌었어요"라는 노래를 오프라에게 바치면서 어두운 스타디움을 줄지어 내려왔다. 이제는 성장한 그들의 얼굴을 촛불이 환하게 비춰주었다.

이 방송을 본 사람들은 눈물을 흘렸고, 큰 감동을 받았다. 자신들도 좋은 일을 하고 싶다는 마음이 들었다. 따뜻하고 친절한 행동을 보면 몸과 정신, 영혼에 좋은 효과를 미친다. 이를 뒷받침하는 의학적 증거도 있다. 하버드대학교의 한 연구에서는 이를 "마더 테레사 효과"라고 지칭했다. 비디오로 마더 테레사의 자애로운 행동을 본 학생들의 면역 기능이 향상된 것이다. 선행은 하는 것은 물론 보는 것만으로도 세로토닌 수치가 올라가며, 이는 기분을 좋게 하고 마음을 평온하게 해준다. 따뜻한 친절과 연민이 담긴 행동은 자연이 주는 프로작이다.

그러므로 우리는 아이가 어떤 미디어를 섭취하는지 알아야 한다. 또한 아이의 디지털 식단에 비디오라는 사탕이 전부 들어 있는 현실에서 아이에게 긍정적인 메시지를 공급하도록 해야 한다. 상식을 따르고 자신의 가치를 생각하며 좋은 선택을 위한 판단력을 기르도록 가르쳐야 한다. 무엇이 적합한 것이고, 무엇이 적합하지 않은 것인지 이야기해주어야 한다.

> 한 가지 좋은 소식은 부모가 이런 방식으로 관여할 때 긍정적 효과를 미친다는 점이다. 연구에 따르면 그러한 관여로 인해 아이가 소비하는 미디어의 양에 큰 차이가 생긴다. 이는 매우 중요하다. 여러 연구에 따르면 미디어를 사용하는 시간이 적은 아이일수록 학교 성적이 월등히 좋고, 개인적인 만족감의 수준도 더 높다.
>
> _제임스 P. 스타이어, 『페이스북에 말대꾸하다』

주의를 해야 하는 이유가 단지 과도한 미디어 소비 때문만은 아니다. 오늘날에는 사생활이 없다는 것, 사생활은 매우 소중하다는 것을 아이가 알아야 한다. 게시 버튼을 누르는 순간 정보가 얼마나 빠른 속도로 먼 곳까지 날아가는지 상상을 초월할 정도다. '그저 친구들과 공유'하려고 했던 내용이 디지털 방식으로 영원히 남아 있으며 모든 사람이 그 내용을 볼 수 있다는 것을 아이들이 깨닫게 도와주어야 한다. 심지어는 '사적인' 글도 1초 만에 전 세계에 전달될 수 있다.

아이가 스스로에게 질문하도록 가르쳐야 한다. 이 글이나 사진이 사람들 입에 오르내려도 내 마음이 편할까? 부모나 교사가 이것을 본다면 어떻게 될까? 5년 후 취업 면접관이 이것을 보았을 때도 여전히 내 마음이 편할까?

젊은 사람들에게 이런 생각을 훈련시키는 일은 중요하다. 판단과 분별을 담당하는 전두엽은 10대에 들어서도 여전히 발달한다. 아이들과 10대들은 자신이 하는 행동에 어떤 위험과 보상이 따르는지 잘 이해할 수 있도록 도움을 받아야 한다. 이 문제에 관해 충분히 이야기하고, 그들이 이런 기술을 훈련하고 기르도록 도와주고, 이들이 선을 벗어났다고 생각할 경우 차분하게 지도해줘라.

"**뭘** 올렸어?"라고 직접 묻는 식으로 과잉 반응을 보이기 쉬운데 그러지 않도록 노력해야 한다. 아이 스스로 책임감을 가지고 게시물을 편집하게 하는 데 중요한 것은 지속적으로 대화를 이어감으로써 아이가 궁금해하는 것이 생길 때 언제든지 당신이 도움을 줄 수 있다는 것을 알려주는 것이다.

글을 쓸 때 지켜야 할 규정을 제시해주는 것은 아이에게 책임감을 가르치는 훌륭한 방법이다. 아이의 특권을 확대해줄 때 이 방법은 정말 큰 효과를 발휘한다. 아이에게 휴대폰이나 자동차 열쇠를 건네기 전에 계약을 맺어라. 요구 사항을 분명하게 밝혀두면 아이는 이런 특권을 계속 누리기 위해 어떻게 해야 하는지, 어떤 행동을 했을 때 이런 특권을 잃을 위험이 있는지 알게 된다.

내가 아는 한 엄마는 아이와 스마트폰 협정을 맺었고, 한 아빠는 아들과 운전 계약서를 작성했다. 책임감에 관해 상세하게 설명할 필요가 있을 때 지침으로 삼을 수 있도록 이 장 끝에 두 가지를 첨부해놓았다.

전원을 꺼라

나이 어린 친구들이 디지털 식단을 스스로 관리할 수 있게 만드는 최고의 방법은 당연히 우리 스스로를 돌아보는 것이다. 대다수 부모는 자신이 전자 기기를 얼마나 오래 사용하는지 의식조차 하지 못한다.

온종일 닌텐도를 하면 안 된다는 아빠의 잔소리에 지친 한 아이가 아빠에게 쏘아붙였다. “아빠는 어떤지 아세요? 휴대폰을 들여다보느라 한 문장도 제대로 마치지 못하잖아요.”

다행히 아빠는 아들의 말을 알아들었다. 그와 아들은 한 가지 방법을 마련했다. 아빠가 자동차 안이나 저녁 식사 자리에서 휴대폰을 한 번 볼 때마다 아들이 원하는 자선 단체에 기부할 수 있도록 1달러씩 주기로 한 것이다. 달러 지폐가 쌓여가자 아빠는 확실하게 눈으로 확인할 수 있었다.

"식구들과 있을 때 문자 메시지 때문에 가족 관계가 얼마나 지장을 받고 있는지 깨닫고 정말 놀랐어요. 그 정도인 줄은 생각조차 못했죠. 아들의 지적을 받고 이제 달라져야 한다는 걸 깨달았어요. (…) 아들은 예전보다 행복해졌고, 내가 처음에 보였던 불안이 잦아들자 나 역시 더 행복해졌어요."

디지털을 끊으면 관계가 회복된다.

> 아버지는 일 때문에 매우 바빴지만 집에서는 가정적이셨어요. 나 역시 일이 많은 직업을 가졌어요. 하지만 아버지와 달리 퇴근하고 집에 오면 이메일 답장을 보내고 전화를 걸어요. 아내는 내가 집에 있을 때도 계속 일을 한다고 뭐라 했어요. 아내 말이 옳다고 생각했지요. 그래서 아이들이 잠자러 가기 전까지는 이메일을 확인하지 않기로 했어요. 이제 우리는 이런저런 것에 방해받지 않은 채 가족이 함께 식사를 하고 저녁 시간을 보내요.
>
> _줄에 매여 있지 않은 아빠

당신이 스스로 온라인 충동을 자제할 수 있게 되면 아이에게도 이를 가르칠 수 있다.

10대 딸과 그 애의 친구들이 각자의 휴대폰에 빠져 있는 것을 더 이상 두고 볼 수 없었던 한 엄마는 새로운 규칙을 정했다. "우리 집에 올 때는 신발을 벗어 현관문 옆에 두어야 하고, 휴대폰은 신발 옆에 놓인 바구니에 두어야 해. 그러면 집 안은 더러워지지 않을 거고, 우정은 돈독해질 거야."

전자 기기의 화면을 끄면 가족 전체가 영적으로 재부팅될 수 있다.

"텔레비전 시청과 비디오 게임을 허락해달라고 얼마나 조르던지, 정말 진저리가 났어요." 한 엄마가 말했다. "전자 기기의 중독성 때문에 늘 싸웠어요. 하루는 집 안의 전선을 모두 잘라버리는 꿈을 꾸었죠. 그래서 아침에 일어나자… 전원을 뽑아버리기로 마음먹었어요. 일주일 동안 텔레비전도 컴퓨터도 금지했지요. 그러자 10대 초반인 우리 아이들이 '진심으로 그러는 거 아니죠?' '그럼 그 일주일 동안 뭘 해요?' 등등의 말을 쏟아냈어요."

합창이라도 하듯 다들 입을 모아 불평을 늘어놓았지만 그럴수록 전원을 끄겠다는 그녀의 결심은 굳어졌다. "전자 기기의 전원을 끄자 집 안이 순식간에 균형을 되찾는 것을 보고 정말 놀랐어요. 또한 이런저런 화면을 보지 않으니 보다 온전한 나 자신으로 지낼 수 있다는 것을 깨달았어요."

또 다른 한 엄마도 어른과 아이들 모두 일주일 동안 전자 기기 화면을 보지 않고 지내기로 결정했다.

"우리 가정의 분위기가 전반적으로 달라졌어요. 모든 것이 전보다 훨씬 평화로워진 것 같았죠. 끊임없이 이어지던 짜증스런 텔레비전 소음도 잠잠해졌어요. 비닐 포장도 뜯지 않은 채 선반에 놓여 있던 보드게임도 마침내 먼지를 벗고 햇빛을 보게 되었고요. 아이들은 요새를 만들고 새로운 게임을 찾아내는 등 정말로 함께 노는 시간을 가졌어요."

이 가족들의 이야기는 전자 기기 화면이 없어도 시간을 보낼 수 있는 멋진 방법이 많다는 것을 상기시켜준다. 전자 기기 화면 앞에서 보내는 시간은 우리가 함께하지 못하는 시간이다. 죽어가는 사람이 일터에서 보낸 모든 시간을 좋은 기억으로 되돌아보지 않듯이 어린 시절의 가장 달콤한 추억은 비디오 게임 앞에서 보낸 시간 속에 있지 않다.

> 다시 한 번 살게 된다면… 텔레비전을 보면서 울고 웃는 시간을 줄이고 진짜 삶을 보면서 더 많이 울고 웃을 거예요.
>
> _어마 봄벡

정신과 의사의 메모

미디어 사용을 줄여라

1. 당신 자신부터 디지털 기기로 주의가 산만해지지 않는 모범을 보여라. 기기를 치워둔 다음 꺼내서 확인하지 마라.
2. 전자 기기로 아이를 달래서는 안 된다. 아이가 화났을 때는 스스로 감정을 해결하는 법을 가르쳐라.
3. 미디어가 어린 시절을 빼앗지 못하도록 미디어 사용을 규제하라. 어린아이의 경우에는 미디어 사용을 감시하고 규칙을 정하라. 조금 큰 아이의 경우에는 스스로 미디어 사용을 조절하도록 가르쳐라.
4. 전자 기기, 게임, 비디오는 중독성이 있다. 절제를 가르쳐라.
5. 우리 몸은 실제 삶과 가상의 삶을 구분하지 못한다. 모든 스트레스를 실제처럼 느낀다.
6. 당신은 아이가 불필요한 폭력과 폐쇄성에 무감각해지는 것을 원치 않는다. 아이의 자라나는 뇌 속에 공감과 연민의 감정이 쌓여가기를 원한다.
7. 부정적인 내용의 영상은 자라나는 아이의 마음속에서 오랫동안 지워지지 않으며 독성을 지닌다.
8. 긍정적인 내용의 영상은 좋은 기분을 불러일으키고 좋은 신경 화학물질이 분비되도록 한다.
9. www.commonsensemedia.org에 들어가 미디어 사용과 관련한 훌륭한 부모들의 지침을 살펴보라.
10. 디지털 시간보다는 현실의 시간을 더 많이 갖도록 하라.

스마트폰 협정

사랑하는 베스.

이제 5학년이 된 너에게 스마트폰을 선물하게 되어 정말 기쁘구나. 스마트폰은 재미있고 쓸모도 있지. 하지만 그건 하나의 특권이기도 해. 그래서 스마트폰 사용 조건을 정하니까 이를 지켜야 하는 책임이 따를 거야. 넌 이제껏 책임감 있는 아이였으니 앞으로도 계속 우리의 신뢰를 저버리지 않을 것으로 믿는다.

1. 스마트폰은 우리가 소유하고, 우리는 스마트폰의 사용을 제한하고, 확인하고, 언제든 압수할 수 있는 권리를 가진다.
2. 스마트폰은 가족이나 친구들과 연락을 취하는 데 사용되며, 부적절한 일에 사용되어서는 안 된다.
3. 실제로 메시지를 보내지 않아도 스마트폰을 사용해 다른 사람을 괴롭히거나 위협하거나 마음 상하는 말을 해서는 절대 안 된다. 말에는 강한 힘이 있다. 따라서 좋은 일에 사용해야 한다.
4. 적절한 스마트폰 사용과 관련한 모든 규칙은 집 밖에서도 지켜야 한다. 가령 학교에 있을 때는 학교가 허용하는 지정 시간과 장소에서만 스마트폰을 사용해야 한다. 교실에서 문자 메시지를 보내다가 걸릴 경우 스마트폰을 압수할 것이다.
5. 식사 시간에는 절대 스마트폰을 사용하지 않는다. 식사 시간은 사람들이 함께 관계를 쌓아야 하는 시간이므로 전원을 꺼놓아야 한다. 집 안은 물론 집 밖에서 식사할 때도 이 규칙이 적용된다.
6. 공부할 때는 스마트폰의 전원을 꺼놓아야 한다. 끊임없이 문자 메시

지를 주고받으면 주의가 산만해지고, 이는 학습 습관에 부정적인 영향을 미친다.

7. 스마트폰에 올리는 모든 내용은 결국 모든 사람에게 공개될 수 있다. 부모나 교사에게 보여주고 싶지 않은 내용은 어떤 것이든 올리지 않아야 한다. 앱에서 사진을 삭제하더라도 다른 곳에 저장되어 있을 수도 있다.
8. 너의 훌륭한 판단력을 잃어서는 안 된다. 너의 부적절한 모습이 담긴 사진이나 음란한 사진은 절대 올려서는 안 된다. 이 사진들은 영원히 인터넷에 돌아다닐 수 있다. 이는 매우 긴 시간이다.
9. 스마트폰을 이용해 연락을 주고받는 일이 현실의 삶에 방해가 되어서는 안 된다는 것을 명심해야 한다. 문자 메시지, 이메일, SNS를 이용해 경험을 공유하는 것보다는 너의 주변에서 실제로 일어나는 일에 관심을 쏟도록 노력해야 한다.

____

베스

____

부모

운전 계약서

이 계약은 미성년자인 빌리와 부모 _______(부모 이름) 사이에 맺는 계약이다. 부모는 빌리가 이런 획기적인 일을 맞이해 설레는 흥분을 함께한다. 운전은 특권이며 큰 책임이 따른다는 데 양쪽 모두 합의했기 때문에 이 계약 조건을 지키기로 동의한다. 부모는 빌리가 다음의 사항과 조건을 지킬 것이라는 믿음과 신뢰를 갖고 있다.

1. 자동차는 부모가 소유하며, 소유와 관련한 모든 권리를 부모가 갖는데, 이것은 자동차 판매에만 국한되지 않는 포괄적인 권리이다.
2. 빌리는 부모의 명시적인 허락이 없는 상태에서 어떤 방식으로도 자동차를 개조해서는 안 되며, 당분간은 결코 그런 일을 허용하지 않을 것임을 밝혀둔다. 자동차의 외관 변경, 사운드 시스템 교체, 그 밖의 자동차 성능과 관련한 어떠한 변경도 허용하지 않을 것이며, 이 외에도 일체 변경을 허용하지 않을 것이다.
3. 빌리는 부모가 자필로 쓴 명시적 승인이 없는 상태에서 자동차를 팔거나 임대하거나 빌려주거나 거래를 해서는 안 된다. 부모의 명시적인 사전 동의 없이 친구에게 차를 빌려주어서도 안 된다. 결론적으로 이 차는 빌리의 소유물이 아니다.
4. 빌리는 이 차에 사용할 기름값을 자기 돈으로 내는 데 동의한다.
5. 빌리는 제조사에서 권장하는 자동차 유지 관리 계획을 따를 책임이 있다는 데 동의한다.
6. 부모는 이 차의 소유주로서 때때로 자신의 친구들에게 차를 빌려주는 등 언제든 차를 사용할 권리를 갖는다.
7. 부모는 이유 불문하고 언제든 빌리의 자동차 사용을 철회하거나

제한할 권리를 갖는다.

8. 보험료는 부모가 지불한다(이 방침은 장차 자동차를 바꿀 때에도 적용된다). 하지만 벌금이나 사고 등으로 추가되는 보험료에 관해서는 100퍼센트 빌리가 지불하기로 한다.
9. 빌리가 주행 중 교통 위반을 할 경우 60일간 자동차 사용 권리를 잃는다. 부모는 위반 사항이 나쁜 운전 습관에서 나온 것이 아니라 운전 미숙으로 인한 것이라고 판단할 경우 처벌을 줄여줄 수 있다. 속도 위반, 정지 신호 무시 등은 나쁜 운전 습관의 범주에 포함된다.
10. 난폭 운전으로 인해 판사의 소환장이 날아오는 경우 빌리는 1년간 자동차 사용 권리를 박탈당한다. 여기서 난폭 운전은 과속(예를 들어 시속 56킬로미터 구간에서 시속 120킬로미터로 운전하는 경우) 등과 같이 경찰청에서 심각한 위반으로 지정한 사항을 말한다. 난폭 운전은 "과속, 무리한 끼어들기, 다른 차에게 양보하지 않기, 그 밖의 부주의한 행동 등 자동차를 위험하게 운전한 경우이며, 이는 경범죄에 해당한다"고 정의되어 있다. 난폭 운전에 대해서는 어떠한 관용도 베풀지 않을 것이다.
11. 음주 운전에 대해서도 어떠한 관용을 베풀지 않을 것이다. 술을 한 모금이라도 먹은 상태에서 운전대를 잡은 경우 빌리는 6개월 동안 자동차 운전이 금지된다.
12. 음주 운전(빌리에게 적용되는 한 모금의 음주 규정과 달리 성인의 법적 허용치로 판단하는 음주 운전)으로 인해 판사의 소환장을 받은 경우 빌리는 무기한 운전이 금지되며, 이 일로 자동차를 파는 일이 생길 수도 있다.

13. 음향 시스템을 조작해도 된다고 부모가 판단하기 전까지 빌리는 음향 시스템의 전원을 끈 상태로 운전하는 데 동의한다.
14. 빌리는 16세 운전자에게 특별히 적용되는 차량관리부의 모든 법규를 지키는 데 동의한다. 통행 금지 시간을 어기거나 차에 또 다른 미성년자를 태우고 운전하면 (차량관리부에서 규정하고 있듯이) 그러한 규정 위반으로 경찰에 적발되든 그렇지 않든 차를 운전하는 특권은 30일 동안 취소된다. 부모의 사전 동의가 있는 경우에만 예외를 둔다.
15. 빌리는 설령 핸즈프리라도 16세 운전자가 운전 중 휴대폰을 사용해서는 안 된다는 새로운 법규를 지키는 데 동의한다(단, 진짜 비상시에는 예외다). 경찰에 적발되지 않았더라도 빌리가 이 법규를 어겼을 때는 차를 운전하는 특권을 30일 동안 상실한다. 예를 들어 운전 중에 부모가 전화를 걸었을 때 빌리가 전화를 받으면 적용 가능한 규정을 어긴 것이고 위와 같이 운전 특권을 잃게 된다. 이 규정을 재차 어겼을 때는 차량 운전의 특권을 90일 동안 잃는다. 운전 중 문자 메시지를 보내거나 읽어도 90일 동안 차량 운전 특권을 상실한다. 이는 빨간 신호가 켜져 있을 때나 차가 정지하고 있을 때도 동일하게 적용된다. 부모는 운전하는 동안 휴대폰을 사용했는지 알아보기 위해 주기적으로 휴대폰 사용 기록을 확인할 수 있는 특권을 갖는다. 부모가 다음의 규칙을 철회할 때까지 자동차 시동이 켜져 있는 상태에서는 항상 휴대폰의 전원을 꺼짐 상태(비행기 모드)로 해놓아야 한다. 운전 중 휴대폰 사용에 대해서는 어떠한 관용도 베풀지 않을 것이다.
16. 빌리는 미성년자가 운전하는 것이 하나의 특권이며, 여기에는 자기 자신뿐만 아니라 다른 사람에 대한 중요한 의무가 따른다는 것을 인정한다. 빌리는 운전 예의를 지키고, 다른 운전자를 존중하

고, 조심조심 차분하게 운전하는 데 최선을 다하기로 동의하며, 안전하고 책임 있는 운전자가 되도록 최선을 다해 노력하는 것에 동의한다.

동의하고 승인함.

이름:

미성년자 날짜

이름:

부모 날짜

제8장

삶의 추억은 휴식 시간에 만들어진다

우리는 너무 많은 것을 하며, 제대로 음미하는 것이 너무 적다. 활동하는 것이 행복이라고 착각하며, 그 때문에 아이의 영혼을 채워주어야 할 때 아이의 일상을 이런저런 활동으로 채우며 아이의 머리를 정보로 채운다.

_카트리나 케니슨, 『아프도록 사랑하는 아이들에게』

캐런의 세 아이는 늘 운동을 한다. 아이들이 커가면서 운동 스케줄도 늘어났다. 스케줄 관리가 점점 더 힘들어졌다.

"아이들을 제각기 운동장에 데려다주느라 하루에 스무 번씩 '차에 타. 늦겠다'라고 소리치면서 달려가는 일에 너무 지친 나머지 미니밴에 세탁기가 있으면 좋겠다는 공상을 하기 시작했어요. 미니밴에서 빨래를 할 방법을 알아낼 수만 있다면 시간을 조금 벌 수 있을 텐데, 라고 생각했죠."

가족용 자동차를 빨래방으로 만든다는 것은 공상이다. 결국 캐런은 두 손을 들고 빽빽한 일정을 포기했다.

"그때 깨달았어요. 난 생활을 단순화하기 위해 선택하기 시작했어요. 매일매일 작지만 실행할 수 있는 변화들을 실천했고, 매주 가야 하는 몇 가지 활동을 줄였어요. 우리는 훨씬 더 행복해졌어요."

왜 더 많은 사람들이 일과 계획을 단순화하려는 변화를 꾀하지 않는 것일까? 아이가 어떤 기회도 놓치지 않게 하겠다는 생각에 너무 사로잡혀 있기 때문이다. 우리는 이런저런 활동들을 너무 일찍 시작할 뿐만 아니라 계속 늘려가기만 한다. 하지만 많이 한다고 좋은 것은 아니다. 아이는 숨 쉴 시간이 필요하다. 부모 역시 마찬가지다.

> 언제부터 일요일이 또 다른 토요일이 돼버렸는지 모르겠어요. 그렇게 사는 게 싫었어요. 일요일에는 집에서 가족과 함께 있고 싶었어요.
>
> _웨스트코스트에 사는 네 아이의 엄마

오늘날처럼 빠른 속도로 움직이는 하이테크 세상은 어린 시절의 삶과 충돌을 일으킨다. 예전의 우리는 안식일을 기억하고 그날을 성스럽게 지냈다. 적어도 평온한 시간을 가졌다. 하지만 요즘은 아이나 당신 자신에게 휴식을 주려고 해도 이런저런 장애에 부딪힌다.

> 한 학기 동안 아이 스케줄을 하나도 잡지 않기로 했어요. 하지만 그랬더니 스포츠 팀이나 다른 단체 활동에 참여하지 않는 아이가 별로 없어서 함께 놀 만한 아이가 거의 없었어요.

_이스트코스트에 사는 엄마

지금 우리는 이 정도로 미친 듯이 극단에 치우쳐 있다. 슈퍼 활동 버스에 탑승하지 않은 사람들도 이런 현실을 느끼고 있다. 많은 부모가 이런 현실을 미친 짓이라고 인정하지만 "이길 수 없다면 흐름에 합류하라"는 태도를 여전히 견지한다.

우리 자신의 어린 시절에서 소중하게 여기는 것과 현재 우리가 아이들에게 해주는 것 사이의 간극을 어떻게 메울 수 있을까? 정해진 일이 없는 상태에서 서두르지 않고 틀에 얽매이지 않은 채 자연스럽게 시간을 보내고 놀았던 때가 언제인지 기억을 떠올려보라. 여름날 바닷가에서 몇 시간씩 파도 위를 둥둥 떠다니던 때, 친구들과 어울려 동네를 뛰어다니던 때, 등을 대고 누워 하늘의 구름을 보면서 구름 모양으로 공상을 하던 때일 것이다.

그런 시간의 일부라도 되찾고, 이런 정신없는 일상을 멈출 수 있을까? 가족과 가정을 우리가 안착할 아늑한 곳으로, 우리가 편히 있을 수 있는 곳으로, 재충전을 위한 항구로 계속 유지해나갈 방법을 찾아보자.

스케줄을 줄여라

세 살짜리 아이가 넋을 잃고 무당벌레를 보고 있었어요. 바닥에 가만히 웅크리고 앉아 경이에 찬 눈으로 무당벌레를 가까이서 자세히 들여다보고 있더군요. 유아 체육 교실에 늦을 것 같아서 아이 이름을 부르며 얼른 차에 타라고 했죠. 아이는 무당벌레에 흠뻑 빠져 있느라 내가 부르는 소리도 듣지 못했어요. 나는 얼른 아이를 안아 올려 자동차 시트에 앉히고는 안전벨트를 채운 뒤 아이 무릎에 장난감을 던져주었어요. 아이 얼굴로 눈물이 또르르 흘러내렸어요.

그 순간 번쩍 정신이 들었어요. 지금 애한테 무슨 짓을 한 거지? 왜 애를 무당벌레한테서 떼어내어, 역시 벌레랑 노는 편이 더 나았을 또래 애들로 가득한 인공 체육관에 서둘러 집어넣으려는 거지?

_단순한 삶에서 평화를 찾은 엄마

무당벌레를 바라보는 일은 일종의 명상과 같다. 세상과 연결되어 있다는 느낌, 자연과 하나가 되는 경험, 평화의 느낌을 거기서 얻는 것이다. 당연히 이 작은 개구쟁이는 자기를 무당벌레에게서 떼어놓은 것이 마음에 들지 않았다.

아이는 자기 마음을 느낄 시간과 공간이 필요하다. 예전에 우리는 어린 시절의 자연스러운 리듬을 존중했다. 하지만 오늘날에는 미친 듯한 규칙에 매여 있다.

일을 마치고 나면 아이들을 이 활동에서 저 활동으로 바삐 실어 나르는 데 많은 시간을 보냈어요. 차를 탄 채로 이용할 수 있는 드라이브 스루를 만나면 운이 좋은 거죠. 어느 날 죄의식이 몰려왔어요. 그래서 잠시 속도를 늦추고 집에서 정말 좋은 음식을 직접 만들어 먹기로 결심했어요. 요리를 끝내자 정말 뿌듯한 기분이 들었고, "저녁 먹자!"고 소리쳤어요. 하지만 아무도 오지 않더군요. 아이들은 벌써 차로 달려가 안전벨트를 매고 있었어요.

_당혹스러운 엄마

우리는 활동에 시간을 쏟느라 우선순위에 놓아야 할 가족 식사 자리도 만들지 못하고 있다. 이는 퇴보다. 가족이 함께 저녁 식탁에 마주 보고 앉는 것이 서둘러 피아노 레슨을 받으러 가고, 야구를 하러 가는 것보다 아이에게 훨씬 큰 행복과 안전감을 가져다준다. 가족 식사 자리는 건강한 아이를 키우는 데 반드시 필요한 요소다. 수많은 연구들이 가족 식사가 약물과 알코올 중독을 줄이고, 비만율을 낮추는 것과 관련이 있음을 보여준다.

이 활동에서 저 활동으로 늘 시간에 쫓겨 다니다보면 신경이 날카로워지고 스트레스를 받는다. 불안감은 점점 커지고 실망감을 견딜 수 있는 인내심은 줄어든다. 이는 성인에게도 나쁘다. 더욱이 아이의 뇌는 아직 다 형성되지 않아 스트레스에 더욱 민감하므로 훨씬 큰 영향을 받는다.

미쳤다고 할 정도로 아이의 스케줄이 지나치게 빡빡했다는 이야기를 하려니 당혹스럽네요. 나는 엄청난 타이거맘이었어요. 아침부터 밤까지 일주일 내내 아이들을 활동 프로그램에 보냈죠. 세 딸은 미술 수업, 수영 교실, 체조 교실, 스페인어 수업, 종교 수업에 다녔어요. 모두 열 살도 안 된 아이인데!

내 아이들이 불행해 보였어요. 잠자는 것도 문제가 있었고, 늘 투정을 달고 다녔죠. 하루는 딸이 그러더군요. 늘 쫓겨 사는 기분이라고. 일주일에 며칠은 친구나 언니, 동생과 함께 놀거나 혼자 있는 시간을 가지면 좋을 것 같다고요.

_시달리면서 사는 아이들 때문에 늘 쫓기듯 사는 엄마

아. 이 엄마는 내려놓아야 했다. 그리고 그렇게 했다. 그녀는 빨간 펜을 집어들고 스케줄의 80퍼센트를 지웠다. 그녀는 해방된 기분이었다. 아이들도 마찬가지였고, 아이다운 삶을 살게 되어 행복해했다. 엄마는 애초 그럴 의도가 아니었지만 결과적으로 아이들에게서 빼앗아버렸던 어린 시절을 되돌려주었다.

고삐를 늦춰라

한 시골 마을에 휴가를 온 열 살의 샌디는 무리 지어 자전거를 타는 아이들의 모습을 넋을 잃은 채 바라보고 있었다. 잠시 후 샌디는 아이스크림 가게에서 그 아이들을 다시 만났다. 아이들은 재미있게 대화를 나누고 있었다. 샌디는 온종일 궁금하게 여겼던 것을 물었다.

"엄마 아빠는 어디 있어?" 샌디가 물었다.

"집에 있지." 한 아이가 어깨를 으쓱하며 말했다.

"정말 좋겠다! 혼자서 자전거를 타고 이렇게 놀러 다녀도 돼?"

"그럼, 되지." 두 아이가 대답했다.

"와, 정말 멋지다." 샌디가 말했다. "난 한 번도 혼자 있어본

적이 없어."

정말 슬픈 일이다. 요즘 아이들은 혼자 있는 시간이 거의 없다. 늘 주변에 부모가 있거나 베이비시터가 있거나 코치가 있다. 우리는 한 걸음 뒤로 물러서서 아이가 꿈꾸고 놀 수 있는 공간을 마련해 주어야 한다.

자신과 보내는 시간이 없다면 어떻게 자신을 발견할 수 있을까? 아이는 혼자서 뭔가를 할 때 자립성, 자기 주도, 친구와 편안하게 어울리는 법 등 많은 것을 배운다. 아이는 지시하는 부모 없이 혼자서 방법을 찾을 때 보다 집중하게 되고, 능력이 길러진다. 아이는 이런 훈련을 해야 한다. 하지만 어른이 아이의 일거수일투족을 지켜보고 있을 때는 이런 훈련을 하기 어렵다.

이런 사실을 깨달은 한 엄마가 있었다. 그녀는 베이비시터에게 놀이의 중심 역할을 하지 말고 그저 안전망 역할을 해달라고 했다. 아이에게 놀 거리를 찾아주지 말고 아이 스스로 놀게 놔둔 채 옆방에 가서 편히 쉬면서 잡지나 보라고 했다. 혹시 비명 소리가 들리거나 피가 나는 것을 보았을 때는 바로 행동을 취하지만 그렇지 않은 경우에는 그냥 계속 잡지나 보라고 말했다. 이 현명한 엄마는 아이가 계속 뭔가를 하도록 유도할 필요가 없다는 것을 이해했다. 아이는 스스로 즐기는 법을 깨달아야 한다.

과거 세대의 부모는 우리가 정해진 시간까지 돌아오기만 하면 얼마든지 밖에 나가 놀도록 많은 자유를 주었다. 덕분에 우리는 독립성을 기르고 밖으로 나가 세상을 발견하고 우리가 어디까지 뻗어 나갈 수 있는지 깨달을 수 있는 능력을 키웠다. 선의의 방치는 비록 문제점이 있긴 했지만 우리에게 탐색할 수 있는 여유를 주었다.

> 어렸을 때 우리는 위스콘신 숲 부근에 사는 할머니 집에 놀러가곤 했어요. 아직도 그 숲의 냄새가 기억나요. 그리고 여동생과 내가 놀면서 탐색하는 동안 자연 속에서 자유의 몸이 된 것처럼 느꼈던 해방감의 기억도 생생하고요. 나무 세 그루가 잘려 있는 공터가 우리의 거실이었고, 야생화가 무리 지어 피어 있는 곳이 우리의 주방이었죠. 우리는 돌을 가져다가 가구를 만들었어요. 숲 속에 우리 집을 어떻게 지을지 공상하며 몇 시간씩 놀곤 했어요.
>
> _시카고대학 교수

자유, 공상, 탐색, 경이. 이런 것이 어린 시절의 마법이다.

아이에게 놀이 시간을 줘라

최근 한 자녀 교육 강의에서 한 엄마가 강사에게 조언을 구했다. "다섯 살짜리 아들이 몇 시간씩 상상 놀이만 하고 싶어해요. 어떻게 하면 아들이 시간을 허비하지 않고 보다 생산적인 것을 하면서 지내도록 할 수 있을까요?"

이 엄마는 농담으로 이 이야기를 했던 것일까? 상상 놀이는 아이에게 놀라울 만큼 풍부한 경험을 가져다준다. 부모는 아이를 슈퍼키드로 키워야 한다는 노이로제에 사로잡혀 아이의 놀이를 망쳐서는 안 된다.

많은 부모들처럼 이 엄마도 단어 카드를 반복 연습하는 것이 가상 놀이보다 교육적이라는 그릇된 생각을 갖고 있다. 하지만 오랜 기간의 연구는 정반대의 사실을 증명한다. 아이에게서 놀이를 빼앗으면 진정한 발달을 해친다. 많은 연구에서 어린 시절의 상상 놀이와 미래의 창의성 사이에 상관관계가 있음을 보여주었다. 또한 따분한 시간은 그 안에 갖가지 가능성을 품고 있다.

아홉 살의 케인은 여름 내내 이스트로스앤젤레스에 있는 아빠의 중고 자동차 부품 가게에 앉아 있는 것이 지겨웠다. 아빠가 일하느라 바쁜 동안에는 계획된 활동도 없고, 전문 캠프에도 갈 수 없었다. 하지만 많은 자유 시간과 빈 종이 상자가 있었다.

케인은 이 상자들로 무엇을 할 수 있을지 생각하기 시작했다. 얼마 지나지 않아 상자는 카니발 아케이드 게임기로 바뀌었다. 케인은 티켓과 상품을 모아놓고 첫 손님이 오기를 기다리고 또 기다렸다. 너반 멀릭이 들어왔다. 케인이 만들어놓은 작품을 보고 한눈에 반한 그는 모든 게임을 즐길 수 있는 자유 이용권을 사기 위해 2달러를 냈다.

너반은 케인과 그의 아버지에게 자신을 다큐멘터리 감독이라고 소개했다. 그들은 너반이 어린 소년의 신나는 놀이를 다큐멘터리로 만드는 것을 허락했다. 동영상이 유튜브에 올라가자 케인은 전국적으로 센세이션을 일으켰고, 전 세계 아이들의 상상력에 불을 지폈다.

따분한 시간이 있었기에 케인은 창의력을 마음껏 펼칠 수 있었다. 또한 아이 자신이 놀이 시설의 자유 이용권 역할을 할 수 있다는 것을 증명해 보였다. 하지만 너무 많은 아이가 이런 능력을 잃어버렸다.

> 슬픈 일이에요. 아주 오래전에 나는 소방서 놀이 공간을 만들었어요. 우리는 소방관 옷과 봉을 그곳에 남겨두었는데, 예전에는 아이들이 곧장 뛰어 들어가서는 소방관이 되어 고양이를 구하고 불을 끄곤 했지요. 하지만 올해 유치원생들은 당황스러운 얼굴로 소방관 옷을 쳐다보더군요. 한 아이가 이렇게 물었어요. "이걸로 어떻게 하는 거예요? 규칙은 뭐예요? 어떻게 하면 이기는 거죠?" 나는 생각했어요. 이 아이들에게 노는 법까지 가르쳐야 하나?
>
> _유치원 원장

> 내가 전자오락 게임이 된 것 같아요. 어린 시절을 영원히 바꿔놓은 수업들이 너무 많아요. 예전에는 아이들이 장난감을 갖고 놀았는데, 지금은 장난감이 아이를 위해 작동하지 않으면 아이가 관심을 보이지 않아요. 놀이가 잊힌 기술이 되지 않았으면 좋겠어요.
>
> _장난감 가게 주인

의식적인 노력으로 놀이 정신을 지켜가는 부모들이 있다.

한 디너파티에서 부모들이 테이블 옆에서 웃고 이야기하는 동안 옆방에서는 아이들끼리 즐거운 시간을 갖고 있었다. 자기들끼리 재미있게 노는 아이들의 능력은 놀라웠다. 징징거리는 아이가 한 명도 없었고, 아무도 텔레비전을 틀어달라거나 비디오 게임을 하게 해달라고 하지 않았다. 아이들은 그냥 놀이를 하고 있었다. 얼마나 신선한 풍경인가.

그곳에 온 대다수 아이들은 같은 유치원을 다니고 있었고, 이 유치원에서는 텔레비전을 보거나 컴퓨터 게임을 하기보다는 상상력을 자극하는 단순한 장난감 놀이를 하도록 권장했다. 어른들끼리 즐거운 시간을 갖는 동안 아이들은 자기들끼리 놀고 있었다. 아이들은 요새를 만들고, 가상 놀이를 하고, 블럭으로 커다란 물체를 만들었다.

아이들에게 놀이를 할 수 있는 여지를 주었을 때 아이들 스스로 어떤 것들을 끄집어낼 수 있는지 안다면 그저 놀랄 것이다. 게다가 아이들은 너무 많은 제한을 견디지도 못한다.

일곱 살의 헨리는 친구들과 함께 해보고 싶은 놀이가 많은데 엄마가 안 된다고 반대하는 경우가 잦자 점점 불만이 쌓여갔다.

"엄마가 놀이를 좋아하는 사람이었으면 좋겠어요." 헨리가 침울하게 말했다.

정신이 번쩍 들게 할 만한 이야기였다. 헨리의 엄마는 면도용 크림 통을 몇 개 가져다가 아이들에게 유리창에 손가락 그림을 그리며 놀라고 했다. 아이들은 믿기지 않는 얼굴로 엄마를 쳐다보았다. 그러더니 이내 놀이에 빠져들었다. 어느 순간부터 뒷마당에서 아이들의 웃음소리와 꺄악꺄악 질러대는 비명 소리가 들려왔다.

아이들은 흰색 면도용 크림을 친구의 온몸에 묻히며 즐거워했다. 아이들은 이 놀이를 즐겼다.

아이들을 느슨하게 풀어주는 것이 힘들 때도 있다. 하지만 그냥 한번 저질러보라!

> 모든 게 잘 정돈되고 깨끗해야 하며 내 아이들은 뭔가를 하느라 '바빠야' 한다는 내 자신의 본능에 맞서 싸워야 해요. 나 자신은 어린 시절에 가졌던 자유로운 시간을 정말 소중하게 여기면서도 이런 본능과 싸우고 있다는 데 놀랐어요.
>
> 어느 날 저녁 식사를 준비하는데 비가 쏟아지기 시작했어요. 아이들이 밖에 나가도 되냐고 묻더군요. 좋다고 허락해야 했지만 곧바로 비에 젖은 진흙투성이의 아이들이 온 집 안을 더럽히고 다니는 모습이 머릿속에 그려지더군요. 하지만 내가 어린 시절에 누렸던 자유를 기억해내고는 "그럼! 안 될 게 뭐 있어? 좋은 생각이야!"라는 말을 억지로 입 밖으로 꺼냈어요.
>
> 아이들은 문을 열고 밖으로 나가 물웅덩이로 뛰어들기 시작했어요. 네 살짜리 아이는 커다란 흙탕물 웅덩이로 뛰어들더니 서서 깔깔거리더군요.
>
> 나는 기분이 너무 좋아서 아이들이 재미있게 놀도록 내버려두었어요. 그런 소중한 추억을 갖게 되었으니 차갑게 식은 저녁밥과 진흙 정도는 대가치고는 작은 거죠.
>
> _에밀리, 미시간에 사는 엄마

어린 시절의 재미를 빼앗지 말자. 놀이를 하는 동안 상상력이 피어나며 이는 창의성을 길러준다. 누가 무슨 장난감을 가질지, 누가 먼저 할지 협상하는 과정에서 아이는 차이를 해결하는 법을 배운다. 가상 놀이를 할 때 아이는 각기 다른 역할(좋은 사람, 나쁜 사람, 그 중간의 모든 남자와 여자)을 해보고 자기에게 어울리는 역할을 알게 된다. 이 과정에서 아이는 자신이 좋아하는 것과 싫어하는 것을 배운다. 또한 감정을 이해하는 법도 배운다.

실제로 놀이는 감정을 파악하는 데 매우 중요한 도구가 되기 때문에 소아정신과 의사들은 놀이를 치료에 이용한다.

교통사고로 아빠를 잃은 네 살의 올리버가 상담을 받기 위해 엄마와 함께 왔다. 놀이 시간 동안 올리버는 자신이 맡은 가상 인물이 너무 빨리 하늘나라로 가야 하다면서 자주 울었다. 정신과 의사는 가상 인물의 죽음에 관한 이야기를 통해 올리버가 자신의 상실에 대해 마음을 열고 이야기하면서 치유되도록 할 수 있었다.

언젠가 치료 시간이 끝나 방을 나가 대기실을 지나던 올리버는 다음 환자를 보게 되었다. 올리버는 그 젊은 환자의 손을 잡고는 이렇게 말했다. "괜찮아질 거예요. 우리 아빠도 돌아가셨어요." 사실 이 젊은이의 아빠는 죽지 않았지만 올리버는 그가 고통을 겪고 있다는 것을 알아보았다. 올리버는 놀이를 통해 감정을 표현하고 해결하는 법을 배웠으며 다른 사람의 슬픔을 알아보고 위로해주는 능력을 갖게 된 것이다.

놀이는 치료 수단이나 재미를 즐기는 방법이 될 수 있으며 정신, 육체, 영혼에 좋은 영향을 미친다. 이보다 더 '생산적인' 것은 없다.

단순하게 살아라

다섯 살의 미미는 공주 복장을 하고 매직킹덤 성에 가는 게 꿈이었다. 그래서 엄마인 엘레나는 미미와 미미의 생일날 디즈니랜드에 놀러가기로 약속했다.

주말이 가까워질수록 엘레나는 점점 두려워지기 시작했다. 남편은 직장 일로 긴 출장을 다녀와 몹시 피곤해하는 상태였다. 엘레나의 머릿속에는 북적거리며 길게 늘어선 줄과 그날 써야 할 부담스러운 비용이 계속 떠올랐다. 엘레나는 다시 생각해본 뒤 본능적인 느낌을 따르기로 하고 미미에게 다른 생일 파티 계획이 생각났다고 말했다.

"오늘 너랑 디즈니랜드에 놀러가기로 약속했다는 거 알아. 그런데 거기 가지 말고 집에서 공주 파티를 하면 어떨까? 너랑 언니랑 엄마는 모두 공주 옷으로 차려입고, 아빠는 왕자처럼 옷을 입는 거야. 그런 다음 다함께 뒷마당에서 티 파티를 하자."

엘레나로서는 매우 놀랍게도 미미는 실망하는 기색을 보이지 않았다. 오히려 신나했다.

"진짜 공주 티 파티를 열면 정말 재미있을 거예요!" 미미가 팔짝팔짝 뛰면서 소리쳤다.

엘레나는 약속한 대로 반짝거리는 옷을 입고, 딸들에게는 발레 드레스를 입히고 작은 왕관을 씌워주었다. 아빠는 두 딸이 직접 반짝이로 장식한 종이 왕관을 썼다. 이 모습을 본 두 딸은 키득거리며 웃었다.

미미는 티 파티의 음식을 모두 핑크색으로 해줄 수 있는지 물었다. 어차피 공주 파티니까. 그래서 그들은 핑크색 스무디를 만들고, 컵케이크를 핑크색으로 장식하고, 핑크색 딸기 요구르트에 과일을 넣었다. 왕과 여왕처럼 음식을 먹는 동안 이들에게 특별한 주문이 내린 것 같았다. 그들은 친밀함 속에서 웃고 행복한 시간을 보냈다. 바로 자기 집 뒷마당에서 진짜 매직킹덤을 발견한 것이다.

아름다운 추억을 만들기 위해 꼭 멀리 가거나 면밀한 계획을 세워야 하는 것은 아니다. 단순해야 마법이 일어날 여지가 생긴다. 또한 단순한 것이 더 재미있을 때도 많다.

> 아들과 나는 옛날 방식의 생일 파티에 초대받았어요. 그곳에서 아이들은 음악을 틀어놓고 훌라후프 놀이를 하고, 물 풍선을 던지고, 스프링클러 사이를 뛰어다니며 놀았죠. 아이들은 다들 이보다 훨씬 호화로운 생일 파티에 다녀온 적이 있었지만 그 파티를 무척 재미있어 했어요. 집으로 돌아오는 길에 아들은 그때까지 가본 생일 파티 가운데 최고의 파티였다고 하더군요.
>
> _분별력 있는 엄마

때로는 두 사람만 있어도 파티가 된다.

이혼한 뒤 혼자 아이를 키우는 엄마 페이는 피곤에 지치고 짓눌려 있었다. 휴일은 한 달에 이틀, 격주로 쉬는 토요일뿐이고, 일을 마치고 돌아온 뒤에는 딸 리자와 시간을 보내야 했다. 그녀는 딸을 데리고 멀리 놀러가고 싶었지만 그럴 시간도 돈도 없었다.

페이는 좌절감을 떨쳐내고 자신들이 가진 시간을 소중히 보낼 방법을 생각하기 시작했다. 그녀는 리자에게 2주일 뒤에 집에서 1.5 킬로미터쯤 떨어진 산으로 소풍을 갈 거라고 말했다. 아홉 살의 리자는 이 말에 귀를 쫑긋 세우며 반색했다. 그들은 곧바로 계획을 세우기 시작했다.

그들은 피크닉 바구니를 꺼내 주방 탁자 위에 올려놓았다. 그리고 2주 동안 매일 밤 이 바구니 안에 뭔가를 담기 시작했다. 은식기, 냅킨, 혹시 꽃을 발견할 경우 담아올 작은 꽃병, 음식을 담아갈 용기 등등. 어느 날 밤에는 직접 머핀을 만들어 굽고, 다음 날 밤에는 좋아하는 잼을 바구니에 담았다. 바구니가 채워질수록 리자는 점점 마음이 설렜다.

마침내 피크닉 날이 되었다. 산에 오른 리자와 엄마는 앉아서 식사를 즐길 만한 그늘진 곳을 찾았다. 즐거운 한때를 보내는 동안 리자가 엄마를 보며 말했다. "고마워, 엄마. 이렇게 내 생애 최고의 날을 보내게 해줘서."

페이는 고마운 마음과 사랑으로 가슴이 벅차올랐다. 딸에게 그런 선물을 할 수 있다는 데 감사해했다. 굳이 휴가를 내지 않아도, 멋진 저녁 외출이 아니어도 충분했다. 그저 함께하는 시간을 가지면서 영원히 간직할 소박한 순간을 만들기만 하면 되었다.

심지어는 사치스럽게 돈을 펑펑 쓰는 사람들도 소박한 체험에서 가장 특별한 순간을 맛보기도 한다.

사립학교 교사 피터스는 스노 파티를 열기로 했다. 그녀가 맡고 있는 캘리포니아의 1학년 학생들은 몹시 흥분했다. 피터스는 아이들에게 혹시 추울지 모르니 모자와 장갑을 챙겨오라고 했다. 그 주일에는 계절에 관해 배우고 있었기 때문에 아이들은 비밀에 싸인 스노 파티를 생각하며 점점 기대감에 부풀었다.

피터스는 우연히 이사벨이 친구에게 이야기하는 말을 들었다. "전에 콜로라도에 스키를 타러 간 적이 있어. 분명 거기에서 눈을 가져올 거야."

"아니, 눈을 **만들어낼** 거야!" 이사벨의 친구가 대답했다.

교사는 생각했다. 어쩌나, 애들이 실망하겠네.

스노 파티를 하기로 한 오후가 되었다. 피터스는 아이들에게 먼저 수학을 조금 공부해야 한다고 설명했다. "분수를 배울 거예요." 학생들이 앓는 소리를 냈다.

피터스는 아이들에게 종이를 한 장씩 나눠주고 가운데를 접어 찢으라고 했다.

"크기가 어떻게 되었죠?" 교사가 물었다.

"반이 되었어요." 한 남자아이가 대답했다.

"그럼 그걸 다시 반으로 찢어요. 모두 몇 개가 되었나요?"

"네 개요."

"좋아요. 이게 사분의 일이에요."

한동안 이런 연습이 이어졌다. 아이들이 막 지겨워할 때쯤 피터스가 말했다. "이제 책상 위에 있는 종잇조각을 모두 구겨요."

아이들은 영문을 모른 채 어리둥절해하면서도 시키는 대로 따랐다.

그때 피터스가 큰 소리로 말했다. "눈싸움 시작!"

신난 아이들이 서로 종잇조각을 던지기 시작했다. 아우성치는 웃음소리가 교실 밖으로 퍼져나갔다. 한바탕 놀고 지친 아이들은 여전히 모자와 장갑을 낀 채로 교사가 들려주는 이야기에 귀를 기울이며 뜨거운 핫초코를 마셨다.

그날 오후 버스를 타러 이사벨과 함께 걸어가는 동안 피터스가 물었다. "스노 파티는 어땠니?"

이사벨이 대답했다. "이제껏 해본 것 중 가장 재미있었어요!"

때로는 흰 종이와 교사의 상상력만으로도 충분할 때가 있다.

아이가 무엇을 할 수 있을지 보고 싶다면 아무것도 주지 마라.

_노먼 더글러스, 작가

많을수록 더 좋다는 생각을 믿지 마라. 당신의 시간을 아이들에게 내주고 사랑을 보여주는 것이 아이들에게는 최고의 선물이다. **당신**을 내줘라! 물건 말고 함께 있어주는 시간을 선물하라. 물건은 어린 시절에 받는 상 가운데 하찮은 것이다.

닥터 수스의 만화영화에 등장하는 그린치도 선물을 훔쳐 크리스마스를 망치려고 했을 때—이 시도는 성공하지 못했다—이 교훈을 깨달았다.

"리본도 없이 왔어! 선물 카드도 없고! 포장도 안 하고, 상자에 넣지도 않고, 비닐 백에 넣지도 않았어!" (…)

그는 생각했다. '어쩌면 크리스마스는 상점에서 가져오는 게 **아닌가**

봐.'

'어쩌면 크리스마스는… 아마도… 그보다 조금 큰 의미가 있나봐!'

평화 구역

부모 역할이 즐겁지 않을 때 그 이유를 생각해보면 대개 내가 그 순간에 온전하게 충실할 수 없기 때문이에요. 급히 어디를 가고 있다든가, 아니면 그 순간에 해야 하는 일이 있거나 미처 마치지 못한 일을 생각하고 있는 거죠. 내가 속도를 늦추고 자신을 내려놓을 때… 그리고 아이들과 함께하면서 긴장을 풀고 즐거운 시간을 가져도 된다고 여길 때는 훨씬 즐거워요. 내 앞에 펼쳐지는 이 기적을 가만히 응시하면서 소중함을 느끼게 돼요. (…) 가정은 단순히 공간이 아니에요. 가정은 곧 존재 상태를 의미해요.

_로라 칼린, 작가이자 블로거

그 순간에 충실하기 위해서는 종종 당신의 할 일을 내려놓고 바깥 세계로부터 끊임없이 들려오는 시끌벅적한 소리들을 꺼놓아야 한다. 아이들이 마음의 평정을 찾도록 우리 마음의 평정부터 찾아야 한다. 그럴 때 일상 속에서 고요한 순간을 맞이할 공간을 마련할 수 있고, 가정의 속도를 정할 수 있다.

일에서 가정으로 돌아오는 전환 과정이 힘들었어요. 일의 스트레스를 집으로 끌어들이고 싶지 않아서 이메일을 바로 확인하고 싶은 마음을 누르려고 노력했어요. 현관문을 열고 들어오면 자물쇠를 채워버렸다고 느꼈어요. 아이들도 그렇게 느꼈죠. 뭔가 다른 게 필요했어요. 그래서 댄스 파티를 생각해냈어요. 지금은 집에 들어와 아이들과 포옹을 하고 나면 아이들이 곧장 달려가 음악을 틀고, 우리는 주방에서 춤을 춰요. 그러면 일의 스트레스가 내 몸에서 빠져나가는 걸 느낄 수 있고 아이들의 기쁜 표정이 그 자리를 채우면서 긴장이 스르르 녹아내려요.

_시카고에 사는 엄마

아이는 당신의 에너지를 흡수한다. 당신이 기진맥진하고 불만에 차 있으면 아이 역시 그렇게 된다. 하지만 당신이 편안하고 따뜻한 에너지로 이끌면 이 기운이 똑같이 전염된다.

가정의 리듬을 새롭게 시작하기 위해서는 특정한 의식을 거치거나 명상을 하는 것도 하나의 방법이다. 성찰적 자녀 교육이라는 명칭을 가진 한 모임의 의식적인 훈련에서는 엄마와 아빠들에게 5분 동안 가만히 앉아 아이들을 관찰해보라고 한다. 그날 있었던 이런저런 일들을 머릿속에서 모두 지우고 그저 아이들이 놀고 있는 모습을 지켜보아야 한다. 부모들은 그 5분 동안 아이들에게 얼마나 친밀하고 평온한 기분을 느끼게 되는지 깨닫고는 놀란다.

마음을 쏟는 일은 훈련이 필요하다. 디팩 초프라도 스트레스로 가득한 의사로서의 모습을 떨쳐내고 그날의 영적 스승이 되는 법을 익혀야 했다. 더 나은 방법을 알게 되자 그는 이를 자기 아이들에게 가르쳐주었다.

> 우리 부모가 내게 준 최고의 선물은 명상하는 법을 가르쳐준 거예요. 명상이 부모의 삶을 얼마나 크게 변화시켰는지 보았기 때문에 나와 내 남동생도 명상을 배우고 싶은 마음이 들었어요. 내 안에서 평화와 고독의 장소를 발견할 수 있다는 점에서 명상은 대단한 선물이에요.
>
> _말리카 초프라, 2013년 강의

명상이 뇌에 좋다는 사실은 이제 과학으로 입증되었다. 위스콘신의 신경과학자 리처드 데이비드슨 박사는 명상이 스트레스와 염증을 줄이고 연민의 마음과 집중력을 키우며 신체와 정신이 보다 편안한 상태에서 기능하도록 해준다는 것을 밝혀냈다.

명상을 하든 다른 방법을 이용하든 일을 멈추고 아이와 일상을 함께하는 시간을 별도로 마련할 방안을 생각해내라. 마치 축구나 피아노 레슨 시간을 따로 정하는 것처럼.

> 나는 집 안에 평화 구역을 만들려고 노력해요. 우리 아이들은 아직 어려서 가만히 앉혀놓는 것 자체가 어려운 일이에요. 겨울에는 불을 피워놓고 조용히 바라보는데 그러면 아이들이 넋을 잃고 바라봐요. 밖으로 나가 자연의 여러 소리를 들어보려고도 해요. 아주 평화롭고 친밀한 느낌이 들어요.
>
> _네 아이를 둔 엄마

친한 친구가 이런 말을 했다. "환경은 제3의 부모야." 가정 환경이 당신 기분에 영향을 미칠 수 있다. 또한 신경 화학물질에도 영향을 미친다. 뇌는 상호작용을 하는 살아 있는 기관이며 주변 환경에 영향을 받는다. 평화로운 가정은 평화로운 뇌를 만든다.

평화를 얻는 일은 그렇게 힘들지 않다. 가령 이제는 아이들이 커서 쓰지 않는 오래된 장난감이나 책 등의 잡동사니를 치우고 공간을 마련한 다음 편안하게 정돈된 분위기를 만든다. 아름다운 음악을 틀거나 촛불을 켜는 간단한 일로도 집 안의 분위기를 바꿀 수 있다.

한 엄마는 아이들을 목욕시킬 때마다 투정과 불만이 끊이지 않아 목욕이 하나의 큰일이 되자 뭔가 변화를 꾀해야겠다고 생각했다. 그래서 바꾸었다.

"어느 날 밤 남편과 애들이 탁자를 치우는 동안 난 2층으로 뛰어 올라갔어요. 그리고 자연의 소리가 담긴 CD를 틀어놓은 뒤 촛불을 켜고 전기 조명을 어둡게 했죠."

목욕해야 할 시간이 되어 아이들이 불평을 늘어놓기 시작하자 그녀는 문을 열었고, 고요한 분위기가 아이들의 불평을 잠재웠다. 그녀는 아이들에게 점적기를 하나씩 주어 욕조에 아로마액을 떨어뜨리게 했다. 일상적인 일이 뭔가 특별한 일로 바뀌면서 목욕으로 인한 아이들의 불평은 하수구를 타고 씻겨 내려갔다.

집이든 일터든 학교든, 심지어 병원에서도 정성스런 손길이 커다란 변화를 만들어낸다. 다행히도 의료계에서는 개인의 주변 환경이 가져다주는 치료 효과를 깨닫기 시작했다.

예전에 정신과 레지던트로 일하던 시절 나는 황량한 정신과 입원 병동에서 수많은 밤과 낮을 보냈다. 벽은 썰렁하고, 그림도 음악도 생명체도 없었다. 그 자체만으로 기분이 우울해졌고, 분명 환자들의 정신 질환도 더 악화되었을 것이다. 나는 병원이 진정한 치유 공간으로서 어떤 모습을 지녀야 할지 상상하곤 했다. 좋은 냄새, 평화로운 색깔, 텔레비전에 나오는 자연의 모습들을 그렸다. 그런 병원이라면 환자에게도 좋고, 건강을 회복하는 데도 도움이 될 것이라고 믿었다.

그로부터 오랜 시간이 지난 뒤 캘리포니아대학교 로스앤젤레스 캠퍼스 신경정신병원 원장 토머스 스트로스는 신축 건물로 병원을 옮긴 뒤 생긴 커다란 변화들에 관해 이야기했다. 예전의 병원은 어둡고 칙칙했으며, 좁은 복도와 몇 개 없는 작은 창들 때문에 갇힌 느낌이 들고, 밀실 공포증을 불러올 것 같았다. 반면 새 병원은 설계에 많은 신경을 써서 밝고 공기가 잘 통하도록 했다. 커다란 유리창으로 햇빛이 들어와 커다란 방과 복도를 밝게 비추어 탁 트인 느낌을 만들어냈다.

결과는 어떻게 되었을까? 직원 이직률이 급격하게 줄었고, 환자의 두 팔과 두 다리를 묶어놓는 일도 현격하게 줄었다.

병원의 모습을 바꾼 결과 정말 놀라운 변화가 생긴 것이다. 자연광을 실내로 들이고, 탁 트인 느낌을 줌으로써 병원은 환자와 직원에게 평화로운 느낌을 안겨줄 수 있었다. 자연을 집 안으로 들여도 비슷한 효과를 볼 것이다.

애리조나에 사는 세 아이의 엄마 퀸은 아들 리암에게 나비 정원을 선물하고 무척 기뻤다. 그들은 애벌레를 주문하고 작은 텐트를 세운 뒤 3주 동안 애벌레가 자라고, 번데기를 만들고, 나비로 변신하는 과정을 지켜보았다.

"부모가 아기 방을 만드는 마음으로 곧 생겨날 나비를 위해 텐트를 지었어요." 퀸이 말했다. "우리는 설탕물에 카네이션을 담아 놓고 텐트 가장자리를 따라 오렌지 조각을 일렬로 놓아두었어요. 기다림의 시간을 포함해 모든 과정이 흥분과 기대감을 불러일으켰죠. 아들과 나는 천천히 변하는 번데기를 조용히 바라보면서 우리의 기적을 경이롭게 지켜보았어요."

"어느 날 잔뜩 흥분한 목소리가 들렸어요. '날개예요! 엄마! 날개요!' 주방에서 한껏 들뜬 목소리가 들렸지요. 우리는 세 마리의 나비의 탄생에 놀라워하며 탁자에 앉아 있었어요."

리암의 얼굴은 경외감으로 빛났다.

"나비들을 날려 보내야 할 때가 되자 리암은 텐트의 지퍼를 조심스럽게 열었어요. 화려한 색깔의 나비가 날아오르더니 리암의 작은 손가락에 내려앉았지요."

애벌레가 나비로 변하는 과정을 지켜보는 동안 가족에게도 변화가 일어났다. 그들은 가족의 삶 속에 자연을 가져오고 평화로운 리듬을 살려낸 것에 무척 감사해했다.

자연 속에 온전히 침잠할 수 있을 때 이 평화는 더욱 확대된다.

난 매주 주말이면 아들들과 함께 야외 활동을 하면서 시간을 보내요. 자연은 우리와 우리의 영혼을 연결시켜주는 통로예요. 감사의 마음이 가득한 평화로운 상태를 만들어주죠.

_스콧, 땅과 호흡하는 아빠

플로리다의 한 바닷가. 파도가 부서지고 햇볕이 피부를 따뜻하게 비추는 가운데 엄마와 딸이 조개껍데기를 줍고 있었다. 이들이 바다의 보물을 바구니에 담고 있는 동안 한 노인이 이 모습을 바라보며 감탄했다. 그는 엄마에게 미소를 지어 보이고는 말했다. "신의 놀이터에 오신 걸 환영하오."

단순히 자연의 리듬을 따르는 것만으로도 당신과 당신의 모든 것이 땅과 온전하게 하나가 되는 느낌을 받을 수 있다. 하지만 오늘날에는 너무도 많은 아이가 『자연에서 멀어진 아이들』에서 리처드 루브가 자연결핍장애로 일컬은 증상을 앓고 있다. 실내에 갇혀 앉아 지내는 생활 방식이 비만의 만연과 전반적인 무기력증을 가져오고 있다. 루브는 말한다. "텔레비전과 달리 자연은 시간을 도둑질하지 않는다. 시간을 증폭시켜준다."

"내 어린 시절의 최고의 추억 중 하나는 5학년 때의 일이에요." 한 아빠가 회상했다. "아버지와 나는 산책을 나가 반딧불이를 잡아오기로 했어요. 우리는 구멍이 송송 뚫려 있는 유리병을 가지고 탁 트인 넓은 들판으로 가서 기다렸어요."

드디어 반딧불이들이 까만 밤하늘 아래에서 빛나기 시작했다.

"아버지와 내가 얼마나 오랫동안 그 들판에 등을 대고 누워 있었는지 기억나지 않아요. 공기가 따뜻하고 촉촉했던 기억이 나요. 아버지와 내가 조용히 반딧불이를 쳐다보면서 나란히 누워 있을 때의 그 느낌이 지금도 생생해요. 우리는 걸어서 집으로 돌아왔고, 남동생이 반딧불이를 보여달라고 했죠. 아빠와 나는 웃었어요. 병을 보니 안이 텅 비어 있었거든요."

30년도 더 지난 그날 밤의 추억이 새록새록 떠오르는 동안 그의 마음은 여전히 충만함으로 가득했다.

정신과 의사의 메모

삶의 추억은 휴식 시간에 만들어진다

1. 스케줄을 느슨하게 잡아라. 아이가 자기 자신과 함께할 시간이 없는데 어떻게 자신을 발견할 수 있겠는가?
2. 틀에 짜이지 않은 놀이를 즐길 시간과 자유가 아이에게 필요하다. 상상력을 펼치며 노는 놀이는 사회적, 정서적, 신체적 성장을 돕는다.
3. 아이가 따분하다고 느낄 시간이 있어야 한다. 따분한 시간은 그 안에 갖가지 가능성을 품고 있다.
4. 아이가 '뭔가 생산적인 것을 해야' 한다는 생각을 버려라. 아이는 스스로 생산적이다.
5. 화려하거나 값비싼 장난감은 아이에게 필요하지 않다. 아이에게 필요한 것은 당신의 시간과 사랑이다.
6. 삶의 속도를 늦추고 아이와 함께 있어주어라. 일정한 시간을 비워놓고 그동안에는 할 일을 내려놓아라.
7. 당신도 함께 놀아라. '놀이를 즐기는' 마음이 당신 안에도 들어 있다는 것을 다시 발견하라.
8. 환경은 제3의 부모다. 가정을 평화로운 안식처로 만들어라.
9. 야외로 나가라. 자연은 사람을 변화시킨다.
10. 아이가 성장할 수 있는 공간과 시간을 주어라.

제9장

사랑은 오래도록 간직되는 유산이다

삶을 사는 데는 오로지 두 가지 방법이 있을 뿐이다. 하나는 그 어떤 것도 기적이 아닌 것처럼 사는 것이다.
다른 하나는 모든 것이 기적인 것처럼 사는 것이다.
_알베르트 아인슈타인

어느 날 밤 공들여 계획했던 디너파티가 끝난 뒤 로키산맥에 사는 한 엄마는 뭔가 거꾸로 된 것이 아닌가 하는 의구심을 갖기 시작했다.

"시간을 들여 멋진 식사를 준비하고, 꽃을 사오고, 촛불을 켜곤 했어요. 모임을 준비하기 위해서요." 리사가 말했다.

하지만 왜 가족의 저녁 식사에는 그런 노력을 들이지 않았을까? 그녀는 의아했다. 그녀는 다른 누구보다도 남편과 아이들에게 음식을 먹이는 것을 좋아했다. 그런데 왜 그들에게는 남은 음식이나 피자를 주면서 소홀하게 대했던 것일까? 물론 매일 밤 파티처럼 음식을 준비할 수는 없다. 그래도 가끔은 그럴 수 있었을 것이다.

그리하여 가족 저녁 파티가 시작되었다. 남편이나 아이들 중

누구에게라도 기념할 만한 일이 생기면 언제든 특별한 식사를 준비하고 작은 정성을 들여 분위기를 만들었다. 가족들의 베개 위에 초대장을 놓아두었다. 식탁 위에 좋아하는 음식을 차리고 꽃을 놓았으며 파티 음악으로 분위기를 띄웠다. 여기저기 켜놓은 촛불이 친근한 느낌을 자아냈다. 모든 것이 특별한 느낌을 주었다.

가족의 전통이나 의식은 정체성을 심어준다. 다른 어디에도 없는 특별한 집단의 일원이 되면 소속감으로 인해 편안한 느낌이 든다. 학교, 팀, 동호회의 일원이 되는 것과 같은 것이다. 당신이 어느 집단을 대표하는지 깨닫고 거기서 자부심을 느낀다.

우리는 아이에게 어린 시절을 만들어주는 사람이다. 당신 가족만의 의식을 통해 특별한 어린 시절을 만들어주어라.

> '우리'에 대해 강하게 의식하는 아이는 '나'에 대한 강력한 의식을 계발하기 시작한다.
>
> _킴 존 페인, 『내 아이를 망치는 과잉 육아』

일상의 틀을 지키면 '우리' 가족이라는 의식이 생기고, 아이는 일상이 어떻게 흘러갈지 예측할 수 있다. 아이는 다음에 일어날 일을 예측할 수 있을 때 자신이 안전하다고 느낀다. 하지만 요즘처럼 미친 듯이 돌아가는 문화에서는 예측하지 못하는 것이 오히려 정상이 되었다. 페인은 가정의 일과와 리듬을 회복하는 것이 어떤 중요한 의미를 지니는지 쓰고 있다.

아이가 마음을 진정시키는 의식으로 하루 일과를 마칠 수 있도록 해주어라. 규칙적인 리듬과 속도는 건강한 심장 박동의 소리다. 심장 박동이 불규칙하면 신체 체계가 엉망이 된다. 당신 가정에 규칙적인 리듬을 불어넣어라.

나는 항상 집에서 일정한 틀을 유지하려고 의식했어요. 얼마 후 그 일상은 의식이 되었죠.

_엘리자베스, 세 아이의 엄마

그리고 평범한 일은 신성한 일이 된다.

가정이 든든한 지반 위에 자리 잡고 있는 것으로 기억될 때 사람들은 더 멀리 나아갈 수 있고, 더 큰 시련도 견딘다. 가족 전통은 뿌리를 내린다. 이 뿌리가 깊어질수록 나무는 햇빛을 향해 더 높이 자라고, 삶의 폭풍을 만났을 때 부러지지 않고 유연하게 휠 수 있다.

삶의 순간들이 중요하다

우리 가족은 한 달에 한 번씩 밤에 영화 보는 시간을 가져요. 가족 모두 엄마 아빠의 침대에 옹기종기 앉아 큼지막한 팝콘 통을 들고 영화를 보는 거예요. 내가 이 시간을 얼마나 설레며 기다리는지 말로 다 표현할 수 없어요. 우리 가족 모두 그래요. 내가 너무 커버려서 이 시간을 갖지 못하는 날이 오지 않았으면 좋겠어요.

_6학년 여학생

너무 커버려서 그런 시간을 갖지 못하게 되는 것을 누가 원하겠는가? 이 여학생이 들려준 가족의 밤 시간은 따스하고 아늑한 느낌을 준다. 가족 전통을 통해 얻고자 하는 것이 바로 이런 것이며, 일반적으로 자녀 교육에서 얻고자 하는 것 역시 이런 것이다. 가족 전체가 친밀감을 느끼는 것.

오랫동안 이러한 친밀감은 가족의 식사 자리에서 이루어졌다. 하지만 오늘날과 같은 스케줄에서는 가족의 식사 자리가 어쩔 수 없이 뒷전으로 밀린다. 이렇게 되지 않도록 하자. 가족의 식사 자리는 매우 중요하다. 가족이 함께하는 시간은 아이에게 좋은 영양분을 공급한다.

하지만 가족 모두가 각기 다른 활동을 마치고 허둥지둥 식탁에 와서 앉는 상황에서는 그런 시간이 신성하게 느껴지기 힘들다. 한 엄마는 아들들과 함께하는 정신없는 식사 때마다 마치 한 무리의 배고픈 늑대들이 몰려온 것 같은 기분이 들었다고 했다. 티셔츠를 냅킨으로 사용하고, 포크 대신 손가락으로 집어 먹는 일이 많았으며, 대화를 나눈다기보다는 아이들의 이런저런 요청과 식탁 위에 흘린 음식들, 중간중간 끼어드는 갖가지 일들로 그녀는 정신을 차릴 수가 없었다.

그녀는 식탁 문화를 다시 정했다. 아이들이 점잖게 행동하도록 촛불을 켜고 침묵의 시간을 가졌다. 그런 다음 모두 식탁으로 와서 각자 감사하게 여기는 일을 한 가지씩 말했다. 이런 간단한 변화만으로도 모든 사람이 차분해졌고, 배고픈 늑대 무리는 귀여운 아이들로 바뀌었다.

부모 모두 일을 하는 가정에서는 가족의 저녁 식사 자리를 매일 가질 수 없을지도 모른다. 하지만 꼭 저녁 식사여야 한다는 법이 어디 있는가? 몇몇 부모들은 평일 아침이나, 특히 주말 브런치 시간을 이용해 현실적이고 조금은 느긋한 가족 식사 자리를 갖는다. 가족이 모여 함께 식사하면서 이야기를 나누는 자리를 만들 수 있도록 상상력을 발휘하라.

식사 자리를 이용해 아이에게 색다른 경험을 안겨줄 수도 있다. 한 엄마는 가족과 함께 여행을 떠나고 싶었지만 그럴 돈이 없었다. 그래서 저녁 식사 자리에 세계를 가져오기로 했다.

"세계의 밤이라는 아이디어를 생각해냈어요. 아이들을 데리고 가고 싶었던 다른 나라를 경험하고 다른 문화를 함께 나누고 싶었거든요. 우리는 1년에 네 번 세계의 밤 시간을 가졌어요. 한 나라를 골라 그 나라의 음악을 듣고, 그 나라의 음식을 먹고, 그 나라에 가 있는 기분을 내는 거예요." 그들 가족은 모두 이 세계의 밤을 손꼽아 기다렸고, 그날이 되면 다른 곳에 가 있는 듯한 느낌을 받았다. 식탁을 벗어나지 않고도 아이들에게 얼마나 색다른 경험을 안겨주었는가.

서로에 대해 더 많은 것을 알아가는 것도 그 자체로 색다른 경험이 될 수 있다. 적절한 질문을 던진다면.

> 가족의 저녁 식사 자리가 조금 시큰둥해지기 시작했어요. 우리는 중학교에 다니는 아이들에게 "오늘 학교에서는 어땠니?" 같은 구태의연한 것을 묻곤 했고, 그다음에 돌아오는 대답은 퉁명스러운 한마디

였죠. 그래서 가족 질문 시간을 생각해냈어요. 지금은 가령 이런 질문들을 던져요. "네가 하루 동안 부모가 된다면 어떤 규칙을 만들 거니?" "내일 아침 다른 나라에서 눈을 뜰 수 있다면 그게 어디였으면 좋겠어? 이유는?" "넌 이 땅에 어떤 천국을 만들고 싶니?" 같은 것들을요.

_덴버에 사는 아빠

저녁 식사 시간에 활기를 불어넣는 좋은 방법이다! 퉁명스러운 대답은 사라졌고, 생기 있고 활기찬 대화가 시작되었다. 당신과 가장 가까운 사람과 함께 꿈을 꾸면 보다 더 가까워진다.

저녁 식사 시간 다음에는 잠자리에 드는 시간이 있다. 잠자리 의식이야말로 최고의 시간이다.

1학년인 샘은 이층 침대에서 잤다. 형은 아래, 그는 위 침대를 사용했다. 매일 밤 아빠가 침대 사다리 밑에서 소리쳤다. "거기 이불 필요하니?" 그런 다음 아빠는 위 침대로 올라와 샘의 배 위에 엎드린 뒤 샘을 안아주며 이불이 마음에 드느냐고 물었다. "아빠가 이러고 있을 때 정말 행복해요." 샘이 말했다.

아이는 친밀한 느낌을 빨아들인다.

아빠가 내 침대로 와 이불을 머리 위까지 덮어 쓰고는 플래시 빛으로 책을 읽어주었어요. 그래서 아빠가 날 아주 많이 사랑한다는 걸 알았어요.

_맥스, 1학년 학생

아빠가 집에서 이불을 덮어주지 못할 때도 의식을 통해 위안을 줄 수 있다.

> 엄마가 플로리다에 있는 할머니 집에 갔을 때를 영원히 잊지 못할 거예요. 엄마는 결코 잊을 수 없는 빨간 립스틱을 바르고는 누나와 내가 잠들어 있을 때 우리 손에 입을 맞추었어요. 아침에 일어나보니 우리 손등에 크고 기름진 입술 자국이 찍혀 있었어요.
> 물론 이것은 엄마의 입술 자국이 찍힌 채로 다니는 것이 부끄럽지 않았던 초등학교 시절의 일이에요. 우리는 손을 닦거나 샤워를 할 때 조심하면 립스틱 자국이 며칠 동안 지워지지 않는다는 것을 알게 되었어요. 엄마가 보고 싶을 때면 그 립스틱 자국이 엄마였죠. 그리고 엄마는 늘 립스틱 자국이 완전히 사라지기 전에 집에 돌아왔어요.
> 그것은 작은 일에 지나지 않았지만 세상을 의미했어요.
> _레이철, 17세, 애리조나

사랑받고 있다는 것을 알 수 있도록 아이에게 깊은 인상을 남겨라. 아이는 이를 언제까지나 간직할 것이다. 반면 아이의 마음속에 당신의 사랑을 새겨주지 못하면 아이는 사랑이 없다고 느낀다.

나는 가족 치료 시간에 딸이 큰 소리로 엄마에게 소리치면서 엄마가 자신을 진심으로 사랑하지 않는다고 생각했다고 말하는 것을 듣고 충격을 받았다. 엄마는 아주 많이 놀랐고, 자신은 딸을 위해 많은 것을 희생했다고 말했다. 그 엄마는 다정한 성격이 아니었고 말도 많지 않은 사람이었다. 그랬기 때문에 딸은 자신이 사랑받고 있다는 느낌을 한 번도 가져보지 못했던 것이다.

사랑을 말로 표현하라. 행동으로 보여줘라.

> 내 아이들이 자신들을 향한 나의 무조건적인 사랑을 결코 의심하지 않을 거라고 생각해요. 하지만 보다 중요한 것은 아이들이 내 사랑을 눈으로 보고 느끼는 거예요. 불안을 날려주는 미소든, 귀 기울여 들어주는 얼굴이든, 아주 따뜻한 포옹이나 입맞춤이든 아이들이 문을 열고 들어올 때마다 내가 느끼는 사랑을 아이들이 알아줬으면 해요.
>
> _리처드, 이스트코스트에 사는 아빠

작가인 캐럴은 여섯 살 된 딸을 위해 '사랑 상자'를 만들었다. 상자 위에 물감으로 새리의 이름을 쓰고, 새리가 좋아하는 물건들을 그려넣어 예쁘게 장식했다. 캐럴은 가슴이 벅차오르는 느낌이 들 때면 언제고 자신이 느끼는 것을 메모해 그 상자에 넣었다. "네가 커가는 모습이 너무 자랑스러워." "날개가 부러진 새를 보고 걱정하는 너의 모습에 무척 감동받았어." "네 엄마라는 게 정말 좋아."

감정의 돼지 저금통에 엄마의 사랑을 직접 확인할 수 있는 것들이 가득 차 있는 것을 보면서 자랄 수 있으니 새리는 얼마나 행운아인가.

버지니아에 사는 한 아빠는 이와 비슷한 일을 연례행사로 해왔다. 그는 딸의 생일이 돌아올 때마다 딸을 얼마나 깊이 사랑하는지 편지를 썼다.

첫 편지는 이렇게 시작한다. "사랑하는 안드레아, 사랑이 무엇인지 이제야 비로소 알겠구나."

안드레아가 결혼하게 되었을 때 아빠는 28년 동안의 러브레터를 한 권의 책으로 엮어 딸에게 선물했다. 결혼식 날의 편지는 이렇게 시작된다. "네가 너를 마음 깊이 사랑해주는 남편을 만나 아빠는 정말로 가슴이 벅차구나. 하지만 확실하게 말할 수 있는데 처음으로 네게 사랑을 느낀 남자는 그가 아니란다. 바로 나지. 난 너를 내 품에 안던 처음 그 순간부터 사랑했단다."

나는 내기를 좋아하는 사람은 아니지만 그토록 거리낌 없이 사랑을 표현하는 아빠를 두었다면 필시 그 딸은 아빠만큼이나 자신을 아껴주는 남편을 골랐을 거라는 데 내기를 걸 수 있다. 펜을 들어 종이에 글을 남기는 것은 사랑을 더욱 강하게 키울 수 있는 멋진 방법이다.

> 아주 어렸을 때부터 아들의 생일 선물을 집에서 만든 종이로 포장해주었어요. 포장지에 "폴, 일곱 번째 생일 축하해"라고 쓰고는 아들이 가진 장점들을 적었죠. "넌 매우 친절하고/재미있고/세심해." 나는 이 포장지가 늘 마음에 들었어요. 장난감이나 비디오 게임은 아이가 자라면서 곧 필요 없게 되었지만 내 사랑을 전한 포장지는 우리가 함께 즐기는 전통이 되었고, 훨씬 오래 지속되는 느낌이 들었어요.
>
> 아이가 고등학교에 들어갔을 때 이제는 너무 커버려서 '사랑'의 포장지가 어울리지 않을 수도 있겠다는 생각이 들었지만 아들도 별 말이 없기에 그냥 계속했죠.

그 후 시간이 흘러 대학에 가게 된 폴이 짐을 꾸리는 일을 도와주던 중이었어요. 아들의 옷장 맨 위 칸에 놓인 스웨터를 꺼내려는데 그동안 빠짐없이 모아두었던 포장지들이 떨어지더군요. 그 종이들을 간직하고 있을 줄은 몰랐어요! 나는 울음을 터뜨렸고, 아들은 다 커서 길쭉해진 두 팔로 나를 꼭 안아주었어요.

_중서부 지역에 사는 엄마

엄마는 의미 있는 낱말들을 골라 공들여 썼고, 아들은 이런 글을 차마 구겨서 버리지 못했다. 아들은 심지어 집을 떠나 대학에 갈 때도 이 글에, 그리고 엄마의 사랑에 의지했다. 이는 당신이 아이에게 줄 수 있는 최고의 선물이다.

그렇다면 이 글들이 당신에게는 어떤 선물이 될까? 당신 삶에서 아이가 얼마나 중요한 의미가 있는지 깨닫는 계기가 될 것이다.

상상력이 풍부한 한 엄마는 집 안 식당에 커다란 장식장을 놓아두었다. 래시나는 이 안에 값비싼 도자기를 진열하는 대신 소중히 간직한 아이들의 그림과 스케치, 시들을 전시하기로 했다.

"장식장 앞을 지날 때마다 아이들의 글과 그림을 보면 기분이 좋아질 거라고 생각했어요."

고가의 미술품이 아니라 아이들의 창작품이 눈길을 끌 수 있도록 전시함으로써 래시나는 아이들에게 엄마가 무엇을 가장 소중하게 여기는지 강한 메시지를 전달한 것이다.

뉴저지에 사는 할머니 샐리는 세상에서 다른 무엇보다 봉사와 친절을 소중하게 여긴다는 것을 가족에게 보여주었다. 그녀는 자식과 손자들에게 크리스마스 선물 대신 무엇이 되었든 친절한 일을 한 가지씩 해서 이를 사진에 담아 그 내용을 적은 편지와 함께 보내라고 말했다. 그녀는 이 편지와 사진들을 집 안 복도에 걸어놓고 매일같이 자식과 손자들이 넉넉한 마음을 가졌다는 것을 되새긴다. 이제 그것은 아름다운 유산이 되었다.

마음을 열고 낙관적으로 생각하라

정신과 의사인 나는 종종 환자가 그 또는 그녀의 부모가 쳐놓은 낮은 천장을 더 높이 올리도록 돕느라 애를 먹는다. **넌 할 수 없어, 하지 못할 거야, 해서는 안 돼** 같은 말이 지붕과 벽을 만들어 아이를 가두고 가능성과 꿈을 보지 못하도록 한다. 아이가 무한한 잠재력을 볼 수 있도록 천장을 높이 올리는 게 낫지 않을까? 그렇다고 거짓 칭찬으로 아이를 떠받치라는 의미가 아니다. 긍정적인 생각, 즉 뭐든지 할 수 있고 어떤 어려움도 헤쳐나갈 수 있다는 믿음을 심어주라는 것이다.

세 아이의 엄마인 재키가 말했다. "난 아이들에게 이런 메시지를 전했어요. 장차 인생은 힘겨울 거야. 폭풍우가 몰아칠 테니 장화를 신고 우산을 챙겨야 해. 그러지 않으면 온통 비에 젖을 거야. 그런 다음 무지개를 기다리는 것을 절대로 잊어서는 안 돼, 라고요."

당신은 프리즘과 같으며 아이는 이를 통해 세상을 바라본다. 당신이 폭풍우와 회색 구름만 보고 있다면 아이의 생각은 비관주의의 구름으로 짙게 덮일 것이다. 하지만 언제나 저 너머에서 햇빛이 비치고 있다는 것을 가르치면 아이는 보다 밝은 날이 찾아올 것이라는 믿음에 의지할 수 있다.

긍정심리학의 창시자인 마틴 셀리그먼는 오랜 기간의 연구를 통해 긍정적인 사람은 나쁜 일들이 일시적이라고 여기며 차질이 생겨도 개인적인 실패로 받아들이지 않는다는 사실을 보여주었다. 셀리그먼은 낙관주의를 배울 수 있다고 주장한다. 당신 아이에게 낙관주의를 가르쳐라. 주의 깊게 말을 가려 하고 당신 자신부터 긍정적인 태도를 보인다면 멋진 시작이 될 수 있다.

"난 긍정적인 것에 초점을 맞춰요." 재키가 이어서 말했다. "아이들이 맞춤법 시험에서 여덟 개를 맞히면 틀린 두 개 말고 정답으로 맞힌 여덟 개에 초점을 맞출 거예요. 난 아이들에게 최선을 다한 것으로 충분하다고 가르쳤어요. 엄마는 절대로 못을 내리치는 망치가 되어서는 안 돼요. 우리는 엘리베이터가 되어야 해요."

비판이 동기를 부여한다고 믿는 부모들이 있다. 그런 경우도 있다. 하지만 두려움에서 비롯된 동기부여는 아이에게 자신의 감정을 괴롭히도록 가르치며, 이는 파괴적인 영향을 미친다. 대신 힘을 북돋아주는 격려는 아이에게 스스로를 따뜻한 마음으로 감싸고 자신감을 갖도록 가르친다.

물론 말처럼 쉽지 않다. 특히 낙관적인 부모를 역할 모델로 두지 못한 경우에는 더욱 힘들 것이다. 내 환자 중 한 명이었던 메건은 갓난아기 때부터 엄마의 영향을 받아 부정적인 성향을 띠었으며 이런 성향을 그녀의 아이들에게까지 물려주게 될까봐 걱정했다.

"엄마가 되었을 때 나는 결코 엄마 같은 엄마는 되지 않겠다고 맹세했어요. 하지만 영화 《프리키 프라이데이》*에서 그랬던 것처럼 종종 나와 엄마의 입장이 바뀐 것 같은 기분, 적어도 엄마와 영적 교신은 하고 있는 것 같은 기분을 느낄 때가 있었어요."

메건은 자기 입에서 비판적인 말이 튀어나올 때마다 당황했다. 그녀는 치료를 거치면서 점차 거친 말 대신 기운을 북돋우는 말을 쓰게 되었다. "내 자신에게 새로운 언어를 가르치는 것 같았어요. 판단을 내리는 부정적인 말 대신 성장을 돕는 말로 바꾸려고 노력하느라 말을 더듬거릴 때도 많았죠."

무엇보다도 아이가 스스로를 질타할 때 따뜻한 부모가 절실히 필요하다. 그 위에 당신의 질타까지 쌓아올리고 싶은 마음이 들더라도 이를 떨쳐내라. 비판하고 싶은 본능을 억누르고 이를 보다 건설적인 내용으로 옮기려고 노력하라. 다음의 선택 방안들을 살펴보자.

딸: 시험에서 저 문제들을 틀렸다는 게 믿기지 않아!

비판적인 엄마: 공부를 더 열심히 했어야지.

응원하는 엄마: 네가 열심히 공부한 거 알아.

딸: 텔레비전을 보지 말고 좀 더 열심히 공부했어야 하는데.

비판적인 엄마: 엄마가 그러라고 했잖니!

응원하는 엄마: 다음번엔 어떻게 달라져야 할까?

---

* 어느 날 엄마와 딸의 몸이 서로 바뀌면서 벌어지는 이야기를 다룬 영화다.

"넌 그랬어야 했어"라는 말만 듣는 아이는 패배자가 된 기분이 들고 어떻게 해볼 도리가 없다는 무력감을 느낄 것이다. 하지만 기운을 북돋아주는 엄마의 아이는 엄마와 함께 해결책을 찾아볼 힘을 낼 것이다. "휴식이 필요했었어. 하지만 다음번에는 너무 오래 놀지 마. 텔레비전 프로그램도 두 개 말고 한 개만 보고." 훌륭한 생각이고 훌륭한 엄마의 모습이다. 아이가 구멍 속으로 더 깊이 파고들지 않고 방법을 찾아내도록 도와줘라.

당신이 아이 편이라는 것을 알 수 있게 말과 행동을 골라서 하라. 격려의 말은 이렇게 이야기한다. "알아. 네 마음을 느낄 수 있어. 널 이해해. 난 네 편이야." 이런 말을 들은 아이는 실수가 자신을 맥 빠지게 하는 실패가 아니라 뭔가를 배울 수 있는 기회라고 여기게 된다.

어떤 렌즈로 보는가에 따라 세상은 다르게 보인다.

콜린과 그녀의 친한 고등학교 친구 애슐리는 인근에서 열리는 아트 페어에 두 번 다녀왔다. 오전에는 콜린의 엄마가 함께했다.

"신나는 시간을 보낸 기억이 나요. 음식이 아주 맛있었고 그림도 아름다웠어요. 우리는 너무 재미있어서 다시 가고 싶었어요." 콜린이 말했다.

그래서 오후에는 애슐리의 엄마가 아이들을 데리고 갔다. 그리고 콜린은 180도 다른 아트 페어를 경험하고 왔다.

"애슐리의 엄마가 불평하던 말이 생생하게 기억나요. '오늘은 너무 덥고 벌레도 많네. 그림도 그저 그렇고. 음식값은 왜 이렇게 비싼지.' 나는 전혀 다른 아트 페어에 온 기분이었어요. 오전에 다녀온 아트 페어와 비슷한 데가 하나도 없었어요."

그 순간 콜린은 엄마의 밝은 태도를 무척 고맙게 여겼다. 그 덕분에 페어도, 삶도 훨씬 좋게 보였다. 또한 이 일은 낙관주의가 그 자체로 진정한 예술 작품이라는 사실을 콜린에게 보여주었다.

우리 엄마는 "인생은 지상에서 가장 멋진 쇼를 보여주는 티켓이다"라는 유명한 말에 따라 살았어요. 그 결과 우리 역시 그렇게 살았어요.

_애덤, 사업가이자 큰 꿈을 꾸는 사람

우리 엄마는 늘 내가 뭐든지 할 수 있다고 말했어요. 그리고 이상하게도 나는 엄마 말을 믿었어요.

_한 투자 회사의 CEO

우리는 부모로서 아이의 꿈을 지켜주는 사람이다.

하고 싶은 일은 뭐든 할 수 있고, 소망은 이루어진다고 믿으며 자랐어요. 일리노이에 살던 어린 시절 나는 계속 어떤 꿈을 반복해서 꾸었어요. 내가 텍사스에 살고 있고, 적어도 꿈속에서는 그곳에 사과나무가 자라고, 그 밑에는 피튜니아가 피어 있는 꿈이었지요. 나는 내 말에 귀를 기울이는 사람이라면 누구에게라도 "텍사스는 그렇게 생겼을 거야"라고 말하곤 했어요. 할머니는 내 말을 일축하거나 바로잡으려는 대신 나의 네 번째 생일 기념으로 뒷마당에 나뭇가지 하나를 꽂고는 그 밑에 피튜니아를 심었어요. 흔들거리는 나뭇가지에는 커다란 빨간 사과 하나가 스카치테이프로 붙여져 있었고요.

_데비, 오클라호마에 사는 엄마이자 회사 중역

우리 부모는 내가 아무리 힘들어도 조금만 더 가면 아주 가까운 곳에 희망이 기다리고 있다는 생각을 늘 심어주었어요. 나는 내 손으로 운영하는 건설 회사를 차리고 싶었어요. 부모는 불가능한 일이라고 말하지 않았고 나야말로 완벽하게 그 일에 어울린다고 이야기했어요.

_아빠이자 건축업자

아이의 꿈을 보호해주고 꿈이 자라는 모습을 지켜보자. 브렌트 그린의 아버지가 바로 이런 모습을 보여주었다. 미첼 그린은 변호사 겸 판사였고, 브렌트의 형제들은 아버지의 뒤를 따랐다. 하지만 브렌트는 식물을 좋아했다. 엄마는 브렌트가 어렸을 때 다시 일을 시작하면서 식물에 물을 주는 일을 그에게 맡겼다. 그는 식물을 죽이지 않았을 뿐만 아니라 식물을 재배하면서 가지치기를 하고, 정원에 나무를 심고, 마침내 마당의 풍경을 바꿔놓았다. 그리고 자신의 열정을 발견했다.

브렌트가 고등학생이 되었을 때 미첼이 그를 앉혀놓고는 이다음에 하고 싶은 일이 무엇인지 물었다. 브렌트의 입에서 집안의 전통을 따라 변호사가 되겠다는 말이 자동적으로 나왔다.

"하지만 브렌트, 네가 좋아하는 식물은 어떡하고?" 미첼이 물었다.

브렌트는 주말에 취미로 식물을 돌볼 수 있다고 말했다. 브렌트의 아버지는 그 정도로 충분하지 않을 것이라고 여겼다.

"왜 네가 좋아하는 일을 주말에만 하려고 하니? 왜 조경사가 되려고 하지 않아?"

브렌트는 혼란스러웠다. 법조계는 가족들이 선택한 안전한 길이었고, 정원 일은 든든한 미래를 보장할 것 같지 않았다. 그는 취미가 실제로 직업이 될 수 있을 것이라고 생각한 적이 없었다. 하지만 아버지는 브렌트가 어떤 일을 할 때 얼굴이 밝게 빛나는지 알았다. 그는 브렌트가 어떤 일에 열정을 품고 있는지 알아보았고, 그 열정을 북돋아주었으며, 자신이 좋아하는 일을 해도 된다는 생각에 눈을 뜨게 해주었다.

모든 녹색 식물을 좋아하는 마음이 브렌트를 성공한 조경사로 만들어주었다. 그는 고객의 집뿐만 아니라 자기 주변 세계도 아름답게 꾸몄다. 서른 번째 생일 이후로 그는 매년 생일이 되면 동네에 자기 나이 수만큼 나무를 심어 그가 '아스팔트 정원'이라고 일컬었던 곳을 초록이 무성한 동네로 바꾸어놓았다. 지금까지 브렌트는 400그루 이상의 나무를 심었고, 이웃 사람들이 창문의 창살을 없애고 대신 창문 밖에 관목들을 심도록 도와주었다. 그의 동네는 진정한 공동체로 변모했고, 범죄율도 거의 30퍼센트나 줄었다.

이 모든 일은 브렌트의 아버지가 아들의 진정한 모습을 알아본 덕분이었다. 브렌트에게 마음 가는 대로 살도록 가르침으로써 미첼은 아들에게 직업의 길을 열어주었고, 그 결과 아들에게 커다란 성공과 만족을 안겨주었을 뿐 아니라 동네 전체가 환하게 꽃필 수 있게 해주었다.

마음을 활짝 열고, 희망을 높이 띄우고, 꿈을 높이 세워라. 내가 여기서 네 손을 잡고 있다.

_마야 안젤루

만화경

좋은 아버지를 두지 못한 사람은 좋은 아버지를 구해야 한다.

_프리드리히 니체

당신 자신이 좋은 부모 밑에서 자랐다면 솔직히 말해서 부모 역할이 훨씬 쉬울 것이다. 다정한 본보기를 그대로 따르면 되고, 이를 살짝 바꾸어서 더 나은 본보기를 만들 수 있다. 하지만 최고의 멘토를 두지 못했다면 어떻게 할까? 내가 진료 과정에서 부모에게 받지 못한 것 때문에 환자들이 상심하는 모습을 얼마나 많이 보았는가에 관해서는 말하지 않겠다. 그들은 이런 말을 한다. "엄마는 날 보살피지 않았어요." "아버지는 정말 자기중심적이었어요." "우리 부모에게는 우리가 보이지 않았어요." 가정에 좋은 역할 모델이 없을 경우, 사람들은 자신이 좋은 부모가 될 수 있을지 의구심을 품는다. 하지만 좋은 부모가 될 수 있다!

내 어린 시절은 정말 형편없었어요. 우리 부모는 몇 가지 끔찍한 잘못을 저질렀어요. 우리는 행복하지 않았고, 집이 안전하다고 느끼지도 않았어요. 하지만 신이 보살펴준 덕에 부모가 우리를 해치는 일은 없었죠. 부모님은 자신들의 문제 때문에 힘들었던 거예요. 나는 남은 인생 동안 이런 고통과 분노를 끌어안고 살고 싶지 않았어요. 그래서 부모님을 용서했고, 나 자신도 용서했지요. 나는 이런 모든 것을 참고 견디며 살아야 했던 어린 여자아이에게 사랑을 주었고, 다른 방식으로 엄마가 되어주기로 결정했어요.

_정신과 상담 중에 나온 이야기

내가 정신과 의사가 되어 정말로 좋았던 점이 바로 이런 것, 즉 사람들이 발전하고, 변화하고, 보다 나은 자기 자신으로 성장하는 것을 지켜보는 일이다. 처음에 나는 소아정신과 의사가 될 생각이었지만 부모를 돕지 않고는 아이들을 온전하게 도울 수 없다는 것을 깨닫고 성인 대상의 정신과 의사로 진로를 바꾸었다. 부모가 될 준비를 제대로 갖추지 못했다고 여기는 어른들이 너무도 많다. 많은 환자가 내게 이렇게 말한다. "우리 엄마는 정서적으로 도움이 되지 못했어요. 내 아이에게는 어떻게 다른 엄마가 되어야 할지 아무것도 모르겠어요."

이럴 때 자녀 교육의 렌즈를 보다 넓게 확대해야 한다. 당신의 지난 삶이 아이의 운명이 되도록 해서는 안 된다. 다른 곳에서 역할 모델을 찾아라. 다른 사람의 렌즈를 빌려라. 이 사람에게서 색을 조금 가져오고, 저 사람에게서 빛을 조금 가져와서… 이것들을 모아 만화경처럼 만들어라.

어쩌면 당신에게 특별한 관심을 보였던 교사가 있었을 것이다.

아니면 당신에게 재미있는 어린 시절을 선물했던 삼촌, 또는 당신이 안전하게 보살핌을 받고 있다고 느끼게 해준 친구의 엄마가 있었을 것이다. 어쩌면 친구들의 자녀 교육 방식 중 모범적인 것이 있어서 이를 빌려올 수도 있다. 혹은 다른 길이 있다는 것을 알려준 치료사 덕분에 다른 모습의 부모가 될 수도 있다. 이런 모습들을 모아 당신 나름의 부모상을 합성해낼 수 있다.

어렸을 때 친한 친구 집에서 밥을 먹곤 했어요. 골드 부인은 아주 간단한 말을 할 때도 눈에 사랑을 가득 담아 쳐다보며 이야기했어요. "얘야, 소금 좀 집어줄래?" 같은 말에서도 대단한 품위를 느낄 수 있었죠. 우리 집에서는 아무도 그런 식으로 말하지 않았지만 어느 날 내가 내 아이들에게 골드 부인이 했던 것처럼 말한다는 사실을 알게 되었어요.

_두 아이의 엄마

자녀 교육이라는 만화경에는 골드 부인 같은 요소, 그리고 지혜와 품위가 담긴 다른 조각들도 필요하다. 내가 수많은 부모, 교사, 치료사들의 경험에 의지해 그들의 지혜를 당신에게 나누려고 하는 것도 바로 이런 이유 때문이다. 이 모든 멋진 이들이 당신의 자녀 교육에 영감을 주기를 바란다. 이 책에 등장하는 수많은 멋진 부모들이 선사한 선물을 가져다가 당신 아이에게 축복으로 내려주어라.

이것이 내가 바라는 바다. 당신이 지금 막 읽은 이 책을 쓴 의도도 여기에 있다. 나는 당신이 떠나는 멋진 여행에 경의를 표한다. 부모 역할을 하는 동안 당신이 지닌 사랑의 능력 저 깊은 곳까지 나아가기를 바란다. 당신 아이들을 향한 그 사랑이 당신의 가장 숭고한 자아를 밝게 비추기를 바란다. 아이가 커갈수록 당신도 성장할 것이다.

자녀 교육은 바로 이런 것이다. 가장 숭고한 모습의 자기 자신이 되라는 신성한 초대 같은 것이다. 이 초대를 받아들여라.

당신의 아이들도, 그리고 그 아이들의 아이들도 당신에게 감사할 것이다.

정신과 의사의 메모

사랑은 오래도록 간직되는 유산이다

1. 가족의 전통과 의식은 정체성과 소속감을 만들어준다.
2. 가정의 규칙적인 일상은 아이가 다음에 일어날 일을 예측할 수 있게 해주고 안전하다는 느낌을 준다.
3. **우리**에 대해 강하게 의식하는 아이는 **나**에 대한 강력한 의식을 계발하기 시작한다.
4. 당신 가족만의 고유한 전통을 만들어라.
5. 사랑을 말로 표현하고 행동으로 보여줘라.
6. 낙관주의를 가르치고 긍정적인 세계관을 심어줘라.
7. 잘못한 것 말고 잘한 것에 초점에 맞춰라.
8. 한계를 높게 정하고 아이의 꿈을 지지하라.
9. 부모가 당신을 어떻게 키웠든 그 방식이 그대로 당신 아이의 운명이 될 필요는 없다.
10. 당신만의 만화경을 만들어라. 살면서 보았던 최고의 자녀 교육 방식을 당신의 자녀 교육 방식으로 가져와라.

아이들의 어른스러운 이야기

나이 어린 사람에게 물어라. 그들은 모든 것을 알고 있다.

_조제프 주베르, 프랑스 윤리학자이자 작가

부모들은 참 웃겨요. 나한테는 "소리치지 마"라고 말하면서 자신들은 소리질러요. "인내심을 가져"라고 말하면서 자신들은 인내심을 잃고, "거짓말 하지 마"라고 말하면서 자신들은 거짓말을 해요. 아이들은 부모를 그대로 따라 해요. 변해야 하는 것은 아이들이 아니라 부모예요. (…) 내 눈에는 뻔한 소리만 늘어놓는 것처럼 보여요.

_고등학교 학생

내가 혼자 알아서 하루를 보낼 수 있다면 온종일 사탕과 아이스크림을 먹으면서 비디오 게임을 할 거예요. 집 안은 곰 모양의 젤리가 바닥에 잔뜩 깔려 있는 사탕 정글로 변하겠죠. 그러다 복통을 앓을 수도 있을 거예요. 내가 혼자 알아서 할 수 없는 것은 그런 이유 때문일 거예요.

_유치원생

부모님은 나보다 아는 것이 많고 더 많이 배웠기 때문에 책임자가 되어야 해요. 우리 아빠의 몸집만 봐도 알아요. 생김새부터 책임자처럼 보이잖아요. 아빠는 혼자서 신발 끈을 맬 줄도 알아요.

_다섯 살 아이

좋은 엄마라면 아이가 전자 기기를 너무 많이 이용하지 못하게 할 거예요. 네모난 화면을 들여다보면서 마우스를 클릭하다보면 지루해질 수 있거든요. 밖으로 나가 이것저것 살펴보다가 진짜 쥐(마우스)를 발견하는 게 훨씬 재미있어요.

_닉, 일곱 살

우리 부모는 내 생일 때면 늘 특별한 정성을 쏟았어요. 어느 해인가는 뒷마당에 텐트를 두 개 세웠어요. 나와 내 친구들은 플래시를 이용해 술래잡기도 하고, 아이스크림을 띄운 루트비어도 마셨어요. 아버지가 우리에게 유령 이야기를 들려주었는데 무섭다기보다는 재미있었어요. 아침이 되자 우리 부모는 텐트로 초콜릿 핫케이크를 가져다주었어요. 난 지금 서른둘이지만 아직도 그 일은 특별한 추억으로 남아 있어요. 그 일을 생각할 때면 미소를 짓게 돼요.

_중서부 지역에 사는 아빠

내가 어렸을 때 스티브가 새아빠가 되었어요. 그때 나는 여섯 살쯤 되었고, 스티브는 내가 얼마나 배우가 되고 싶어하는지 알았어요. 시카고 시내에 있는 피자 전문점 우노에서 새아빠는 내가 맡은 '새로운 배역'에 관해 인터뷰를 했는데 그 일이 지금도 기억나요. 내가 새아빠의 눈을 바라보던 기억도 생생하고요. 새아빠가 나를 사랑해주었기에 나도 그를 좋아했어요. 그의 눈은 애정 어린 눈빛으로 반짝반짝 빛났죠. 아빠 없이 자라는 동안 내 안에 생겨났던 모든 크고 작은 빈자리를 스티브가 채워주었어요. 그 덕분에 나는 온전한 여자가 되었어요.

_패리스, 스물일곱 살

난 새엄마 미셸을 편하게 해주지 않았어요. 그녀가 우리 집에 들어와 아빠와 함께 살게 되었을 때 나는 아주 큰 충격을 받았어요. 난 실망감을 숨기지 않았어요. 새엄마를 멀리 떼어놓고 그녀의 마음을 불편하게 만드는 일이라면 뭐든 했어요. 그녀는 차분하고 품위 있게 나의 분노와 반항을 전부 받아주었어요. 언제나 적극적인 행동 방식을 보였죠. 내게 화를 내야 할 때도 공감과 배려를 보여주었어요. 20년쯤 지난 뒤 나는 가장 좋아하는 사람으로 그녀를 꼽게 될 정도가 되었어요. 그녀가 내 삶 속에 들어온 뒤로 무조건적인 사랑이 어떤 것인지 비로소 알게 되었어요.

_고마움을 느끼는 딸

어렸을 때 아빠는 매일 아침 나를 깨우면서 입을 맞추고는 "간밤엔 무슨 꿈을 꿨니? 그 꿈이 이루어지려면 내가 널 어떻게 도와주면 될까" 하고 묻곤 하셨어요.

_데버러, 예순 살

부모님은 언제나 내가 밝은 면을 보도록 해주었어요. 언젠가 나도 내 아이들에게 그렇게 해주고 싶어요.

_윌, 열한 살

나는 범죄가 자주 일어나는 지역에서 자랐어요. 집집마다 창문에 창살이 설치되어 있었죠. 풀도 없고 그저 콘크리트 덩어리만 보였어요. 우리 부모님은 매주 주말마다 나를 장미가 있는 공원에 데려갔고, 나와 여동생이 장미 공주가 되는 이야기를 지어 들려주곤 했어요. 난 그곳에 가는 게 좋았어요. 우리가 잘못된 길로 빠지지 않게 하고 우리에게 꿈을 심어주기 위한 부모님 나름의 방식이었던 거예요. 부모님은 우리와 친밀하게 지냈어요. 두 분 모두 일을 했지만 언제나 활기차게 생활했어요. 고등학교를 졸업하고 대학까지 간 사람은 내가 우리 집에서 처음이었어요. 늘 친밀하게 지내고, 장미 정원을 보여준 부모님에게 늘 감사하고 있어요.

_애넷, 열여덟 살

의과대학 생활이 너무 힘들었을 때 엄마에게 전화를 걸었어요. 진로를 바꿔 교사가 되겠다고 말했죠. "좋은 생각이야." 엄마가 말했어요. "넌 멋진 교사가 될 거야!" 다음 날 난 의사 자격 시험에 합격했다는 사실을 알고 의과대학을 계속 다니기로 했어요. 엄마에게 전화를 걸어 이 소식을 전하자 엄마가 말했어요. "잘 생각했어. 넌 멋진 의사가 될 거야!" 우리 엄마 같은 사람과 함께하면 절대 패배자가 될 수 없어요. 어떻게 되든 인생은 밝게 빛날 거니까요.

_린, 스물여덟 살

나는 사랑을 받으며 자랐어요. 그래서 노력하지 않아도 깊이 사랑하는 법을 배웠죠. 정말 쉬웠어요.

_마시, 쉰 살

내 어린 시절에서 가장 좋았던 순간은 아버지와 함께 차를 타고 먼 길을 갔을 때였어요. 그때 나는 고등학교 3학년이었어요. 아버지는 내가 당신과 뭔가 나누고 싶어한다면 늘 그 자리에 머물러주겠다고 했어요. 그리고 내게 무언가를 강요할 생각이 없으며 언제든 내 말을 들어줄 거라고 했어요. 아버지에게 내가 동성애자라는 사실을 밝히기로 마음먹은 것이 그 순간이었어요. 잠시 어색한 침묵이 흐른 뒤 아버지는 내 편이고, 나를 사랑한다고 말했어요. 그러고는 이 사실을 엄마에게 알리고 싶은지, 만일 그렇다면 아버지와 나 중에 누가 이야기를 하는 게 좋을지 물었어요. 우리는 집 앞에 차를 세웠어요. 나는 아버지에게 먼저 들어가 엄마에게 이야기해달라고, 나는 차에서 기다렸다가 들어가겠다고 했어요. 잠시 후 내가 집에 들어서자 엄마는 나를 안아주었어요. 그러고는 내가 진정한 나 자신으로 살아갈 용기를 보여줘 얼마나 자랑스러운지, 그리고 얼마나 행복한지 모르겠다고 말했어요. 나는 전폭적으로 지지받는 느낌이었어요. 더욱 가까워졌다는 느낌, 그리고 정말 멋진 부모를 두었다는 생각밖에 들지 않았어요. 난 정말 행운아라고 느꼈어요.

_로버트, 열아홉 살

아빠는 내가 일어나기도 전에 아침 일찍 일하러 나갔어요. 매일 아침 아빠는 내게 문자 메시지를 보냈어요. "잘 잤니, 알렉사? 오늘도 멋진 하루를 보내길 바란다. 정말 사랑해. 아빠가." 좋은 부모는 아이가 얼마나 사랑받고 있는지 알 수 있도록 해주는 것 같아요.

_알렉사, 열세 살

좋은 부모는 우리가 어린애라는 걸 알아요. 우리는 모든 걸 다 알지 못해요. 모든 걸 다 잘하지도 못하고요. 이런 사실을 아는 부모가 더 많아졌으면 좋겠어요. 그럼 우리가 축구 시합을 할 때 그렇게 큰 소리로 고함을 지르지 않을 거예요.

_4학년 학생

부모는 화가 나서 미칠 것 같을 때도 냉정을 잃지 말아야 해요. 부모는 그럴 수 없으면서 어떻게 우리는 그럴 수 있을 거라고 생각하는 거죠? 맙소사!

_5학년 학생

부모는 소리를 지르면 안 된다고 생각해요. 그러면 무섭거든요. 부모는 우리를 보살펴주고 기분 좋게 해줘야 해요. 나는 상처를 받아요.

소리를 지르면 아이에게 아무것도 가르치지 못해요. 아니, 가르치는 게 있네요. 우리에게 가르치는 게 있어요. 소리 지르는 걸 가르쳐요.

_3학년 학생

엄마는 소리를 지르고 우리를 때려요. 집에 있으면 무섭고 늘 조마조마해요. 난 엄마와 함께 살고 있지만 사실 집엔 내가 없어요. 나는 멀찌감치 거리를 두고 내 안으로 숨어버려요. 언젠가 내가 엄마가 된다면 내 아이에게 소리치지 않을 거예요. 소리를 지르면 아이의 진정한 모습이 파괴되거든요. 엄마와 함께 있으면서 안전하다고 느끼지 못한다면 세상에 나가서도 다른 사람의 지지를 받지 못한다고 여겨요. 우리 엄마는 할머니가 소리 지르는 걸 보면서 자랐고, 지금은 엄마가 내게 소리를 질러요. 나는 장차 내 아이에게 사랑을 담아 말할 거예요. 아이에게 사랑을 담아 이야기하면 그 아이는 인생에서 성공할 거예요. 비록 열여섯 살밖에 되지 않지만 나는 알 수 있어요.

_칼리, 고등학교 2학년 학생

부모님이 소리치면 수치심이 들어요. 같은 이야기를 부드럽게 해주었으면 좋겠어요. 그러면 무섭지도 않고, 수치심도 들지 않을 거예요.

_서배너, 4학년 학생

아버지는 늘 내가 본받고 싶은 사람이었어요. 근면함, 훌륭한 자녀 교육, 엄마에 대한 지지, 활력, 사람에 대한 호의 등 아버지의 행동은 모범이 되었죠. 평생 동안 내 아버지로, 사업 파트너로, 들러리로, 친한 친구로 여길 수 있었다는 게 영광스러워요.

_빌리, 마흔여섯 살

아빠가 엄마를 대하는 태도를 보면서 딸로서 여자의 가치를 배울 수 있었어요. 고마워요, 아빠!

_캐시, 마흔두 살

아빠는 내가 자주색과 노란색을 좋아하고, 올리브를 싫어하는 걸 알아요. 내가 체조를 좋아하는 걸 알고 텔레비전에서 체조 경기를 하면 나와 함께 보기도 해요. 아빠가 나에 관해 그토록 많은 것을 알고… 올리브에 관한 것까지 알고 있어서 내가 사랑받고 있다는 걸 느껴요.

_매티, 여덟 살

엄마는 마음 깊이 뜨겁게 나를 사랑해요. 나를 향한 엄마의 사랑에는 강렬한 뭔가가 있어요. 엄마는 끊임없이 그리고 자주 사랑을 표현해요. 열정적일 때도 있고, 유머러스할 때도 있고, 자연스럽게 우러나올 때도 있고, 아주 조용하고 부드럽게 표현할 때도 있어요. 게다가 진심 어린 사랑이어서 내가 디디고 설 수 있는 든든한 바위처럼 느껴졌어요. 무슨 일이 일어나도 누군가는 나를 이 지구에서 가장 멋진 존재라고 생각했던 거니까요! 이것은 정말 든든한 힘의 원천이에요.

_조니, 마흔세 살

난 우리 부모님의 모든 점이 좋아요. 아이는 스펀지처럼 부모의 삶을 빨아들여요. 우리 부모님은 친절하고 점잖았어요. 나는 이런 점을 내 안에 흡수했어요.

_에밋, 열일곱 살

내가 새로운 것을 시도해도 될지 물어볼 때마다 부모님은 늘 "물론이지"라고 답하면서 정말 멋진 생각이고 내가 그 일을 하면 멋있을 거라고 이야기했어요. (…) 그리고 여섯 달이나 1년쯤 지나 내가 더 이상 그 일을 좋아하지 않고 다른 일을 찾아보고 싶다고 말할 때도 **결코 한 번도** 나를 곤란하게 한 적이 없었어요. 그저 고개를 끄덕이고는 어떤 걱정도 말하지 않았어요. 그때를 돌이켜볼 때마다 그게 얼마나 대단한 일이었는지 깨닫게 돼요. 어떤 일을 잘해야 하고, 그 일을 끝까지 밀고 가야 한다고 아이에게 심한 압박감과 죄의식을 심어주는 부모가 무척 많다는 것을 아니까요. 지금까지도 나는 새로운 일을 시도하는 걸 좋아하고 매번 자신감을 가지고 설레는 마음으로 그 일에 뛰어들어요. 이런 점은 전적으로 우리 부모님 덕분이에요.

_링, 마흔네 살

우리 부모님은 내가 신뢰할 수 있는 사람이라고 생각했어요. 늘 나를 존중하고 믿음과 큰 사랑을 주었죠. 누가 이런 걸 함부로 저버릴 수 있겠어요.

_마누엘, 열여덟 살

우리 부모님이 나를 매우 존중해주었기 때문에 나는 나 자신을 존중하는 법을 배웠어요.

_브렛, 열여덟 살

대학에 다닐 때 아버지는 나를 놀라게 하곤 했어요. 뉴올리언스에서 보스턴까지 비행기를 타고 와서는 다시 차를 운전해서 노샘프턴까지 와 내 기숙사 문을 두드렸죠. 내가 문을 열면 아버지는 별일 아니라는 편안한 표정으로 서서 느린 남부 말투로 말했어요. "잘 있었어, 아들? 근처에 왔다가 잠깐 들렀다." 아버지는 그 긴 여정을 힘들지 않은 것처럼 보이게 했어요. 아버지는 그렇게 날 사랑했죠. 힘들지 않은 일처럼, 어떤 틀 같은 것에 매이지 않고요.

_엘런, 쉰 살

우리 집에서는 생일이면 모두가 식탁에 모여 생일을 맞은 주인공의 어떤 점이 좋은지 이야기했어요. 식구들이 나에 관해 그런 점을 이야기해줄 때가 정말 좋았어요.

_1학년 학생

부모는 자기 아이에 대해 알아야 해요. 눈을 들여다보면서 똑바로 바라보아야 해요. 정말 좋아요. 눈을 들여다보고 있으면.

_유치원생

5학년 때 나는 매드립 단어 게임을 하던 중 빈칸에 상스러운 말을 넣었어요. 열 살 때였고, 어떤 귀여운 여자아이를 웃게 하려던 거였는

데, 갑자기 선생이 나타나는 바람에 딱 걸렸어요. 나는 벌로 할로윈 데이에 외출 금지를 당했고, 이는 열 살짜리 아이에게는 정말 큰 충격이었지요. 다음 날 선생 둘이 반 아이들이 모두 있는 자리에서 이 일을 놀렸어요. 난 수치심을 느꼈죠. 그날 있었던 일을 엄마에게 이야기하자 엄마는 다음 날 학교를 찾아가 교장 선생과 담임선생에게 이야기했어요. 엄마는 날 변호하려고 왔고, **당신**은 나의 엄마이며, 나를 어떻게 벌할지 정하는 사람도 **당신**이라고 주장했어요. 엄마가 내게 어떤 사랑을 품고 있는지 지켜보는 일은 정말 놀라웠어요. 엄마는 내가 바보 같은 행동을 한 데 실망했지만 내가 나쁜 아이는 아니라고 믿었고, 그래서 기죽어 있는 나를 학교 선생들이 또다시 벌주는 일은 없도록 하려던 거예요.

_존, 마흔네 살

나는 아흔두 살이지만 지금도 눈을 감으면 우리 엄마가 사랑이 담긴 눈으로, 나에 대한 믿음을 가진 눈으로, 마치 내가 맛있는 디저트인 양 바라보던 모습이 보여요. 나는 평생토록 이 느낌을 내 안에 간직한 채 살아왔어요.

_베티 조, 아흔두 살

여럿이 가족을 이루는 세상에서 둘만의 가족으로 살아가는 데는 특별한 점이 있으며, 이 때문에 우리는 남들과 다른 노력을 기울여 특별한 분위기를 만들곤 했어요. 크리스마스 아침이면 오랜 시간을 들여 선물을 뜯어보는 행사를 즐기곤 했죠. 장작불을 피우고, 크리스마스트리의 불을 밝히고, 차를 끓이고, 시즈캔디 통을 열고, 멋진 음악을 틀어 달콤한 분위기가 서서히 달아오르도록 했어요! 서로에게 쿠폰을 발행해주는 것도 좋아했어요. 예를 들면 '주방 청소 이용권, 발행인 딸' '공원 소풍 가기' '한밤중에 젖소 쓰러뜨리기 놀이 가기' 같은 거였어요. 이런 아이디어를 무궁무진하게 떠올릴 수 있었던 건 창의성과 여유 있는 마음 덕분이었죠.

_올리비아, 마흔두 살

여덟 명의 아이에 온갖 친구들과 이웃까지 찾아오는 북새통 속에서도 우리 엄마는 평온의 오아시스 같은 사람이었어요. 나이가 들어가면서 나는 이 점이 좋았고, 나의 미소는 점점 엄마의 미소를 닮아갔어요.

_엘라, 마흔일곱 살

어느 겨울 날 나는 아빠 옆에 앉아 있었어요. 아빠가 내 발을 스웨터 속으로 넣으라고 했어요. 우리는 그렇게 함께 앉아 있었어요. 50년이 지난 지금까지도 나는 그날의 평화로움을 느낄 수 있어요. 무조건적으로 사랑받고 있다는 걸 느꼈어요.

_제인, 예순 살

우리 엄마는 매일 환한 얼굴로 일하러 갔어요. 엄마는 다른 사람이 먹은 접시를 닦고, 다른 사람이 버린 쓰레기를 치우고, 다른 사람이 사용한 화장실을 청소했어요. 모두 대학에 가고 싶은 나의 꿈을 위해 한 일이었어요. 이보다 더 애정 어린 것은 생각할 수 없어요.

_마이클, 열여덟 살

아버지는 월스트리트의 중요한 거래를 보류시키고 내가 출전한 대학 라크로스 경기를 보러 왔어요. 아이들은 이런 일을 결코 잊지 못해요. 봐요, 지금 내 나이 마흔아홉 살인데도 여전히 그 일을 이야기하고 있잖아요.

_피터, 마흔아홉 살

내가 초등학생이었을 때 대다수의 엄마는 전업주부였는데, 우리 엄마는 워킹맘이었지만 나를 응원해야 할 학교 행사가 있으면 빠짐없이 참석하려고 늘 애를 썼어요. 물론 모든 행사에 다 올 수 있었던 건 아니에요. 내가 좀 더 컸을 때 엄마는 내 친구들 엄마처럼 꼬박꼬박 행사에 참여하지 못한 것 때문에 늘 죄책감이 들었다고 말했어요. 나는 엄마야말로 장차 내가 되고 싶은 현대 여성의 완벽한 모범을 보여준 가장 멋진 선물이라고 말해주었어요. 엄격한 판단의 잣대를 들이대더라도 엄마가 나와 우리 형제자매에게 보여준 헌신은 결코 작은 것이 아니에요. 오히려 더욱 값진 일로 소중하게 다가와요. 엄마를 향한 나의 사랑과 존경은 그 무엇으로도 헤아릴 수 없을 만큼 커요.

_니컬라, 스물한 살

엄마는 내게 뭔가를 깨닫기에 너무 늦은 때는 없으며 아무리 늙어도 성장할 수 있다는 것을 보여주었어요. 엄마는 70대의 나이에 미안하다고 말하는 법을 배웠고, 이제 그 일의 프로가 되었죠.

_스테파니, 쉰 살

아빠의 사랑은 우리에게 든든함이라는 유산을 선사했어요. 아빠의 사랑은 거슬리게 간섭하는 일 없이 늘 그 자리에 있었어요. 내가 방문을 열고 들어가면 아빠의 얼굴이 환하게 빛났어요.

_세라, 쉰두 살

할머니와 할아버지는 사랑으로 귀 기울여 들어주었어요.

_7학년 학생

부모가 "넌 너무 나빠. 난 정말 화가 났어. 집에 가면 장난감을 치워버릴 거야" 하고 말하는 걸 들을 때면 이 부모는 아이를 사랑하지 않는다는 생각이 들어요. 사랑한다면 그런 식으로 말하지 않거든요.

_네이트, 2학년 학생

우리 부모님은 내게 스스로 생각하는 법을 가르쳤어요. 나는 내 나름의 신념 체계를 갖고 있고, 많은 점에서 우리 부모님과는 다른 의견을 갖고 있어요. 반항하려고 애쓰느라 다른 의견을 갖는 건 아니에요. 난 그저 다르게 생각할 뿐이고, 부모님은 이를 격려해주었어요. 사랑받기 위해 부모와 같은 생각을 할 필요는 없어요. 우리 부모님과 나는 현재 일어나는 일들에 대해 의미 있는 토론을 가져요. 난 자유주의자인 데 비해 우리 부모님은 전반적으로 보수적이에요. 우리 부모님은 내게 다른 이야기를 하려고 애쓰기보다는 나의 다른 사고방식을 격려해주세요. 대다수 애들의 경우와 달리 우리 부모님은 부모님이 하는 말과 좋아하는 일에 내가 다른 의견을 보이는 걸 좋아해요. 내 생각을 묻는다면, 우리 부모님은 용돈을 아주 적게 주는 것 말고는 나를 아주 잘 기르고 있다고 말할 거예요.

_잭, 열네 살

우리 부모님은 늘 내가 훌륭한 판단을 내릴 거라고 믿어주었어요. 내가 종종 형편없는 결정을 내릴 때도 있지만 부모님은 전적으로 나를 믿어주었고, 나는 그런 형편없는 결정을 통해 정말 많은 것을 배웠어요.

_샬럿, 서른다섯 살

대학원에 다닐 때 나는 다리와 발에 심한 화상을 입었어요. 주방에서 주의를 게을리한 탓이었는데, 부분적으로는 3도 화상까지 입었어요. 엄마는 비행기를 타고 시카고까지 와서 나를 차에 태우고 병원과 집을 왔다 갔다 해야 했어요. 그 후 우리는 비행기를 타고 함께 집으로 돌아왔죠. 나는 누군가가 곁에서 계속 돌봐주어야 하는 상황이었고요. 이 기간 내내 엄마는 한 번도 나를 비판하거나 비난하지 않았어요. 나를 보살피는 동안 얼마나 스트레스를 많이 받았을지 나로서는 상상도 할 수 없지만, 엄마는 늘 나를 염려해주고 다정하고 따뜻하게 대해줬어요. 사실 나는 어른이면서도 어리석은 짓을 저질렀던 건데요. 내 아이가 바보 같은 짓을 저질러 내 입에서 고함이 나오려고 할 때면 이 일을 기억하려고 노력해요.

_럭샨, 서른일곱 살

난 부모님에게 뭐든 이야기할 수 있어요. 우리 부모님은 이야기를 잘 들어줘요. 늘 내게 약물과 갱 문제를 이야기했고, 내가 바른 길을 가도록 애썼어요. 집 바깥은 온통 이런 문제로 난리였거든요. 대다수의 부모라면 기겁하면서 화낼 일이라도 우리 부모님에게는 늘 뭐든 이야기할 수 있다고 느꼈어요. 부모님은 나를 신뢰했어요. 그 덕분에 나는 나 자신을 신뢰하게 되었어요. 부모는 아이의 말을 들어주고, 아이와 대화하는 것을 절대로 멈춰서는 안 돼요.

_루커스, 열일곱 살

매년 밸런타인데이가 되면 아빠는 내게 하트 무늬 파자마를 사주고 팬케이크를 만들어주었어요. 팬케이크를 먹기 전부터 벌써 배 속이 따뜻해지는 걸 느꼈어요.

_오드리, 1학년 학생

완벽한 가정은 없지만 우리 집에 있을 때면 난 아주 편안했어요.

_그레이스, 열다섯 살

아빠는 주중에 매우 열심히 일하고 주말이면 꼭 나와 함께 시간을 보내요. 외출해서 햄버거를 사먹고 스케이트도 타요. 다른 부모님들은 자신을 위한 시간을 갖고 싶어하지만 우리 아빠는 시간을 내어 나와 함께 보냈어요. 난 정말 행운아예요.

_앤드리아, 열세 살

사랑은 엄마 아빠가 내게 잘해주고, 다정하게 말을 걸어주고, 내 생각을 해주고, 나를 보살펴주는 거예요.

_베키, 여섯 살

내가 두 살하고 6개월이 되었을 때 엄마가 암으로 죽었어요. 아버지는 일을 끝내면 바로 돌아와 가능한 한 나와 많은 시간을 보냈죠. 비극적인 상실을 겪었음에도 아버지는 늘 재미있게 사는 것이 중요하다고 강조했어요. 내가 여덟 살 되던 해 친구들을 초대하자 아버지는 커다란 물싸움 놀이 기구가 있어야겠다고 생각했어요. 동네 사람 절반이 나와 우리와 함께 놀았어요. 여느 때와 다를 바 없던 여름날이 동네 전체의 물싸움 날로 바뀌었죠. 일곱 살에서 열한 살 사이의 아이들이 미친 듯이 뛰어다니는 가운데 서른여덟 살의 아버지도 그 틈에 섞여 있었어요. 아버지는 평범한 일도 특별하게 만들기 위해 늘 애를 썼고, 아버지의 유쾌한 정신 덕분에 우리에게 덮쳤던 비극을 이겨냈어요. 지금까지도 나는 아버지야말로 내가 추구할 수 있는 최고의 역할 모델이었다고 말해요.

_앤드루, 스물한 살

아빠는 낚시하러 갈 때 날 데려갔어요. 아빠는 배에서 일어나더니 일부러 배를 기우뚱하게 만들어 뒤집으려고 했어요. 우리는 옷을 입은 채 물에 빠졌어요. 바보 같은 짓이었어요. 나는 아빠가 날 사랑하기 때문에 그랬다는 걸 알아요.

_개빈, 일곱 살

아버지와의 추억 중에서 내가 좋아하는 것은 종종 함께 작은 요트를 탔던 일이에요. 우리 두 사람에게는 소중한 자유의 시간이었던 것 같아요. 바람의 느낌, 배에 부딪히는 파도 소리가 생생하게 기억나요. 때로 우리는 말없이 그저 함께 앉아 있었죠. 아이를 기를 때 이런 것이 매우 중요하다고 생각해요. 함께 뭔가를 하는 시간을 갖는 것 말이에요. 아무 말 하지 않아도 편안한 침묵 속에서 그저 함께 그 일을 하는 거죠.

_테리, 마흔일곱 살

난 엄마와 함께 레이크 슈라인에 가는 걸 좋아해요. 그곳은 아주 조용해요. 그렇게 조용하면 쉽게 사랑을 느낄 수 있어요.

_니키, 여섯 살

무도회에 함께 가달라고 청해주기를 바랐던 남자가 있었는데, 그는 다른 여자아이에게 같이 가자고 청했어요. 정말 참담했죠. 게다가 엄마는 무도회가 열리던 날 밤 일 때문에 다른 도시에 가 있었어요. 나는 슬픔을 떨쳐내기 위해 달리기를 하러 나갔어요. 집에 돌아오니 거실에 아빠가 앉아 있었어요. 그곳에 놓인 카드 게임용 탁자 위에는 촛불과 내가 좋아하는 중국 식당에서 사온 음식 상자들이 가득 놓여 있었고요. 아빠는 우리 둘이 함께 볼 만한 영화 두 편도 골라놓았어요. 내가 열렬하게 좋아했지만 내 사랑에 응답하지 않았던 그 남자는 어떻게 되었냐고요? 오래전에 잊었어요. 아빠의 따뜻했던 몸짓이오? 절대로 잊을 수 없죠!

_다이앤, 스물여덟 살

난 과테말라에서 자랐어요. 그곳에서는 사람들이 집으로 찾아와서 물건을 파는 일이 흔했어요. 엄마는 늘 그 물건들을 샀어요. 그 물건들이 필요했기 때문이 아니라 그것을 파는 사람들에게 돈이 필요하다는 것을 알았기 때문이죠. 한번은 어머니날이었는데 어떤 여자와 그녀의 아이가 우리 집에서 떠날 생각을 하지 않는 거예요. 우리 집 현관에 꼼짝 않고 서 있었죠. "티에넨 암브레? 배고파요?" 엄마가 물었어요. 그러자 여자가 울었어요. 엄마는 전혀 알지 못하는 낯선 사람들을 집 안으로 들여 우리와 함께 저녁 식사를 하게 했어요. 그게 우리 엄마였어요.

_소니아, 마흔여섯 살

믿음은 우리 가족의 성장 과정에서 중요한 부분이었어요. 우리는 매일 밤 기도문을 읽었어요. 어느 겨울 교회에 다녀온 일요일이었어요. 한 남자 노숙자가 우리 부모님에게 돈을 구걸했어요. 엄마는 진입로의 눈을 치워야 한다고 말하면서 그 남자에게 돈을 주고는 철물점에 가서 삽을 사오라고 했어요. 그 남자는 돌아오지 않았어요. 우리 부모님이 그렇게 친절하게 대했는데도 사실상 그 남자가 돈을 훔쳐갔기 때문에 나는 아주 화가 났어요. 하지만 엄마는 차분했어요. "얘야, 그 사람은 정말로 돈이 필요했을 거야." 엄마가 말했어요. 우리 부모님은 실제로 그리스도교 가치에 따라 살았어요.

_섀넌, 서른여덟 살

한 남자가 공항에서 택시 운전사에게 고함을 지르고 있을 때 우리 부모님이 나섰어요. 그날 나는 깨달았어요. 부모로서 할 수 있는 가장 중요한 것은 옳다고 생각하는 일이 있을 때 그것을 옹호하는 모습을 아이에게 보여주는 것이라는 걸요. 부모가 도덕적이고 친절하고 마음씨 넓은 성향을 보이면 아이도 도덕적이고 친절하고 마음씨 넓은 사람이 될 거라고 믿어요.

_해나, 열네 살

엄마는 다른 사람의 이야기를 아주 잘 들어주는 사람이에요. 어느 누구도 엄마만큼 나의 기쁨을 함께 나눌 수 있는 사람은 없었어요. 엄마가 죽은 지 10년이 되었지만 지금도 좋은 소식이 있을 때 가장 먼저 전화를 걸어 알리고 싶은 사람은 엄마예요.

_신디, 서른여덟 살

매년 여름 엄마는 캠프 버스 타는 곳에 나를 내려주고는 짐짓 아주 행복한 척하려고 애썼어요. "정말 즐거운 시간이 될 거야"라든가 "캠프는 정말 재미있어" 등등의 말을 했죠. 이 말을 하는 동안 엄마의 얼굴에서는 눈물이 흘렀어요. 난 버스에 올라 자리를 잡는 동안 정말 멋진 엄마를 두었다는 생각을 했어요. 창밖을 내다보면 엄마는 억지로 얼굴 가득 환한 미소를 띤 채 내게 손을 흔들어주면서 눈물과 콧물을 닦았어요. 엄마의 감정보다 내 감정을 더 중시할 정도로 엄마가 나를 사랑했다는 걸 알아요. 이렇게 하기가 쉽지 않았을 거예요.

_세라, 열세 살

아버지는 마음 깊은 곳에서부터 겸손한 분이어서 결코 명예를 추구하는 일이 없었을 뿐만 아니라 사람들이 아버지에게 명예를 주려고 해도 별일 아니라며 거절하곤 했어요. 아버지는 자신이 어떤 사람인지 확고한 의식을 지니고 있었기 때문에 자신이 한 일을 사람들에게 알릴 필요가 없었던 거예요.

_하워드, 마흔일곱 살

고등학교에 다닐 때 한 파티에 간 적이 있는데 아이들이 술을 마시고 약을 하고 있었어요. 우리 부모는 늘 몇 시가 되었든 술을 마신 사람의 차에는 타지 말라고 말했어요. 그런데도 새벽 1시 반에 아빠에게 전화를 걸기 위해 수화기를 드는데 떨리더군요. 전화를 받은 아빠의 목소리는 어디 한구석 불편한 기색이 없었어요. "아빠가 바로 그리로 갈게. 다른 친구 중에는 데려다줘야 할 애가 없는지 알아봐라." 아빠는 한밤중에 나를 데리러 오기 위해 한마디 불평도 없이 선뜻 잠자리에서 일어났을 뿐만 아니라 내 친구들까지 보살펴주었던 거예요.

_애나, 마흔한 살

5학년 때 잠깐 아이들에게 괴롭힘을 당한 적이 있어요. 엄마는 학교 식당의 점심 식사 배식 당번을 자원했어요. 직장에 다녔던 엄마가 그 한 달 동안 매일 식당에 오는 건 이상한 일이었어요. 엄마는 으깬 감자와 갈색 콩을 내 접시에 담아주면서 환하게 웃어주었어요. 그 후 오랜 시간이 흐른 뒤 내가 그때의 일을 엄마에게 말했어요. 내가 괴롭힘을 당하고 있던 무렵에 때마침 엄마가 점심 배식 당번을 했으니 정말 대단한 우연의 일치라고요. 엄마는 그때와 똑같이 환한 미소를 지었어요. 내가 괴롭힘을 당하고 있을 때 일부러 엄마가 내 곁에 머물렀다는 것을 그 전까지는 미처 생각하지 못했어요.

_내털리, 서른세 살

엄마는 내 약점을 알지만 장점을 강조했어요. 내가 불안해할 때는 차분한 모습을 보였고, 내가 슬퍼할 때는 위안이 되어주었으며, 내가 행복해할 때는 아주 즐거워했어요. 엄마는 이런 모습을 보임으로써 부모가 해줄 수 있는 모든 것을 내게 베풀어주었어요. 그리고 그 덕분에 엄마 안에 자리했던 모든 은총이 지금 내 안에 고스란히 들어 있어요.

_티나, 스물다섯 살

우리 부모님은 훌륭한 사람이에요. 언제나 말과 행동이 일치하거든요. 훌륭한 부모는 아이를 위해 최선을 다해야 해요.

_셰이, 여덟 살

안전하고 사랑받는다고 느끼는 때

엄마 곁에 있을 때.
_브룩, 네 살

아빠와 함께 집에 있을 때.
_자말, 다섯 살

아빠가 내 등을 쓰다듬어줄 때.
_얼래나, 여섯 살

아빠 입술에 립스틱을 바르고 보석 장신구로 꾸밀 수 있게 해줄 때. 아빠는 내게 그런 것을 허락할 정도로 정말 나를 사랑하는 게 틀림없어요.
_하이디, 다섯 살

주위에 가족이 있을 때. 가족이 날 안아주고 내게 입을 맞출 때 기분이 좋아요. 그럴 때가 가장 재미있어요.
_1학년 학생

감사의 말

팀원들의 노력으로 이 책이 나올 수 있었다는 정도의 말로는 턱없이 부족할 것이다. 이 책은 내가 인터뷰했던 탁월한 부모, 교사, 코치, 의사, 치료사, 영적 지도자들이 있었기에 가능했다(물론 놀라운 아이들이 있었다는 것도 당연히 말해야 할 것이다). 넉넉한 마음으로 자신의 시간을 내어 지혜를 알려준 모든 분들에게 감사드린다. 그분들 한 명 한 명에게 엄청난 고마움을 빚지고 있다.

열정과 에너지가 넘치는 저작권 에이전트 잰 밀러에게도 감사의 말을 전하고 싶다. 잰이 당신 편에서 일한다면 당신은 최고와 손잡고 있다는 것을 알게 될 것이다. 또한 두프리/밀러 앤 어소시에이츠의 네나 매도니어에게도 감사드린다. 출판 과정 내내 정중하게 나를 이끌어주었을 뿐만 아니라 즐겁게 일할 수 있게 해주었다.

하퍼콜린스의 통찰력 있는 편집자 캐런 리날디를 만났을 때 나는 첫눈에 호감을 가졌다. 그녀가 모든 것을 이해하며 이 프로젝트를 위해 열심히 싸워나갈 완벽한 사람이라는 것을 알아보았다. 캐런의 편집 능력은 정확했으며, 덕분에 이 책은 시간이 흘러도 여전히 유효한 명쾌한 내용으로 채워질 수 있었다. 캐런은 이 꿈을 현실로 만드는 데 도움이 될 만한 모든 요소를 한데 모아 아주 매끄럽게 이어놓았다. 고마운 마음을 영원히 잊지 못할 것이다.

하퍼콜린스의 다른 모든 직원들에게도 감사드리며, 특히 제이크 제비드가 보여준 관심과 지원, 전문성에 깊은 감사를 전한다. 아울러 원고 정리에 힘써준 셸리 페론에게도 감사드린다.

실력 있는 프리랜서 편집자 베카 로스차일드에게 특히 감사드린다. 그녀는 원고 집필 과정 내내 지칠 줄 모르고 일했으며, 나의 개념과 아이디어를 정확하게 다듬는 데 도움을 주었다. 그녀가 꼼꼼하게 살피고 마음을 쏟은 덕분에 이 책은 더할 나위 없이 풍부해졌다. 이 책의 집필 과정에 매우 의미 있게 기여하고 헌신해준 베카에게도 진심 어린 감사를 전한다.

이 프로젝트 과정을 현명한 전문가의 눈으로 지켜보면서 소중한 도움을 준 팸 헤이트와 아무도 당할 자가 없을 만큼 탁월한 식견을 제공해준 콘 자매에게 감사드린다.

작가이자 엄마로서 이 책에 깊은 지혜를 불어넣어준 조니 레드에게 고마움을 전한다. 조니는 어떤 저술 프로젝트에서든 아주 훌륭한 역할을 할 것이다.

내게 지지와 격려를 보내준 캘리포니아대학교 로스앤젤레스 캠퍼스 '여성생활센터'와 '성찰적 자녀 교육'의 동료들에게도 감사드리고 싶다. 내가 전문가로 성장할 수 있도록 그들이 베풀어준 도움과 우정에 깊은 감사를 드린다.

놀라운 태도와 아주 넓은 마음, 든든한 지지를 보여준 엘레나에게 감사드린다.

많은 시간 동안 전문적인 도움을 준 캐시 오에게 감사드린다.

열정적인 지도로 나를 이끌어준 론에게 깊은 감사의 마음을 전한다.

이토록 놀라운 친구들을 둔 나는 정말 축복받은 사람이다. 여러분은 나의 가장 든든한 응원군이었으며 내가 이 책의 첫 글자를 쓰기 전부터 나를 격려해주었다. 도움이 될 만한 사람들을 내게 소개해주고, 이 프로젝트 이야기를 꺼내느라 모두들 수고를 아끼지 않았다. 무엇보다도 여러분이 보여준 신뢰는 내게 이 세상 전부나 다름없는 의미를 주었다. 여러분의 우정 없는 나의 삶은 상상할 수 없을 것이다.

나의 영적 삶에 큰 영감을 불어넣어준 다정한 나의 언니에게 감사드린다.

나의 오빠에게도 진심 어린 고마움을 전한다. 이 프로젝트에 보내준 열정적인 지지는 내게 깊은 의미가 있었다. 이 책과 나의 삶이 보다 즐거울 수 있도록 해준 것에 대해서도 고마움을 전한다. 무엇보다도 마법을 보여준 것에 감사드린다.

우리 부모님에게 깊은 고마움을 전한다. 그분들의 한없는 낙관주의와 열정, 따뜻함은 무엇과도 비교할 수 없는 소중한 선물이었다. 이 선물은 당신들의 손자 손녀에게도 이미 전해졌으며 거기서 그치지 않고 앞으로도 계속 이어질 것이다. 내 마음속에 노래를 심어주셔서 감사합니다.

마지막으로 나의 꿈을 지켜준 멋진 남편에게 감사의 마음을 전한다. 그는 놀라운 파트너란 어떤 것인가에 대해 책을 쓸 수도 있을 것이다. 이 프로젝트의 모든 것에 대해 세심한 관심을 기울이고 내가 책을 쓰는 작업을 잘 헤쳐나가도록 도와준 데 감사한다. 남편은 마치 자기 일인 것처럼 이 프로젝트를 지지해주었다. 당신 같은 사람이 내 곁에 있어서, 그리고 우리 아이들에게 훌륭한 멘토가 되어주어서 무엇과도 비할 수 없는 깊은 고마움을 느껴요. 격언에도 있듯이 내가 받은 축복을 손꼽아 셀 때 당신에 대해서는 두 배로 계산해서 셀게요.

찾아보기

지은이 로빈 버먼
정신과 의사이자 UCLA 데이비드게펜 의과대학 부교수이다. 미국 시카고의 러시대학교 의과대학에서 학부와 레지던트 과정을 마쳤으며 의학박사 학위를 받았다. 의과대학에서 아동 정신의학을 연구하면서 아이들이 건강한 내면을 가지고 자라도록 돕는 최선의 방법은 아이가 아니라 부모를 코치하는 데 달려 있음을 깨닫고 올바른 훈육이란 무엇인지에 관한 연구와 상담을 평생의 소명으로 삼았다. 현재 그는 UCLA에서 아동과 산모의 정신 건강을 위한 상담 진료를 하고 있으며 로스앤젤레스에서 남편 및 세 자녀와 함께 살고 있다.

옮긴이 하윤숙
서울대학교 국어국문학과를 졸업하고 전문 번역가로 활동하고 있다. 옮긴 책으로는 『불평등의 창조』, 『밤, 호랑이가 온다』, 『깃털』, 『진화의 종말』, 『선의 탄생』, 『모든 예술은 프로파간다다』 등이 있다.

지금은 미워하고
나중에 고마워해

발행일 2016년 9월 10일 (초판 1쇄)

지은이 로빈 버먼
옮긴이 하윤숙
펴낸이 이지열
펴낸곳 미지북스
서울시 마포구 성암로 15길 46(상암동 2-120번지) 201호
우편번호 121-830
전화 070-7533-1848 팩스 02-713-1848
mizibooks@naver.com
출판 등록 2008년 2월 13일 제313-2008-000029호

책임 편집 서재왕
출력 상지출력센터
인쇄 한영문화사

ISBN 978-89-94142-60-9 03590
값 13,800원

• 블로그 http://mizibooks.tistory.com
• 트위터 http://twitter.com/mizibooks
• 페이스북 http://facebook.com/pub.mizibooks